"十二五"职业教育国家规划教材
经全国职业教育教材审定委员会审定

U0655486

火电机组集控运行

主　编　尹　静　谢　新

副主编　林　祥　叶海军

编　写　张　强　张海军

主　审　牛卫东

中国电力出版社
CHINA ELECTRIC POWER PRESS

内 容 提 要

本书为"十二五"职业教育国家规划教材。

本书以 300、600MW 及以上机组为研究对象,融入单元机组汽轮机、锅炉、电气、热控四个方面的知识,引入新技术,以反映单元机组运行方面的先进水平,同时依托火电机组仿真系统,配有相关操作项目及练习软件,供学生上机实训。

全书共包括 7 个项目,分别介绍了火电机组集控运行基础知识、辅助系统运行、亚临界压力机组(配汽包锅炉)整体启动、超临界压力机组整体启动、单元机组正常停运、机组运行监视与调峰运行、典型事故分析与处理。

本书可作为高职高专电力技术类火电厂集控运行、电厂热能动力装置专业的教材,也可作为职业资格和岗位技能培训教材。

图书在版编目 (CIP) 数据

火电机组集控运行/尹静,谢新主编. —北京:中国电力出版社,2016.2(2023.1重印)

"十二五"职业教育国家规划教材

ISBN 978 - 7 - 5123 - 8633 - 4

Ⅰ.①火… Ⅱ.①尹… ②谢… Ⅲ.①火力发电-发电机组电力系统运行-高等职业教育-教材 Ⅳ.①TM621.3

中国版本图书馆 CIP 数据核字(2015)第 290173 号

中国电力出版社出版、发行

(北京市东城区北京站西街 19 号　100005　http://www.cepp.sgcc.com.cn)

三河市百盛印装有限公司印刷

各地新华书店经售

*

2016 年 2 月第一版　2023 年 1 月北京第四次印刷

787 毫米×1092 毫米　16 开本　16 印张　386 千字

定价 48.00 元

※ 前 言

本书为"十二五"职业教育国家规划教材。

本书按照"工学结合"的原则，以生产任务为导向，以实训项目为驱动，将学生需掌握的理论知识和实践技能融合在若干个学习项目中，充分利用火电机组仿真系统，实施"教、学、练"一体化的立体教学方法，真正实现了将生产过程融入教学项目，具有独特性、科学性、开拓性，适合现代企业对学生的技能素质要求，符合职业教育的特点和规律，体现了职业教育的性质、任务和培养目标，符合职业教育的课程教学基本要求和有关岗位资格和技术等级要求。

本书将"火电机组集控运行"课程进行模块化调整，融合项目操作的具体步骤指导，融理论分析和实际操作指南为一体，实施项目教学法，强化学生的操作技能，注重培养学生分析问题、解决问题的能力。

本书由山东电力高等专科学校尹静和武汉电力职业技术学院谢新担任主编，山东电力高等专科学校林祥和武汉电力职业技术学院叶海军担任副主编，湖北汉新发电有限公司张海军参与编写。其中，尹静编写项目1，项目2任务4，项目3任务2、5，项目5；林祥编写项目2任务1，项目3任务3，项目7任务2、3；叶海军编写项目2任务2、3、5、7，项目3任务4；谢新编写项目2任务6，项目3任务1，项目4任务2、3，项目6；张海军编写项目4任务1，项目7任务1。

本书由国网技术学院牛卫东教授主审，主审老师对书稿进行了认真仔细的审阅，并提出了许多宝贵意见，本书在编写过程中得到了张强老师等电厂技术人员的帮助和支持，在此一并表示衷心感谢。

编　者

2015 年 12 月

❈ 目 录

项目 1
火电机组集控运行基础知识

【项目描述】

　　大型火力发电厂普遍采用单元制系统，将汽轮机、锅炉、电气紧密联系在一起，组成一个不可分割的整体，即单元机组。通常采用集控运行技术实现对单元机组的监视和控制。本项目立足于火力发电厂运行岗位，借助仿真实训系统，了解单元机组的组成特点和集控运行技术的内容与发展，为开展单元机组集控运行技能训练做好准备。

【教学目标】

一、知识目标

（1）掌握单元机组的组成、特点及主要设备运行技术参数。

（2）了解集控运行的概念和内容。

（3）熟悉仿真机各操作站的操作界面。

（4）了解相关集控运行岗位职责和运行规程。

（5）掌握单元机组启停方式及分类。

二、能力目标

（1）掌握三大主机设备规范。

（2）掌握仿真机操作站的操作界面和操作方法，能熟练进行 DCS 画面切换及系统状态识别。

（3）掌握《仿真机组的运行规程》的使用。

（4）能依据机组初始状态明确机组启动方式。

【教学环境】

（1）能容纳一个教学班级的火电机组仿真实训室。

（2）多媒体教学系统。

（3）火电机组仿真系统若干套，以保证学生能实施小组教学（每组 3 或 4 人）。

（4）主讲教师 1 名，教学做一体的实训指导教师 1 名。

任务 1　单元机组及仿真系统认知

【教学目标】

一、知识目标

（1）掌握单元机组的组成、特点。

（2）了解单元机组的类型及当前机组的发展趋势。

（3）掌握仿真机组技术特点及主要设备运行参数。

二、能力目标

（1）掌握仿真机组三大主机设备规范。

（2）熟悉仿真机操作员站、就地站的操作界面。

【任务描述】

随着国民经济的快速发展，电力需求随之增长，电力系统也在不断扩大，为获得较高的经济性及安全可靠性，采用单元机组集控运行技术的大容量、高参数、高自动化机组已成为电力发展的必然趋势。

本节任务是加强学生对大型火电机组组成模式、机组类型的了解，并借助仿真机熟悉锅炉、汽轮机、发电机设备的结构和性能参数，掌握操作仿真机各功能站的基本技能，为开展单元机组集控运行工作打好基础。

【任务准备】

（1）什么是单元机组？单元机组有什么特点？

（2）仿真机组三大主机的技术特点和设备规范是什么？

【相关知识】

一、单元机组的组成

火力发电厂中，锅炉与汽轮发电机之间的联系存在着两种模式：母管制和单元制。

在母管制系统中，将所有锅炉产生的蒸汽集中到蒸汽母管，再将蒸汽由蒸汽母管分配到各汽轮机和其他用汽处。母管制系统中锅炉和汽轮机之间没有直接的一一对应关系，每台汽轮机所需要的蒸汽来自一组锅炉，每台锅炉只承担一台汽轮机所需蒸汽的一部分，负荷变化对每台锅炉的影响较小。因此，在母管制系统中，锅炉和汽轮机的控制系统是相互独立的。为了方便控制，电厂会将一定数量的锅炉设为定负荷运行锅炉，将剩余的设定为调压运行锅炉。当发电量或用汽量发生变化时，首先通过改变汽轮机的调节汽门开度满足负荷要求，然后通过改变调压锅炉的燃烧率来保持主蒸汽母管压力的稳定。母管制系统结构复杂，主蒸汽管道较长、阀门多、投资费用比较大，适合参数不太高，汽轮机、锅炉容量不完全配套的供热机组，以及大型企业自备电厂。

随着经济的快速发展，电能需求不断增长，高效、低污染的大容量火电机组已成为发电的主力机组。随着机组容量的增加，母管制系统存在的问题越来越突出。同时，对机组的可靠性提出了更高的要求，于是出现了单元制机组。单元制机组中每台锅炉直接向所配合的一台汽轮机供汽，汽轮机再驱动发电机，发电机所发的电功率直接经一台升压变压器送往电力系统，组成了锅炉—汽轮机—电气纵向联系的独立单元。除机组启停过程中公用蒸汽系统互为备用外，各独立单元之间没有大的横向联系。各单元自身的辅助设备所需蒸汽均用支管与各单元的蒸汽总管相连，各单元自身所需的厂用电取自本发电机电压母线。锅炉、汽轮机、发电机与变压器直接联系的系统所组成的机组称为单元机组。典型的单元机组系统如图 1-1

所示。大型火电机组通常采用单元制运行方式。在单元制运行方式中，锅炉和汽轮发电机组成一个整体，共同满足外部负荷需求，也共同维持内部参数的稳定。

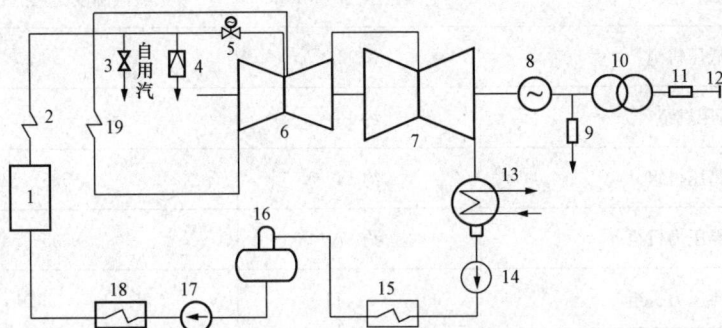

图 1-1 单元机组系统

1—锅炉；2—过热器；3—阀门；4—减压阀；5—电动主汽门；6—高、中压缸；

7—低压缸；8—发电机；9—厂用电开关；10—变压器；11—发电机开关；

12—母线；13—凝汽器；14—凝结水泵；15—低压加热器；16—除氧器；

17—给水泵；18—高压加热器；19—再热器

二、单元机组的特点

与母管制系统相比，单元机组系统蒸汽管道短，管道附件少，发电机电压母线短，系统简单，投资少，系统本身的事故可能性少，操作方便，且便于滑参数启停，适合集中控制。

单元制系统也存在不足之处。一方面，单元制系统中任一主要设备发生故障时，整个单元机组都要被迫停运，而相邻单元之间不能互相支援；另一方面，不同单元的锅炉、汽轮机、发电机之间不能切换运行，运行的灵活性较差。当外界负荷发生变化时，汽轮机改变调节汽门开度适应负荷要求，单元机组没有母管的蒸汽容积可以利用，而锅炉的调节反应周期较长，汽轮机、锅炉之间的特性差异易引起汽轮机入口主蒸汽压力的波动，使得单元机组的负荷适应性较差。

为适应高效益、低排放和资源节约型、环境友好型发展的需要，我国目前将优先发展单机容量在 600MW 以上的超临界及超超临界压力机组，限制发展单机容量 300MW 以下的纯凝汽机组。新建发电厂安装容量为 200MW 以上机组时，一般采用单元制系统。对于采用再热式机组的发电厂，主蒸汽管道和再热蒸汽管道往返于锅炉和汽轮机之间，各机组的再热蒸汽压力随机组负荷而变化，不可能保持一致，无法并列运行。因此，对于再热式机组，也必须采用单元制。

三、单元机组的类型

1. 按压力等级分类

为了更好地节约能源、保护环境，电力企业一直致力于降低供电煤耗率和减少污染物排放，不断推广和发展高参数、大容量火电机组。我国火电机组从中低压机组、高压机组发展到超高压、亚临界、超临界、超超临界压力机组。单元机组依照工质压力等级分类见表 1-1。

提高发电机组的容量和参数已成为我国电力工业发展的重要方向。在我国，中压以下的火电机组已基本不存在。高压机组主要有 50MW 级和 100MW 级两种，其主蒸汽压力为 10MPa，锅炉容量分别为 220t/h 和 410t/h，目前该类机组也已很少，处在关停状态。

表 1-1　　　　　　　　　　　　　　火电机组按压力等级分类

机组种类	主蒸汽压力（MPa）	主蒸汽温度/再热蒸汽温度（℃）
中低压机组	3.92	450
高压机组	约 10	540
超高压机组	约 14	535～540
亚临界压力机组	约 17	535～540
超临界压力机组	＞22.11	570
超超临界压力机组	＞25	＞593

与超高压机组配套的锅炉容量为 420t/h 和 670t/h，对应的机组容量分别为 125MW 和 200MW。该等级的机组主要是 20 世纪 90 年代前后的过渡机型，总量较少，多采用一次蒸汽再热，主蒸汽和再热蒸汽温度为 535～540℃。

亚临界压力机组是我国的主力机组，一般有 300MW 和 600MW 两种容量等级，配套锅炉为 1000t/h 和 2000t/h 两种，主蒸汽压力为 16～17MPa，主蒸汽和再热蒸汽温度为 535～540℃。该等级机组普遍采用先进的 DCS 系统，实现了集中控制。

近几年，超临界和超超临界压力机组得到了大量应用，技术已趋于成熟，也是今后我国应用的主要方向。水的临界状态是指压力为 22.115MPa、温度为 374.12℃下的状态，此时，蒸汽的比体积和水的比体积相等，水和汽的差别消失，水的完全汽化会在一瞬间完成。当机组参数高于这一临界状态参数时，通常称其为超临界参数机组。超超临界机组是在超临界机组参数的基础上进一步提高蒸汽压力和温度，代表了机组技术参数或技术发展的更高阶段。国际上通常把主蒸汽压力在 24.1～31MPa、主蒸汽温度/再热蒸汽温度为 580～600℃/580～610℃的机组定义为超超临界机组。国内公认的超超临界机组参数起点压力高于 25MPa 或温度高于 593℃。

国内超临界压力机组的压力普遍为 25MPa，主蒸汽、再热蒸汽温度为 570℃左右，广泛采用 P91、T91 等先进管材；超超临界压力机组的压力为 29MPa 左右（也有部分机组仍采用 25MPa，如山东邹县电厂 1000MW 机组的额定蒸汽压力为 25MPa），主蒸汽、再热蒸汽温度为 600℃左右。超临界压力机组容量一般都在 600MW 以上，机组循环效率为 42%～43%，供电煤耗率一般在 300g/(kW·h) 左右；超超临界压力机组容量一般为 600～1000MW，机组循环效率为 43%～45%，供电煤耗率一般在 280g/(kW·h) 左右。

2. 按机组容量等级分类

随着电力生产的发展，我国火电机组的总装机容量不断增加，火电机组单机容量从新中国成立初期的 50MW，逐步发展到二十世纪七八十年代的 125～300MW，进而达到目前的 300MW 以上、以 600MW 为主的水平，至 2006 年单机容量已突破 1000MW。我国各容量等级首台火电机组投运时间见表 1-2。我国 125～200MW 机组多配备超高压锅炉，300MW 机组多配备亚临界压力锅炉，而容量为 600MW 以上的机组广泛采用超临界压力机组。

机组容量 （MW）	电厂名称	投运时间	机组容量 （MW）	电厂名称	投运时间
6	灞桥热电厂	1953 年	300	望亭发电厂	1974 年 11 月
12	重庆发电厂	1958 年 8 月	500	神投第二发电厂	1992 年 7 月
25	阜新发电厂	1952 年 9 月	600	平圩发电厂	1989 年 11 月
50	抚顺发电厂	1953 年 3 月	800	绥中发电厂	2000 年 6 月
100	吉林热电厂	1958 年 11 月	900	外高桥第二发电厂	2004 年 4 月
125	吴泾热电厂	1969 年 9 月	1000	玉环发电厂	2006 年 11 月
200	朝阳发电厂	1972 年 2 月			

表 1 - 2　　　　　　　　我国各容量等级首台火电机组投运时间

3. 按锅炉类型分类

（1）按循环方式分类。火电机组中的锅炉按水循环方式可分为自然循环锅炉、强制循环锅炉和直流锅炉。

1）自然循环锅炉。水冷壁管内工质的流动是依靠上升管和下降管之间工质的密度差，建立循环压头产生的自然循环，该种锅炉只适用于亚临界压力及以下锅炉。

2）强制循环锅炉。在水冷壁与下降管之间设有循环泵，克服流动阻力，确保水循环安全可靠，适用于亚临界压力锅炉。

3）直流锅炉。从水到过热蒸汽出口，依靠给水泵压力一次通过各受热面的锅炉，适用于高压以上至超超临界压力锅炉。

（2）按制粉系统分类。锅炉的制粉系统可分为中间储仓式制粉系统和直吹式制粉系统两种。中间储仓式制粉系统是将磨好的煤粉先储存在煤粉仓中，然后按锅炉负荷的需要，通过给粉机将煤粉仓中的煤粉送入炉膛中燃烧；而直吹式制粉系统是用给煤机把煤输入磨煤机并磨制成煤粉后，直接送入炉膛燃烧。

近十年来，300MW 以上的机组普遍采用中速磨煤机冷一次风正压直吹式制粉系统，新建机组已很少采用中间储仓式制粉系统。

（3）按燃烧方式分类。从燃烧方式上锅炉可以分为切圆燃烧方式和墙式对冲燃烧方式。切圆燃烧方式的优点是结构简单，煤种适应性强，可燃用从无烟煤至褐煤所有的煤种；缺点是燃烧器间需要配合才能安全运行，炉膛出口存在烟气的残余旋转，易造成两侧温度偏差，且容量越大偏差越大；墙式对冲燃烧方式一般采用旋流燃烧器，炉膛出口烟气温度偏差很小，但对煤种适应性较差，只能燃用燃烧特性较好的煤种。

目前，国内 300MW 以下机组以切圆燃烧技术为主，600MW 机组中两种燃烧技术基本处于相当水平，600MW 以上的机组若采用切圆燃烧技术，则一般采用双切圆燃烧，以减少炉膛出口的残余旋转。

四、仿真实训系统

火电机组仿真机是以物理原理为基础，通过数学模型模拟发电厂中汽轮机、锅炉、电气、热控等各系统及设备在各种工况下的运行，为受训者提供一个和现场机组高度相似的运行环境，以提高火电机组运行人员的操控水平为目的而建立的仿真系统装置。仿真对象多选择真实电厂的实际机组。

1. 仿真机的硬件组成

仿真机由服务器、计算机和其外接设备（如投影仪、打印机等）组成，而仿真机的运行则是由软件驱动来实现的。因此，仿真机的构成包含硬件和软件两个方面。

仿真机系统的硬件包括服务器、工程师站、教练员站、就地操作站、操作员站、投影仪、打印机、交换机等，如图1-2所示。工程师站、教练员站、就地操作站、操作员站均作为服务器网络系统的一个节点，通过网络与服务器相连。

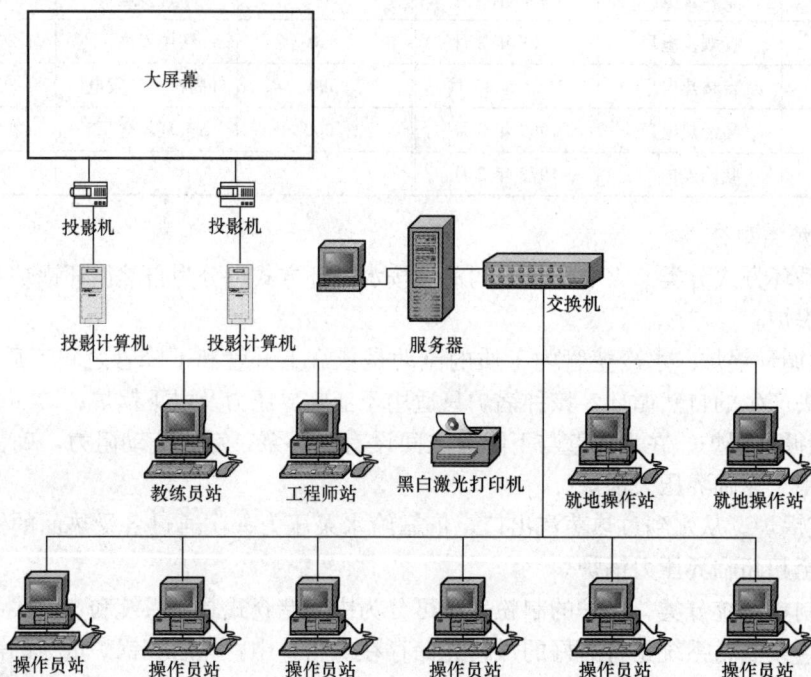

图1-2　仿真机系统组成

（1）服务器。服务器是仿真机的核心，通过运行各种软件，驱动网络系统中的所有设备。软件一般包括仿真机的支撑软件、网络系统的驱动软件等。

（2）工程师站。工程师站安装仿真模型组态文件及DCS组态文件，是模型工程师建立和调试模型软件及修改DCS控制逻辑的操作台。该站也可用作监控机组运行的操作员站。工程师站一般由计算机工作站构成，可配有打印机。工程师可使用工程师站功能，进行各种打印，包括系统组态图、逻辑图、所有的整定参数、模型的所有信息等。

（3）教练员站。教练员站是教练员控制仿真机系统运行、实现培训功能、监视与评价受训人员操作的人机平台。教练员站一般由一台计算机构成。

教练员使用教练员功能可方便地控制和监视学员的操作；可根据学员的业务能力选择组合培训项目；教练员可借助于工程师站访问实时数据库的任何项目；教练员通过键盘或鼠标可以文字、数据、表格、图形等形式在彩色CRT上进行各种显示；可进行学员操作的成绩评定等功能。

（4）操作员站。操作员站是模拟集控室中的操作控制站，既具有监视功能，又具有控制功能，实现运行人员监视、控制、操作、管理整个单元机组的目的。

（5）就地操作站。实际电厂机组运行过程中，部分操作是在主控室以外的设备安装地进行的。为了保证运行过程的完整性，在仿真实训过程中，需要全部或部分进行这些操作。因此，在仿真机中设置了就地操作站。就地操作站一般由高性能计算机连接大屏幕投影、CRT 等显示设备构成。

2. 仿真机的软件构成

仿真机的硬件是仿真机的物理表现，而仿真机的硬件系统的运行是由软件驱动实现的。

(1) 服务器操作系统软件是计算机运行的基础，为用户提供一个基本操作使用环境。

(2) 仿真支撑系统软件是一个大型应用软件，支撑系统软件的水平标志着仿真技术的高低。仿真支撑系统软件是一先进的仿真应用软件，为模型开发人员即模型工程师提供了较好的工程模块化和图形化建模，以及验模环境。模型工程师不必具有太多的计算机知识，更不需要具有软件开发的能力，只要熟悉被仿真对象的物理机理，根据物理机理进行模块搭接或图符连接，使用模块或图符方式来描述被仿真对象的物理过程，就完成了模型的建立过程。

仿真支撑系统为用户提供了在线修改、调试模型的手段，模型工程师可以根据需要在线修改模型，并可立即得到修改后的结果，直到模型能够正确反映被仿真对象的物理过程，从而完成了调试模型的过程。另外，仿真支撑系统还有丰富的工程师和教练员功能。

工程师和教练员功能软件是模型工程师建立和调试模型、控制模型运行的管理软件，在仿真支撑系统软件的支持下运行，能为工程师和教练员提供方便、美观的操作界面，并实现所需的各种功能。功能软件的性能和功能的丰富性也是仿真软件水平高低的重要标志。

仿真模型软件是为仿真电厂生产过程而建立的软件。对于仿真支撑系统来说，仿真模型软件是支撑系统生成的数据文件，该文件存储的内容是模型工程师建立的模型模块和模块间的连接关系。只有支持工程模块化建模方式的仿真应用软件才具有该种特点。

(3) 监控操作站管理软件是运行在监控操作台上的应用软件，负责在监控操作台上显示所有的操作画面，并根据仿真机的运行变化对显示画面进行实时更新；接收学员在监控操作站上所做的操作，并根据操作切换或更新显示画面，控制模型的运行。监控操作台管理软件是根据实际电厂的监控操作台的具体要求而开发的，不同的仿真机可能有所差别。对于具有工业键盘的监控操作站，管理软件还包括工业键盘的驱动软件。

(4) 就地操作站管理软件是运行在就地操作站上的应用软件，负责在就地操作站上显示所有的画面，并根据仿真机的运行变化对显示画面进行实时更新；接收学员在就地操作站上所做的操作，并根据操作切换或更新显示画面，同时控制模型的运行。就地操作台管理软件是根据被仿真的实际电厂的具体要求而开发的，不同的仿真机具有很大差别。

3. 仿真培训功能

火电机组仿真机依据参考机组的实际运行特性、运行规程和培训要求，为受训人员提供与参考机组相似的各种运行特性，包括机组正常操作、异常操作和误操作时的运行特性，控制系统的自动投入与切除时的动态特性，以及由教练员插入和取消机组模拟故障时的动态特性等。使受训人员熟练掌握机组和设备在各种条件下的启停操作、机组正常运行中各项参数的调整方法及监视工作，通过反事故演习，提高事故处理能力。

(1) 正常运行培训功能。仿真机可连续、实时地仿真参考机组的正常运行状况。仿真机的模型软件可根据具体的运行操作工况，计算出相应的机组测点参数，通过适当的仿真培训界面显示出来，为受训者提供正确的控制、报警和保护系统动作。仿真机提供的机组正常运行工况和操作主要包括：

1) 从各设备完全停运的冷态工况启动，到100％负荷工况。

2) 机组从热备用工况启动，到100％负荷工况。

3) 锅炉、汽轮机、发电机或整个机组跳闸后工况及重新恢复正常运行工况。

4) 机组从100％负荷工况停机到热备用工况，及冷却到冷态停运工况。

5) 各种工况下对设备或系统进行规程规定的在主控室进行的各种操作和试验（如联锁试验或汽轮机阀门试验等）。

(2) 故障处理培训功能。仿真机可实时地仿真参考机组设备故障、装置损坏和自动控制功能失灵等异常和事故工况，教练员通过设置故障程度的大小和故障渐变时间的长短，为受训人员模拟实际机组的真实故障过程。仿真的故障可由仿真运算结果自然引发，也可由受训人员误操作引发，也可由教练员加入引发。

【任务实施】

一、任务要求

(1) 查阅《仿真机组的运行规程》，熟悉仿真机组三大主机设备规范。

(2) 熟悉实训环境，了解仿真系统的组成并掌握操作员站、就地站的使用方法。

二、实训报告

(1) 填写"火电机组仿真机的认识"项目任务书。

(2) 记录仿真系统锅炉、汽轮机、发电机等三大主机技术特点和性能参数。

任务2　集控运行内容及岗位职责

【教学目标】

一、知识目标

(1) 熟悉集控运行技术的内容及要求。

(2) 了解集控运行岗位职责和班组管理制度。

二、能力目标

(1) 熟悉仿真机DCS操作界面，并掌握DCS的操控方法。

(2) 掌握《仿真机组的运行规程》的使用。

【任务描述】

本节任务在了解单元机组集控运行技术概念和运行内容的基础上，借助仿真机熟悉单元机组控制系统的组成和功能，并参考现场运行班组人员配置组建课程学习小组，了解班组管理制度和岗位职责，通过DCS操作界面熟悉集中控制的对象，掌握DCS操作方法。

【任务准备】

(1) 什么是单元机组集控运行技术？

(2) 集控运行工作包括哪些内容？对运行人员有怎样的要求？

（3）火力发电厂集控运行工作主要有哪些岗位？班组管理制度是什么？

【相关知识】

一、集控运行技术

集控运行技术泛指利用现代的 4C 技术（即 computer 计算机技术、control 过程控制技术、communication 网络通信技术、CRT 图形显示技术）对现代化的大型连续工业生产过程进行高度自动化的集中监控，以实现对生产过程的启停控制、运行状态及参数的监视与调整、事故情况下的紧急处理，从而保证生产线连续、安全、经济运行的综合性操控技术和管理技术，20 世纪 90 年代集控运行技术率先应用于大型火力发电机组和核电工程领域。随着工业控制技术及工业生产管控一体化技术（即 SIS）的成熟和发展，集控运行技术在火电机组中得到了普遍应用。

单元制火电机组中，锅炉、汽轮机、电气纵向联系相当密切，相互构成了一个不可分割的整体。因此，在单元机组的运行中，必须把锅炉、汽轮机、电气看成一个独立的整体来进行监视和控制，也就是所谓的单元机组集控运行。单元机组集中控制便于运行管理和统一指挥，有利于机组的安全和经济运行，已成为我国大型火电机组的主要控制方式。集控运行就是在集中控制室集中控制锅炉、汽轮机、电气的运行。

火电机组主要通过配备先进的 DCS 技术来实现集中控制。分散控制系统（distributed control system，DCS）又称为集散控制系统，是以多台计算机为基础，采用数据通信技术和显示技术，对生产过程进行分散控制、集中管理的系统。目前，国内 300MW 及以上容量的机组基本上都配置了各种型号的 DCS 系统，现在主要应用的 DCS 系统有美国贝利公司的 INFI-90 系统、ABB 公司的 symphony 系统、西屋公司的 WDPF II 和 OVATION 系统、西门子公司的 TXP（TELEPERM-XP）和日立公司 HIACS-3000 等引进设备，以及上海新华控制工程公司 XDPS-400 分散控制系统、上海仪表公司 SUPERMAX-800、山东鲁能控制工程公司 LN2000 等国产设备。虽然分散控制系统产品类型众多，但从构成原理和基本功能上来看都大致相同。

DCS 的集中监视管理部分通常置于主控室内，由运行人员通过 CRT 实现人机对话，达到监视、控制、操作、管理整个单元机组的目的。DCS 的分散控制部分则由各个控制单元组成，按工艺流程设计控制策略，实现控制任务分散、危险分散，也就是当系统局部发生故障时，仅使系统局部性能略有降低，而不会危及整个单元机组的安全运行。

二、集控运行的主要内容

锅炉、汽轮机、电气集中控制的控制对象一般包括锅炉及其燃料供应系统、燃烧及风烟系统、给水除氧系统、汽轮机及其相应的冷却系统、润滑油系统、发电机-变压器组、高低压厂用电及直流电源系统等。升压母线及送出线电气系统视具体情况可在集控室内控制或另设网控室控制。

单元机组采用集中控制后，全厂公用系统如化学水处理、输煤、胶球清洗等系统仍采用就地控制或车间集中控制，现在称为辅控。单元机组集中控制不仅要分别考虑锅炉、汽轮机、电气各专业的特殊要求，同时也需综合、全面地考虑它们之间的联系，以便完成对单元机组总体的监视与控制。由于该特殊要求，单元机组集中控制技术远比母管制机组的控制技术复杂，使得越来越先进的控制技术被应用于单元机组的集中控制，同时，对单元机组集控运行人员的要求也越来越高。

1. 集控运行的要求

在当前集控运行水平的情况下，对单元机组集中控制运行有以下方面的要求。

（1）在就地配合下，对机组实现启动、停运。

（2）在机组正常运行情况下，对设备的运行进行监视、控制、维护，以及对有关参数进行调整。

（3）能进行机组事故的紧急处理。

2. 集控运行的内容

为满足集中控制运行的要求，集控运行的主要内容归纳起来包括监视测量、程序控制、自动保护、自动调节。

（1）监视测量。机组启、停过程中和正常运行工况下，都可以自动检测运行工况，进行显示、记录、报警、打印制表及性能计算，即数据采集与处理系统（简称 DAS）所包含的内容。DAS 系统是整个单元机组的信息和操作中心，其主要功能如下：

1）过程变量的采集和处理。过程变量分模拟量信号和开关量信号两类。模拟量信号包括热电阻测得的温度信号，压力、差压传感器测出的压力、差压、流量、液位信号等，这些信号经过各种变送器转换为 4～20mA 直流电流信号或 1～5V 电压信号后进入 I/O 过程通道。开过量又称为二进制信号，如各风门、阀门的位置开关信号、各种辅机的启停信号及由生产过程中采集到的其他脉冲信号等。

2）DAS 将整个机组的过程变量进行周期性扫描采样。数据采集是运行人员监视机组运行状况和自动控制器控制的依据。

3）CRT 显示/操作。CRT 是运行人员与机组联系的重要接口。DAS 通过 CRT 实现参数和画面显示，包括参数显示、成组参数显示、热力系统显示、报警显示、棒图显示、过程曲线显示、人机对话画面显示等。

4）报警监视。通过上、下限判断，对过程变量进行越限检查，一旦越限，即在 CRT 上闪烁显示。待运行人员确认后，不再闪烁，恢复后，报警切除。报警限值可以是变量上、下限，也可以是变化率。

5）打印。打印的内容和打印格式根据用户的要求编制。打印的格式可分为定时打印、周期打印、随机请求打印。打印的内容主要包括周期报表、操作员操作记录、报警记录、事故追忆数据或曲线等。

6）性能计算。如锅炉效率、汽轮机效率、发电机效率、煤耗率等。

7）历史数据存储与检索。

（2）程序控制。根据值班员的指令，自动完成整个机组或局部子系统程序的启、停，即 SCS 系统（顺序控制或程序控制系统）及 ECS（电气控制）等系统所完成的内容。大型火电机组 SCS 主要有送风机系统、引风机系统、一次风机系统、给水泵系统、循环水系统、汽轮机疏水系统、冷凝器真空系统、吹灰、排污顺序控制、顺序控制自动同期等。

（3）自动保护。在机组启、停过程中和事故状态下，自动切换设备或系统使机组保持在有利的运行状态，保护设备的安全，自动保护包括 TSI（汽轮机安全监控）系统、BPS（旁路控制系统）和 FSSS（炉膛安全监控系统）等。

（4）自动调节。自动保持最佳运行参数，使机组安全、经济运行，同时满足电力系统对机组的发电负荷和运行方式的要求，自动调节包括 CCS（协调控制系统）、DEH（数字电液调节系统）、MCS（模拟量控制系统）或 AGC（自动发电控制）等。

三、集控运行管理制度

为了保证单元机组的安全、经济运行，能够很好地完成上级调度部门安排的生产任务，电厂对单元机组集控运行制定了许多相关的运行管理制度，使电厂运行生产有章可循。

1. 安全生产制度

为了确保机组安全发电、供电，保护国家、集体财产不受损失，保护人民生命安全和健康，运行人员必须贯彻执行"安全第一、预防为主"的方针，对运行的各项操作做到准确无误，不得有丝毫差错。

2. 岗位责任制

各电厂根据运行工作各岗位特点、现场设备状况及工作量的大小划分为若干个运行岗位，根据不同的工作岗位性质制定相应的岗位制度，使每个岗位运行人员必须认真执行本岗位的职责，做好本职工作。

3. 交换班制度

全体运行人员应按厂批准的运行人员值班表的规定进行值班，必须严格执行集体交接班制度。交班人员必须向接班人员详细介绍设备运行方式、存在的设备缺陷和异常运行情况，以及已采取的安全措施等。对于重要的设备异动或设备缺陷，应在现场交代清楚。接班人员对于任何疑点必须了解清楚。接班单元长应根据上一班生产运行状况，布置当班工作任务；针对设备存在的缺陷和季节性特点，提出事故预想和安全防范措施。自接班人员签字起，运行值班工作由接班人员负责。

交换班制度内容包括：①交接程序；②交接班的主要项目；③值长召开班前会；④交班后召开生产总结会。

交接班的主要项目包括：①设备、系统运行方式；②设备检修、缺陷处理和异常情况；③保护自动装置运行和变更情况；④事故处理和倒闸操作，以及未完的操作指令；⑤岗位运行日志和记录；⑥安全用具、材料备品、钥匙；⑦运行报表、规程、资料，以及上级的通知和要求等。

4. 巡回检查制度

运行值班人员应严格执行巡回检查制度，以加强对设备的监视，及时了解和掌握设备运行情况，及时发现和消除事故隐患，保证设备正常运行。当班运行人员必须按规定对自己管辖的设备进行巡回检查工作，检查工作要认真、细致，不漏项，不允许延长检查的间隔时间，更不允许因故不进行巡回检查。

巡回检查类别包括接班前检查、定时巡回检查和重点项目检查。

（1）接班前检查是指运行人员在接班前对设备、系统运行状态和主要参数的重点性检查。通过检查，对上一班设备、系统运行状态和主要参数做到心中有数，便于接班后做好运行监视、调整和操作。

（2）定时巡回检查是指运行人员每隔规定时间进行的周期性巡回检查。通过检查，及时发现和处理设备异常情况，保证设备在良好的状态下运行。

（3）重点项目检查是指对影响设备安全运行的重点部位、设备异常情况下运行、新设备投运初期或设备检修后试运行等特殊情况下的检查。

5. 设备定期试验及切换制度

设备定期试验及切换制度是提高备用设备的可靠性和运行寿命管理的一项重要措施。一切备用中的设备、电气和热工自动装置、信号装置及危急保安装置等，都必须进行定期试验和切换使用，设备定期试验及切换制度是保证安全生产的一项重要工作。表1-3所示为某300MW机组汽轮机专业设备定期试验与切换表。运行人员必须遵照厂部制定的定期试验图表中规定的时间对运行设备的安全保护装置、警报、信号，以及处于备用状态下的转动设备进行试验、试运转或切换工作，以确保设备处于完好状态。

表1-3　　　　　　　　某300MW机组汽轮机专业设备定期试验与切换表

项　目	日期	时间	操作人	监护人
热工信号、事故音响试验	每班	接班时	值班员	机组长
油箱油位计活动试验	每班	接班时	值班员	机组长
油箱放水	每周一	8：00～14：00	巡检员	副值班员
发电机氢气冷干机放水	每周二	14：00～20：00	巡检员	副值班员
开式冷却水滤网旋转排污	每周三	8：00～14：00	巡检员	副值班员
循环水泵切换	2日	8：00～14：00	值班员	机组长
凝结水升压泵切换	3日	8：00～14：00	值班员	机组长
凝结水泵切换	4日	8：00～14：00	值班员	机组长
真空泵切换	5日	8：00～14：00	值班员	机组长
闭式泵切换	6日	8：00～14：00	副值班员	值班员
定子水冷泵切换	7日	8：00～14：00	值班员	机组长
轴封加热器风机切换	8日	8：00～14：00	副值班员	值班员
氢气侧密封油泵切换	9日	8：00～14：00	副值班员	值班员
空气侧交、直流油泵启停试验	10日	8：00～14：00	副值班员	值班员
除氧循环泵启、停试验	12日	8：00～14：00	副值班员	值班员
高压启动油泵启、停试验；交、直流润滑油泵启停试验	13、28日	8：00～14：00	副值班员	值班员
顶轴油泵启、停试验	14日	8：00～14：00	副值班员	值班员
EH油泵切换	15日	8：00～14：00	值班员	机组长
电动给水泵启停、给水泵汽轮机主油泵切换	17日	8：00～14：00	值班员	机组长
给水泵汽轮机直流油泵启、停试验	18日	8：00～14：00	副值班员	值班员
EH油冷却泵启、停试验	19日	8：00～14：00	副值班员	值班员
氢冷升压泵切换	20日	8：00～14：00	副值班员	值班员
防爆风机切换	24日	8：00～14：00	副值班员	值班员
主油箱排烟风机切换	25日	8：00～14：00	副值班员	值班员
抽汽止回阀活动试验	26日	8：00～14：00	值班员	机组长
真空严密性试验	27日	8：00～14：00	值班员	机组长
给水泵汽轮机注油试验	28日	8：00～14：00	值班员	机组长

续表

项　　目	日期	时间	操作人	监护人
给水泵汽轮机主汽门活动试验	每周一	8：00～14：00	值班员	机组长
汽轮机阀门活动试验	每周四	8：00～14：00	值班员	机组长
凝汽器胶球清洗	每天	8：00～14：00	巡检员	副值班员

6. 工作票及操作票制度

在生产现场进行设备检修时，为了保证人身和设备的安全，防止人身和设备事故的发生，必须按照 GB 26164.1—2010《电业安全工作规程　热力与机械》中的有关规定严格执行工作票制度。工作票是指准许在设备上进行工作的书面命令卡，主要说明工作班成员、工作任务、应布置的安全措施。运行设备检修完成，先经检修人员检查合格，然后由运行专责人员验收，对质量不合格的应拒绝验收并要求返修直至合格。

运行工作中的电气操作、机组启停及单项重大操作，应严格执行操作监护制。操作票是值班人员进行操作时按操作先后顺序填写的书面命令，是防止误操作的安全组织措施。当运行人员接到操作任务时，应将操作任务、目的及注意事项搞清楚，并认真填写操作票，指定操作人和监护人，经单元长、值长审查、批准后再进行操作。操作时由操作人按操作票中的步骤逐条进行并与有关人员保持联系。监护人任务应明确，严禁代替操作人操作。

7. 运行分析制度

运行人员必须按规定格式认真、正确、实事求是地填写现场设备的各种运行记录，并根据各种仪表的指示、巡回检查结果和定期试验结果进行分析，了解各设备的运行情况及经济指标，对运行出现的不正常情况进行分析，查明原因并采取相应的有效措施。

8. 经济工作制度

机组运行必须在坚持安全生产的基础上，实行节约的原则，努力节约燃料、蒸汽量和厂用电。积极开展群众性的运行小指标竞赛活动，以促使运行人员在值班中认真监盘，精心调整。

四、集控运行岗位职责

现代电力企业根据生产需要进行机构精简，每个电厂的机构设置不尽相同，普遍设有生产运行部、生产策划部、检修部，厂部设厂长 1 名，总工程师 1 名，副总工程师若干名，运行部设若干专业工程师和多名运行岗位人员，如图 1-3 所示。

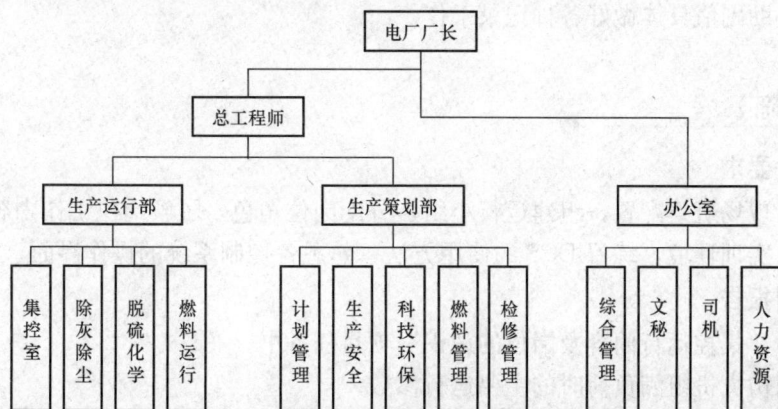

图 1-3　电厂机构设置

依据职责和工作内容，从事集控运行的岗位主要有值长（或机组长）、主值、副值、巡检等，如某火力发电厂为 $2×600MW$ 机组配备的集控运行人员共 55 人，其中值长 1 人×5值、（主值 1 人、副值 2 人、巡检 2 人）×5 值×2 机。

1. 值长

值长全面负责全值的安全和经济运行，负责全值的行政、思想、劳动纪律、文明生产等管理工作。值长是全值安全生产的运行操作、经济调度、事故处理等方面的具体指挥者。

2. 集控主值班员（主值）

集控主值班员直接接受并执行值长的命令。主值在当班期间，全面负责机组各系统的安全文明生产和经济运行工作。值长不在现场时代行值长职权。主值负责协调安排机组人员各项工作，负责协调汽轮机、锅炉、电气、燃料、化学各专业的运行。

主值应正确无误地完成值长发布的各项操作命令，重要操作时要亲自操作或做好监护工作。主值的具体工作包括：当班期间，应按照机组负荷、运行方式和燃料的品种、设备的状况等变化情况及时、正确地调整机组运行；经常检查主控室内机组的所有设备、仪表、控制装置等处于正常工作及安全可靠状态；负责完成机组的启停、调整，主要辅助设备的切换操作及监护，对于操作的正常运行及过程中的安全承担责任；对副值及以下岗位运行人员进行具体工作安排和业务指导；发生事故时，在值长领导监护下，负责指挥运行人员完成事故处理。

3. 集控副值班员（副值）

集控副值班员接受值长和主值的直接领导，是主值的助手，负责协助主值完成机组安全经济运行。

副值的具体工作包括：协助主值完成机组的监视与调整，指导并协助巡检员完成其操作和巡检工作；配合主值分析、处理机组运行中存在的隐患、异常等不安全因素，调整参数和运行方式；协助主值完成事故处理；对巡检员进行具体工作安排和业务指导。

4. 巡检员

巡检接受值长、主值、副值的领导，负责就地操作和调整；负责机组设备和系统的巡回检查工作；负责汽轮机、锅炉、电气、燃料设备操作巡检和运行维护；负责厂内燃料输送系统的运行；协助副值具体做好各种记录工作。

【任务实施】

一、任务要求

（1）参考现场班组配置，组建运行小组，分配岗位角色，了解岗位工作内容。

（2）熟悉实训环境，练习 DCS 的使用方法，熟悉各控制系统的操作界面。

二、实训报告

（1）填写"集控运行内容及岗位的认识"项目任务书。

（2）记录仿真机组满负荷时的主要运行参数。

任务 3　单元机组启停方式的选择

【教学目标】

一、知识目标

(1) 了解单元机组各种启停方式及其特点。

(2) 选择机组启停方式的依据。

二、能力目标

(1) 能识别仿真机组运行状态。

(2) 能依据汽轮机金属温度水平，合理选择启动方式。

【任务描述】

本节任务是在了解单元机组各种启停方式及其特点的基础上，掌握选择机组启停方式的原则，并能按照机组状态和运行要求合理选择机组启停方式，为开展机组整体启动任务做好准备。

【任务准备】

(1) 单元机组启停方式有哪几种？各有什么特点？

(2) 怎样选择合理的启停方式？

【相关知识】

单元机组的启动一般是指从锅炉点火开始，经过升温升压、暖管，当锅炉出口蒸汽参数达到一定值时，开始冲转汽轮机，将汽轮机转子由静止状态加速到额定转速后，暖机，发电机并网带初负荷，直至逐步升负荷到额定负荷的全部过程。而停运过程与启动过程相反，一般指机组从一定负荷，经过降温、降压、减负荷，待负荷减至一定数值后机组解列，锅炉熄火，汽轮机转子惰走，直到停止的全部过程。

一、单元机组的启动方式

结合机组的具体情况，单元机组的启动方式主要有以下四种分类方法。

1. 按冲转参数分类

按启动过程采用的冲转参数不同，可分为额定参数启动和滑参数启动。

(1) 额定参数启动。额定参数启动是机组从冲转到带额定负荷的整个过程中，高压主汽门前的蒸汽参数始终保持额定值。该方式冲转参数太高，工质损失大，蒸汽经过调节汽门的节流损失太大，调节级后的蒸汽温度变化剧烈；冲转流量小，各部分加热不均匀，汽轮机零部件也易受到很大的热冲击。因此，大型机组启动已不采用该方式。

(2) 滑参数启动。滑参数启动是主汽门前的蒸汽参数随负荷或转速的变化而滑升，启动时锅炉蒸汽参数升高的速度，主要取决于管道和汽缸所允许的加热条件。该种启动方式的工质损失和热损失最小，零部件加热均匀，因此在大机组启动中得到广泛采用。根据冲转前主汽门前压力大小，滑参数启动又可分为真空法和压力法。

1）真空法启动是将真空抽到过热器、汽包，锅炉点火后一产生蒸汽便冲动转子旋转，随后汽轮机的升速和带负荷全部由锅炉来控制。该种启动方式使锅炉产生的蒸汽得到了充分的利用，而且蒸汽温度是逐渐上升的，可使过热器和再热器得到充分冷却，能促进锅炉的水循环，减小汽包壁的温差，具有较好的经济性和安全性。但由于汽轮机的升速和带负荷都取决于锅炉的运行状态，汽轮机的升速率和升负荷率较难控制，而且启动过程中抽真空也比较困难。因此，该种方式也很少应用。

2）压力法启动是在主汽门前蒸汽达到一定的压力和温度后，才打开汽门进行冲转。汽轮机冲转期间锅炉不进行过大的燃烧调整，以保持压力、温度的稳定；在升负荷期间主蒸汽压力随负荷滑参数增加。由于启动初期锅炉的燃烧很不稳定，用压力法启动优于用真空法启动，现在大型机组普遍采用压力法启动。

2. **按启动前金属温度水平或机组停运时间长短分类**

高压缸启动时按调节级金属温度划分，中压缸启动时按中压缸第一压力级处金属温度划分，结合停机时间把机组的启动状态分为冷态、温态、热态、极热态四种状态。由于机组容量不同，金属温度测点位置不同，不同的机组冷热态划分标准相差很大，但划分原则都是主要考虑汽轮机转子材料的性能。转子金属材料的冲击韧性随温度的下降而显著降低，呈现冷脆性，此时即使在较低的应力作用下，转子也有可能发生脆性断裂破坏。热态启动时金属温度已超过转子材料的脆性变形温度，可以避免产生转子的脆性破坏事故。划分的目的是为了根据不同的状态来确定汽轮机的启动方式和启动速度，以获得最快的速度和最经济的效果。

一般以汽缸金属温度 150～170℃ 来划分冷、热态启动，在此温度以下的启动为冷态启动，在此温度以上的启动为热态启动。热态启动又包括温态、热态和极热态。按停机时间的长短，一般停机一周后为冷态启动；停机时间为 8～48h，为温态启动；停机时间为 2～8h，为热态启动；停机时间在 2h 以内，为极热态启动。

3. **按冲转时汽轮机进汽方式分类**

（1）高中压缸联合启动。采用高中压缸同时进汽冲转的启动方式称为高中压缸联合启动方式。高中压缸联合启动方式是再热机组较多采用的常规启动方式。

（2）中压缸启动。用中压缸启动是指汽轮机从冲转到带初始负荷期间，高压缸暂时不进汽，只有中、低压缸进汽，高压缸处于预暖或隔离状态，直到机组带到一定负荷（或转速）后，再切换到常规的高中压缸联合进汽方式的一种启动方式。

该启动方式对控制机组相对胀差有利，可以将高压缸的相对胀差排除在外，但是操作比较复杂。一方面，采用中压缸启动时，高压缸无蒸汽通过，鼓风作用产生的热量将使高压缸温度升高，因此需引入少量冷却蒸汽，系统较复杂。另一方面，中压缸进汽门尺寸大，冲转时转速不易控制，启动时间较长。切缸时，汽轮机所受的热冲击也较大，国内机组很少采用。国外引进机组中较多采用，如引进 300、330、600MW 部分机组，原制造厂规定采用中压缸方式启动。

4. **按冲转时控制进汽阀门分类**

为了控制进入汽轮机的流量，可以使用主汽门启动和调节汽门启动两种方式。

（1）主汽门（throttle valve，TV）启动。主汽门启动是冲转时调节汽门全开，转速由主汽门控制，转速达到 2900r/min 左右时，切换为调节汽门控制（即由 TV 方式切换为 GV

方式），继续升速到定值。该启动方式为汽轮机全周进气，除圆周上温度均匀以外，全部喷嘴焓降很小，调节级蒸汽温度较高是其最明显的优点。缺点是有可能使主汽门受到冲刷，导致主汽门关闭不严。国产引进型机组用主汽门阀座底下的预启阀来控制进汽，这样就避免了对主汽门的直接冲刷。

（2）调节汽门（governor valve，GV）启动。调节汽门启动是指冲转时主汽门全开，进入汽轮机的蒸汽流量由调节汽门控制。该方式一般采用部分进汽，使得汽缸受热不均，各部温差较大；但没有高压主汽门与高压调节汽门之间的切换，操作简便。部分机组采用调节汽门冲转方式，但冲转期间采用单阀控制，使汽轮机仍为全周进汽，减小了汽缸各部分的温差。

二、单元机组的停运方式

根据机组停运目的不同，停运方式可分为正常停运和故障停运两种。有计划的停运检修和根据调度命令部分机组转入备用的情况属于正常停运；在运行中机组发生故障，危及人身或设备安全而不能继续运行时的停运称为故障停运。

故障停运又根据设备故障程度不同分为紧急故障停运和一般故障停运两种。当发生的故障对设备和系统构成严重威胁时，必须立即打闸解列并破坏真空进行紧急故障停机。若故障不是很严重，但为了设备的安全又必须在限定时间内停运，可按规定机组稳妥地停下来，不必破坏真空，称为一般故障停运。

正常停运有备用停机和检修停机两种情况。当机组运行一定时间后，为了恢复和提高机组运行性能和预防事故的发生，需停止机组运行并对其进行有计划的检修，要求机组停运至冷态，称为检修停机。由于外界负荷减小，为了满足电网需求和保证机组安全经济运行，必须在一定时间内停止一部分机组运行，并将其转为备用状态时的停机称为备用停机。如果备用时间较短，往往需要机组停运后汽轮机、锅炉金属温度保持较高水平，以便机组重新启动时能按热态或极热态方式进行，从而缩短机组启动时间，此方式也称热备用停机。

根据停机过程中蒸汽参数的变化，又有额定参数停机和滑参数停机两种方式。

1. 额定参数停机

额定参数停机是在停机减负荷过程中，基本维持主蒸汽压力和温度在额定值附近。一方面锅炉逐渐降低燃烧强度，另一方面汽轮机逐渐关小调节汽门减负荷停机。由于整个过程主蒸汽参数保持不变，关小调节节门仅使流量减少，锅炉和汽缸金属温度可保持较高水平，机组能以较快速度减负荷，不会产生过大的热应力和热变形。

机组停机备用、临时停机处理设备和系统存在的小缺陷，以及其他需要借助汽缸金属温度较高能够达到快速启动并网发电的停机（如调峰机组两班制运行的后半夜低谷停机），均采用额定参数停机。

严格意义上的额定参数停机已很少采用，大多在停机减负荷过程中主蒸汽压力都适当降低，主蒸汽温度也随之稍有降低。

2. 滑参数停机

滑参数停机是在汽轮机调节汽门全开或基本全开的情况下，锅炉降低主蒸汽压力和温度，汽轮机负荷或转速随蒸汽参数的降低而下降，汽轮机、锅炉的金属温度也相应下降，直至机组完全停运。

滑参数停机的特点是汽轮机、锅炉联合停运，停运过程中蒸汽参数按机组的需要变化；

可以使机组又快又均匀地冷却，对于停运后需检修的机组，可缩短从停机到汽轮机开缸的时间，但锅炉在低负荷燃烧时的稳定性较差。

三、单元机组启停方式的选择

单元机组的启停是汽轮机、锅炉、电气之间互相联系、互相配合、协调一致的操作过程，该过程机组内部工况变化极其复杂。机组启、停要在保证机组安全、可靠的前提下，尽量缩短时间，并有效地降低热能、电能及工质损失，这要求机组尽可能采用合理的启、停方式。

1. 启停的原则

合理的启停方式就是寻求合理的加热或降温方式，使启停过程中机组各部件的热应力、热变形、汽轮机转子与汽缸的胀差和转动部件的振动等指标均维持在较好的水平。近年来，国内外对大容量单元机组的启停进行了大量的实践和研究，积累了不少经验，对单元机组的启停方式提出了下列原则要求。

（1）应在最佳工况下启动汽轮机、锅炉和增加负荷，并尽可能地在不同的温度情况下实现自动化程序启停。

（2）在机组启停期间，工质损失和热损失最小。

（3）在任何情况下都要严格保证锅炉给水。

（4）根据负荷曲线的要求，对蒸汽参数和蒸汽流量应能自动调节。

（5）只能用过热蒸汽（过热度最低为 $40\sim60℃$）启动汽轮机。

（6）汽轮机进汽部分的金属与蒸汽之间的温差在热态启动时，应不超过 $50℃$。

2. 机组启停方式的选择

现代大容量单元机组启动均采用滑参数启动方式，而不采用额定参数启动。单元机组停运则根据具体情况来定，或采用滑参数停机，或采用额定参数停机。滑参数启动的优势主要表现在以下方面。

（1）安全可靠性好。滑参数启动时，由于采用体积流量大的低参数蒸汽来加热设备部件，使金属温差小，对锅炉汽包、汽轮机转子、汽缸等加热比较均匀，热应力小，从而使启动时的安全可靠性好。

（2）经济性高。单元机组滑参数启动时，由于主蒸汽管道上的所有阀门全开，减少了节流损失；主蒸汽的热能几乎全部用来暖管、暖机；自锅炉点火至发电机并网发电，时间短，可多发电，辅机用电量也相应减少；锅炉不必向空大量排汽，减少了热量和汽水损失，从而也减少了燃料消耗；叶片在启停过程中可得到清洗，使汽轮机效率得到提高。单元机组滑参数停机也比额定参数停机经济，凝结水可全部回收，余汽、余热可以用来多发电。因此，滑参数启停提高了大机组运行的经济性。

（3）提高设备的利用率和增加运行调度的灵活性。采用滑参数启动，可以缩短启动时间，提前并网发电。采用滑参数停机，余汽、余热被用来发电的同时，也加速了汽轮机的冷却过程，因此可以提前揭缸检修，缩短了检修工期，增加了设备利用小时数，也就提高了设备的利用率，增加了运行调度的灵活性。

（4）操作简化。在滑参数启动过程中，当汽轮机采用全周进汽时，汽轮机的调节阀门处于全开位置，操作调节简单，而且给水加热器也可随汽轮机进行滑参数运行，简化了操作，在一定程度上为实现机组自动化顺序启停创造了条件。

（5）改善环境。由于减少了蒸汽排放所产生的噪声，所以改善了环境。

【任务实施】

一、任务要求

（1）练习教练员站的使用方法，能够设置和存储初始条件。

（2）熟悉仿真机组的典型运行工况（包括冷态工况、热备用工况和满负荷工况）。

（3）依据机组状态和运行要求合理选择机组启停方式。

（4）阅读《仿真机组的运行规程》，了解机组冷态滑参数启动的步骤。

二、实训报告

（1）填写"单元机组启停方式的选择"项目任务书。

（2）制定冷态滑参数启动的步骤。

项目 2

辅 助 系 统 运 行

【项目描述】

通过本项目的学习与训练，使学习人员熟悉单元机组辅助系统的流程及设备性能，掌握各辅机的启停、系统参数调整等操作方法，在机组全冷态下，完成厂用电系统倒送电的操作，完成机组启动前汽轮机辅助系统、锅炉辅助系统的运行，为机组点火做准备。

【教学目标】

一、知识目标

(1) 机组厂用电系统的流程，主要设备送电操作条件、步骤及注意事项。

(2) 机组厂用电系统与汽轮机、锅炉辅助设备之间的联系。

(3) 机组全面性热力系统分析。

(4) 熟悉汽轮机、锅炉辅助系统的组成、流程及工作任务。

(5) 热力设备启停操作及其注意事项。

二、能力目标

(1) 掌握机组厂用电系统送电的操作。

1) 机组直流电源系统送电；

2) 启动/备用变压器及厂用电 6kV 母线、400V 母线送电；

3) 厂用负荷的送电。

(2) 绘制各辅助系统的热力系统图。

(3) 完成机组辅助系统各辅机的启停、系统参数调整等操作任务。

(4) 正确填写辅机启停操作票，记录运行参数。

【教学环境】

(1) 能容纳一个教学班级的火电机组仿真实训室。

(2) 多媒体教学系统。

(3) 火电机组仿真系统若干套，以保证学生能实施小组教学（每组 3 或 4 人）。

(4) 主讲教师 1 名，教学做一体的实训指导教师 1 名。

任务 1　厂用电系统送电

【教学目标】

一、知识目标

(1) 了解大型机组厂用电系统负荷的分类。

（2）了解大型机组厂用电系统的构成、接线及其特点。

（3）掌握大型机组厂用电系统的运行方式及其操作。

（4）了解大型机组厂用电系统中保安电源与不停电电源的作用、特点与相关操作。

（5）掌握大型机组厂用电系统的保护配置和要求。

二、能力目标

（1）熟练完成机组厂用电系统的停、送电操作步骤。

1）机组直流电源系统送电。

2）不停电电源（UPS）送电。

3）启动/备用变压器及厂用电 6kV 母线、400V 母线送电，其他厂用母线的送电。

（2）熟练完成厂用电系统单一负荷的停、送电操作。

📧 【任务描述】

单元机组全冷态启动前，需要从电网获得辅助设备的电源。厂用电送电即电网的电能通过 220kV 系统、6kV 厂用系统、6kV 公用系统、380V 保安段、380V 工作段分级送到机组的相关设备上。送电完毕后，上述系统才能进入正常工作预备状态。

本节任务是使学习人员了解大型火电机组厂用电系统常见构成、接线方式及其特点，明确厂用电系统的运行方式、保护系统的配置及作用，并通过仿真实训室的实际演练，掌握机组启动前厂用电系统的送电操作，为单元机组厂用机械的安全运行，以及机组试验、检修、整流、照明等工作提供可靠、稳定、连续的自用电。

⏰ 【任务准备】

倒送厂用电是机组启动前的重要操作，厂用电能否安全、可靠、稳定运行将直接影响机组的正常发电。

（1）怎样通过就地站进行厂用电停、送电操作？

（2）厂用电设置了哪些主保护项目？

🔍 【相关知识】

一、发电厂的厂用电

发电厂的厂用电是指发电厂在生产电能过程中，电厂自身所使用的电能，也可称为自用电。厂用电供电安全与否，将直接影响电厂的安全、经济运行。为此，发电厂的厂用电源、电气设备和接线等，应考虑运行、检修和施工的需要，以满足确保机组安全、技术先进、经济合理的需要。

二、厂用电负荷的分类

厂用电负荷，按其在电厂生产过程中的重要性可分为以下几类。

1. Ⅰ类负荷

Ⅰ类负荷指短时的停电可能影响设备安全，使机组停运或发电机出力下降的负荷。例如，火力发电厂中的给水泵、凝结水泵、送风机、引风机等负荷。

对Ⅰ类负荷，应由两个独立电源供电，当一个电源消失后，另一个电源要立即自动投入供电。为此，应配置备用电源自动投入装置。

2. Ⅱ类负荷

Ⅱ类负荷指允许短时停电，但停电时间过长有可能损坏设备或影响机组的正常负荷。例如，工业水泵、疏水泵、浮充电装置、输煤设备机械等负荷。对Ⅱ类负荷，应由两个独立电源供电，一般备用电源采用手动切换方式投入。

3. Ⅲ类负荷

Ⅲ类负荷指较长时间停电不会直接影响发电厂生产的负荷，例如，修配厂、试验室、油处理设备等负荷。对Ⅲ类负荷，一般由一个电源供电。

4. 不停电负荷

不停电负荷指机组启动、运行到停机全过程中，以及停机后的一段时间内，需要进行连续供电的负荷。例如，实时控制用计算机、调度通信和远动通信设备等负荷。对不停电负荷，供电的备用电源首先要具备快速切换特性，其次要求正常运行时不停电电源与电网隔离，并且有恒频、恒压特性。一般由接于蓄电池组的逆变装置供电。

5. 事故保安负荷

事故保安电源是指发生全厂停电时，为保证汽轮机、锅炉的安全停运、过后能很快地重新启动，或者为了防止危及设备安全等原因，需要在全厂停电时继续进行供电的负荷。按事故保安负荷对供电电源的不同要求，可分为以下两类。

(1) 直流保安负荷。直流保安负荷包括汽轮机直流润滑油泵、发电机氢密封直流油泵、事故照明等负荷。直流保安负荷由蓄电池组供电。

(2) 交流保安负荷。交流保安负荷包括顶轴油泵、交流润滑油泵、功率为200MW及以上机组的盘车电动机等负荷。交流保安负荷平时由交流厂用电供电，一旦失去交流厂用电时，要求交流保安电源供电。交流保安电源可采用快速启动的柴油发电机组供电，该机组应能自动投入。

三、厂用电负荷的分配原则

(1) 同一锅炉和汽轮发电机组所使用的电动机，应分别连接到与其相对应的母线段上。对于额定功率为60MW及以下的机组中互为备用的重要附属设备（如凝结水泵等），也可采用交叉方式供电，以提高供电可靠性。

(2) 每台机组设有两段厂用母线时，应将双套附属设备的电动机分别接在两段母线上。以保证供电的同时性，提高机组整体的供电可靠性。

(3) 当无公用母线段时，全厂公用性负荷应根据负荷容量和对可靠性的要求，分别接在各段厂用母线上，但要适当集中。当设有公用母线段时，考虑到公用母线发生故障后，为避免影响几台机组或者造成全厂停电，应将相同的Ⅰ类负荷公用电动机分别接在不同的母线段上。

(4) 从生产过程中看，大容量机组的给水泵是固定为某一单元服务的；因此，无汽动给水泵的200MW机组，各电动给水泵应接至本机组的厂用工作母线段。公用给水泵可跨接于本机组的第二段母线上；有汽动给水泵的300MW及以上的机组，其备用的电动给水泵也应该由本机组的厂用工作母线段供电。

(5) 为加强机组的单元性，便于全厂公用负荷集中管理和配合检修，公用母线段通常设置在额定功率为300MW及以上机组。若公用负荷较多、容量较大、采用组合供电方式较为合理，可设置高压公用母线段。公用母线段一般要设置两段。

（6）低压厂用母线的设置，应根据锅炉容量与其连接负荷类别的不同来确定。

1）锅炉容量为 220t/h 级且连接有汽轮机、锅炉的Ⅰ类负荷时，宜于采用按汽轮机、锅炉对应的原则设置低压母线。

2）锅炉容量为 400～670t/h 级时，每台锅炉可由两段母线供电并且将双套附属设备的电动机分别接在两段母线上，两段母线可由 1 台变压器供电。根据锅炉容量为 400～670t/h 及其对应的国产 200MW 机组 380V 母线所供Ⅰ类负荷较少的特点，低压厂用母线也可采用单母线用隔离开关分为两个半段的接线方式。

3）锅炉容量为 1000t/h 级及以上时，每台炉设置两段低压母线，每段母线宜由 1 台变压器供电。

四、厂用电负荷的供电电压

厂用负荷的供电电压主要取决于发电机的额定容量、额定电压，汽轮机、锅炉附属设备所使用电动机的容量和数量等因素。因为各种厂用负荷的容量可能相差极大，例如大功率电动机可达 1000kW 以上，而小功率电动机不足 1kW，所以厂用电采用高压和低压两种电压供电，高压一般采用 6kV 等级电压，低压一般设置为 380、220V 等级电压。

五、厂用母线的接线方式

因火力发电厂中锅炉的附属设备多、容量大，为加强厂用电的单元性，按汽轮机、锅炉对应原则设置母线段，通常每台炉设置 1 或 2 段高压母线段。

当锅炉容量为 220t/h 级时，每台锅炉可由一段母线供电。当锅炉容量为 400～1000t/h 级时，每台炉应由两段母线供电，可将双套附属机械的电动机分别接在两段母线上，两段母线可由一台变压器供电。电气主接线图如图 2-1 所示，为某 300MW 机组设置的双母线接线方式。当每台炉容量为 1000t/ h 级及以上时，每一种高压厂用电压的母线应为两段。

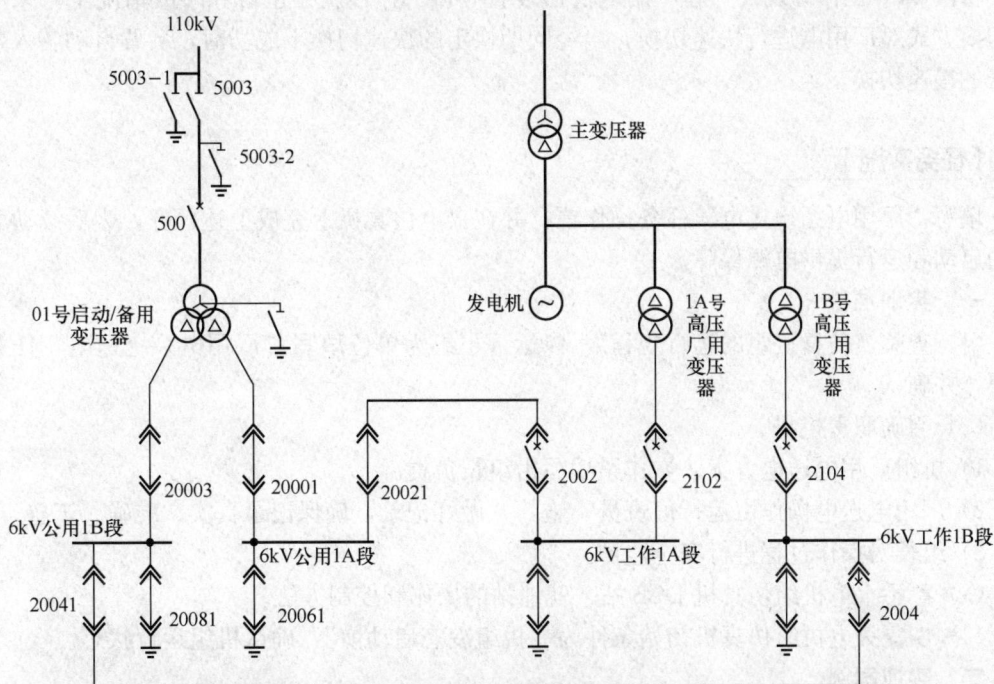

图 2-1 电气主接线图

六、厂用电保护配置

1. 启动/备用变压器和高压厂用变压器保护配置

（1）差动（差动速断）保护。动作于跳各侧断路器。

（2）高压侧复合过电流保护。由低压侧复合电压（低电压和负序电压）和高压侧过电流判据共同组成，延时 1.9s 动作于跳各侧断路器。

（3）瓦斯保护。

1）本体重瓦斯。动作于跳各侧断路器，也可切换至信号。

2）分接头瓦斯。动作于跳各侧断路器，也可切换至信号。

3）本体轻瓦斯。动作于信号。

（4）零序电流保护。零序电流取自中性线的 TA，延时 3s 动作于跳各侧断路器。

（5）零序电压保护。延时 0.5s 动作于跳各侧断路器。

（6）分支复合电压闭锁过电流保护。由各分支的复合电压（低电压和负序电压）与各分支的过电流判据共同组成，延时 1.6s 动作于跳相应分支断路器。

（7）启动/备用变压器通风。启动冷却器。

（8）启动/备用变压器冷却器故障。动作于发信号。

2. 低压厂用变压器保护配置

低压厂用工作变压器、备用变压器、公用系统变压器等的保护配置包括：

（1）低压厂用工作、公用、备用变压器保护。即速断、过电流、温度、接地（6kV侧）、零序反时限过电流。

（2）低压工作、公用段备用分支均装设过电流保护，经延时动作于跳对应分支断路器。

七、自动装置

每段 6kV 工作母线设一套厂用电快切装置（PZH-1）。在正常和事故情况下，采用并联切换方式对厂用电进行快速切换，当经同期检定的快速切换不成功时，装置自动转入判定残压的慢速切换。

【任务实施】

填写"厂用电系统送电"任务操作票，并在火电仿真机上完成上述任务，为后续动力设备的启动和运行提供电源保障。

一、实训准备

（1）查阅《仿真机组的运行规程》，以运行小组为单位填写"厂用电系统送电"任务操作票，并确认。

（2）明确职责权限。

1）机组厂用电送电方案、操作票编写由组长负责。

2）厂用电送电操作由运行值班员实施，并做好记录，确保记录真实、准确、工整。

3）组长对操作过程进行安全监护。

（3）熟悉火电机组仿真机 DCS 站、就地站的操作和控制方法。

（4）恢复火电机组仿真机初始条件为"机组冷态启动前"，确认机组运行状态。

二、实训案例

参考案例：在某 300MW 火电机组仿真机上完成送电实训（冷态工况）。

1. 直流系统送电

进入就地操作站电气菜单的直流 220V 系统（如图 2-2 所示），依次合上 1 号充电器出口隔离开关 1DK、2 号充电器出口隔离开关 2DK，开启 1 号充电器带 220V 直流工作母线 I 运行，开启 2 号充电器带 220V 直流工作母线 II 运行，0 号充电器处于备用状态。蓄电池组正常处于浮充电状态。

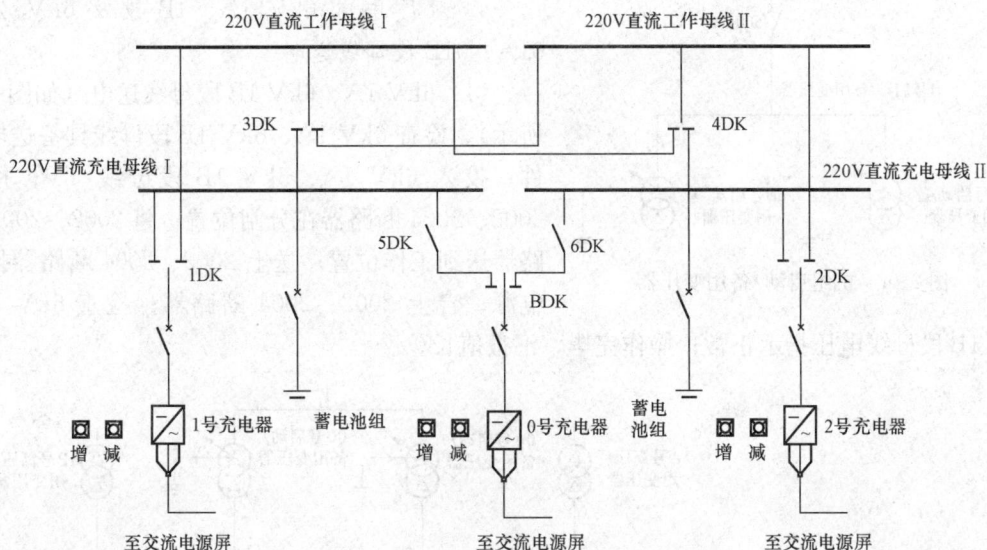

图 2-2　直流 220V 系统

2. UPS 系统送电

进入就地操作站电气菜单的 UPS 系统（如图 2-3 所示），依次合上直流蓄电池电路输入开关，检查电源供电正常，待 380V 交流电源恢复切交流电供电。

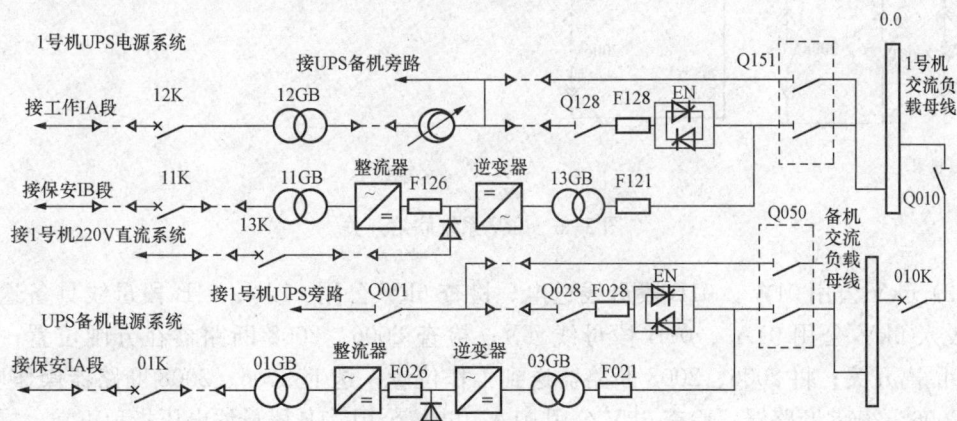

图 2-3　UPS 系统

3. 投入 01 号启动/备用变压器（如图 2-4 所示）

检查 01 号启动/备用变压器安全措施已拆除；投入 01 号启动/备用变压器保护；检查 01 号启动/备用变压器 5003-1、5003-2 接地隔离开关已拉开；检查 01 号启动/备用变压器

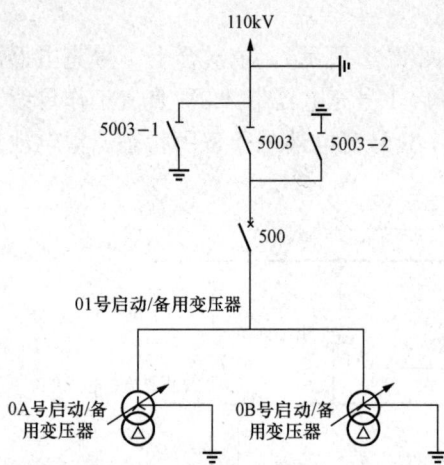

图 2-4　机组启动/备用变压器

500 断路器在分闸位置；合上 01 号启动/备用变压器 5003 隔离开关；送上 01 号启动/备用变压器 500 断路器操作电源；合上 01 号启动/备用变压器 500 断路器；检查 0A 号、0B 号启动/备用变压器充电良好；操作完毕，汇报值长。

4. 对厂用电 6kV 1A、1B 段及 6kV 公用 01A、01B 段母线送电

(1) 6kV 1A、6kV 1B 段母线送电（如图 2-5 所示）。检查 6kV 1A、6kV 1B 段母线具备送电条件；投入 6kV 1A、6kV 1B 段母线 TV；检查 2002、2004 断路器在分闸位置；将 2002、2004 断路器送到工作位置；送上 2002、2004 断路器操作电源；合上 2002、2004 断路器；检查 6kV 1A、6kV 1B 段母线电压指示正常；操作完毕，汇报值长。

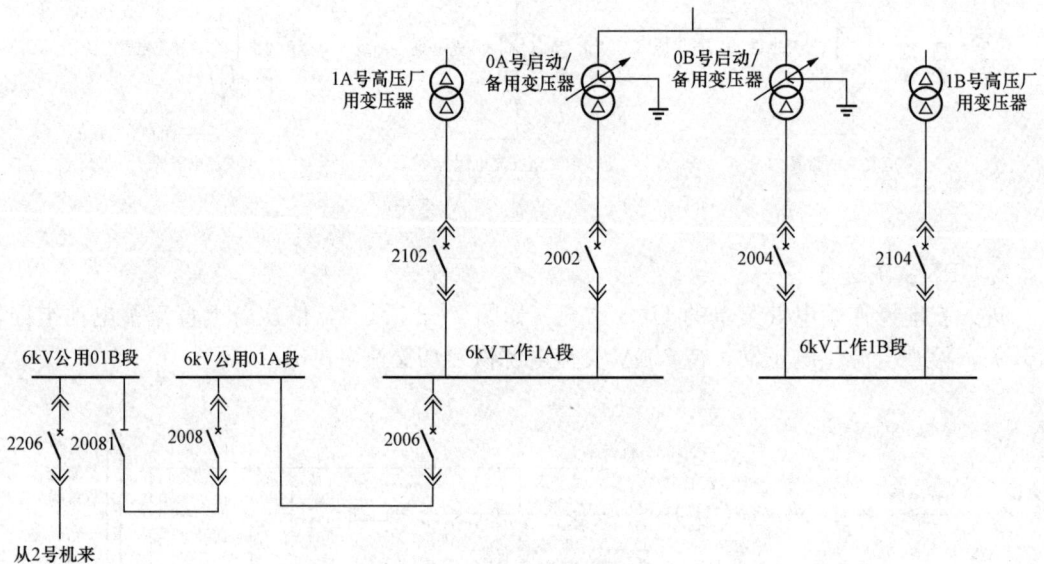

图 2-5　6kV 系统联络开关

(2) 6kV 公用 01A、01B 段母线送电。检查 6kV 公用 01A、01B 段母线具备送电条件；投入 6kV 公用 01A、01B 段母线 TV；检查 2006、2008 断路器在分闸位置；合上 20081 隔离开关；将 2006、2008 断路器送到工作位置；送上 2006、2008 断路器操作电源；合上 2006、2008 断路器；检查 6kV 公用 01A、6kV 公用 01B 段母线电压指示正常；操作完毕，汇报值长。

5. 对厂用电 380V 母线送电

(1) 380V 工作 1A 段母线送电（如图 2-6 所示）。检查 380V 1A 段变压器具备送电条件；投入 380V 1A 段变压器保护；投入 380V 1A 段母线 TV；检查 2118 断路器在分闸位置；将 2118 断路器推入工作位置；检查 D012 断路器在分闸位置；将 D012 断路器推入工作

位置；送上 2118 断路器操作电源；送上 D012 断路器操作电源；合上 2118 断路器；检查 380V 1A 段变压器充电正常；合上 D012 断路器；检查 380V 1A 段母线电压正常；操作完毕，汇报值长。

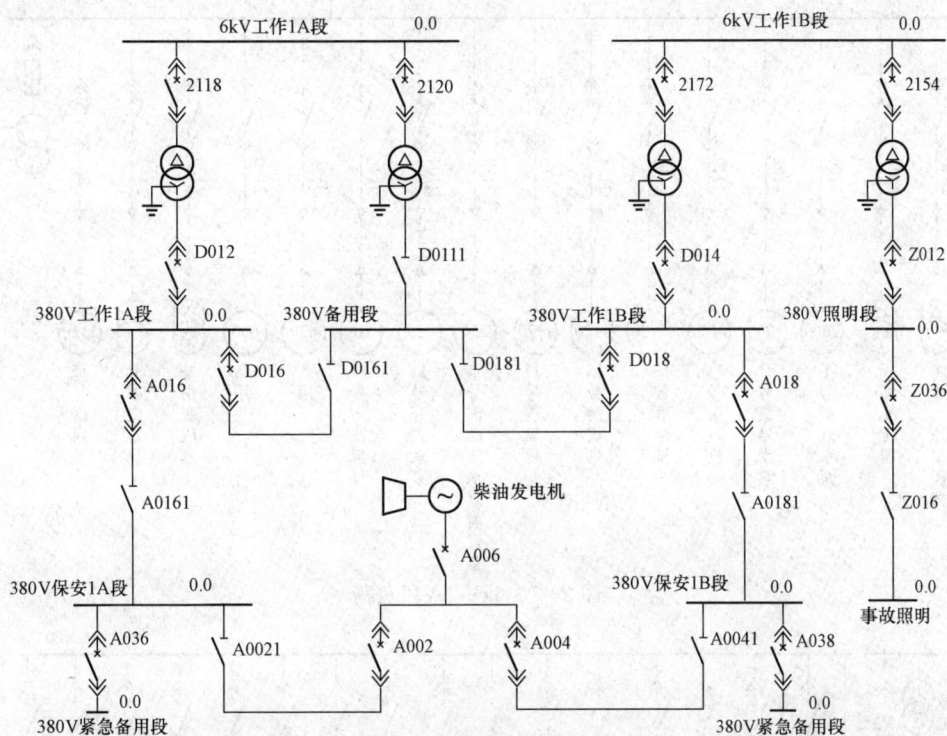

图 2-6 380V 系统联络图

(2) 依次按照以上方法将 380V 工作 1B 段母线送电、380V 照明段、380V 保安 1A 段、1B 段送电；380V 备用变压器恢复备用及柴油机恢复备用。

6. 厂用负荷送电

(1) 厂用电 6kV 电动机送电。某机组 6kV 1A 段负荷分配如图 2-7 所示。以 1 号磨煤机送电为例，送电操作如下：检查 1 号磨煤机电动机具备送电条件；检查 1 号磨煤机电动机 2112 开关在分闸位置；将 1 号磨煤机电动机 2112 开关送到工作位置；送上 1 号磨煤机电动机 2112 开关操作电源；检查 1 号磨煤机电动机送电良好；通知炉值班人员。

按照 1 号磨煤机送电方式依次将所有 6kV 高压设备送电。

(2) 厂用电 380V 电动机送电。某机组 380/220V 工作段一次接线图如图 2-8 所示。以 1 号空气压缩机电动机送电为例，送电操作如下：检查 1 号空气压缩机电动机具备送电条件；检查 1 号空气压缩机电动机开关在分闸位置；将 1 号空气压缩机电动机开关送到工作位置；送上 1 号空气压缩机电动机开关操作电源；检查 1 号空气压缩机电动机送电良好；通知炉值班人员。按照 1 号空气压缩机送电方式依次将所有 380kV 低压设备送电。

三、实训报告要求

(1) 填写"厂用电系统送电"项目任务书。

(2) 默画直流系统及不停电电源系统图。

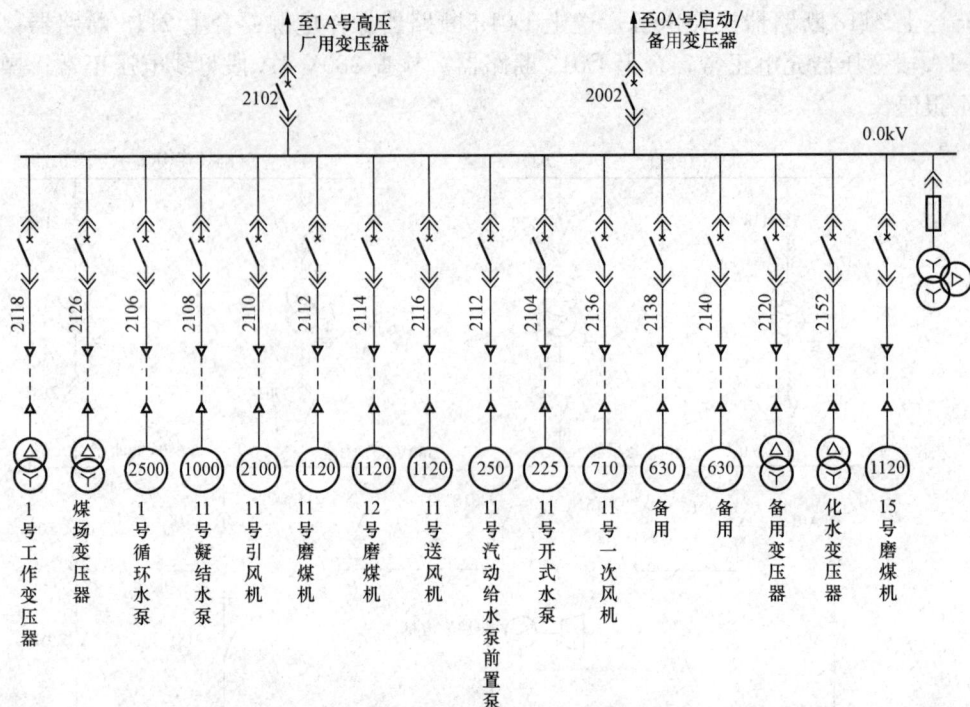

图 2-7 6kV 1A 段负荷

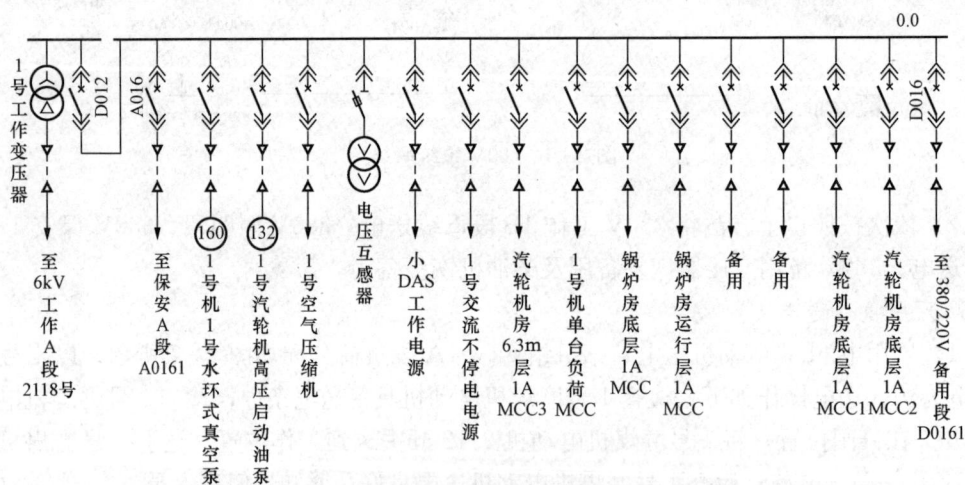

图 2-8 380/220V 工作段一次接线图

注：MCC——负荷控制中心。

（3）记录厂用电送电过程中所遇到的问题、解决方法和体会。

复习思考

（1）典型火电机组厂用电母线的接线方式有哪几种？厂用电有几种来源？

（2）厂用电 6kV、400V 开关的形式有哪些？如何操作？

（3）厂用电送电过程中，送电顺序能否改变，举例说明。

任务2 公用系统的运行

【教学目标】

一、知识目标

（1）循环水、冷却水、压缩空气、辅助蒸汽系统的作用、流程及主要设备。

（2）循环水、冷却水、压缩空气、辅助蒸汽系统主要设备启停操作及注意事项。

（3）循环水、冷却水、压缩空气、辅助蒸汽系统的运行维护。

二、能力目标

（1）正确进行循环水系统、开式循环水系统、闭式循环水系统、压缩空气系统、辅助蒸汽系统的启停操作。

（2）能对循环水系统、开式循环水系统、闭式循环水系统、压缩空气系统、辅助蒸汽系统进行运行维护及主要监控参数的调整。

【任务描述】

机组厂用电系统全面恢复后，为了保证后续单元机组正常启动，必须先启动机组相关的公用冷却系统，即汽轮机循环冷却水系统（含开式水、闭式水）、仪用压缩空气系统，以及辅助蒸汽系统等。

本节任务是在全面了解大型机组公用系统（包括冷却水系统、压缩空气系统、辅助蒸汽系统等）功能、流程的基础上，借助仿真机，熟悉现场系统和设备性能及其运行规程。在机组启动前完成公用系统的投入，保障机组冷却用水，为启动阶段需要用汽的设备提供合格汽源，为相关设备提供运行、检修和维护所需的压缩空气。

【任务准备】

一、任务导入

（1）大型火电机组辅助系统的发热如何解决？

（2）现代火电机组大量气动阀的动力来源何处？

（3）机组全冷态需要的辅助蒸汽如何取得？

二、任务分析及要求

（1）掌握循环水系统、开式循环水系统、闭式循环水系统、压缩空气系统、辅助蒸汽系统的组成，能阐述系统流程及主要设备的作用。

（2）掌握实训仿真机组的循环水系统、开式循环水系统、闭式循环水系统、压缩空气系统、辅助蒸汽系统的主要运行参数及控制范围。

（3）能在实训仿真机组上独立完成循环水系统、开式循环水系统、闭式循环水系统、压缩空气系统、辅助蒸汽系统的启动，并将主要参数控制正确。

【相关知识】

在单元机组运行时，汽轮机排汽所携带的大量热量需要带走，机组设计了循环水系统冷却汽轮机排汽；大量机械设备转动存在着电动机发热和轴的摩擦损耗发热等，如不及时把这些热量排走，将会使电动机绝缘材料因超温损坏使得机械设备轴承损坏。为保证转动机械设备在允许温度内正常运行，必须设置专门的冷却设备。大型电厂一般分开式循环水系统和闭式循环水系统，开式循环水水源取自循环水，主要向对冷却介质要求不高的设备提供冷却水；闭式循环水水源来自凝结水，主要向对冷却介质水质要求高的设备提供冷却水。为保证各系统中气动调节阀门的动力要求，机组设计有压缩空气系统，为了便于管理和运行维护方便，仪用空气压缩机和除灰用空气压缩机合在一起组成压缩空气系统。在热力设备启动初期和运行过程中，有些设备和系统需要蒸汽作为汽源，因此，机组设计辅助蒸汽系统来满足此要求。

一、循环水系统及设备

循环水系统的主要功能是向汽轮机的凝汽器提供冷却水，以带走凝汽器内的热量，将汽轮机排汽（通过热交换）冷却并凝结成凝结水。发电厂循环供水系统一般分为两大类，一类是开式供水系统，又称直流供水系统，冷却水通过循环水泵从水源的上游加压送入凝汽器，经过吸热后再排入水源的下游。另一类是闭式供水系统，又称循环供水系统，循环水泵输送的冷却水，经过凝汽器换热后，进入冷却塔进行冷却，冷却后的水再由循环水泵送入凝汽器中，如此循环往复。

由于电厂地理条件的不同，循环水系统所采用的循环水也不同，可能是流量相当大的江河或者是储水量很大的湖泊，也可能是海水（如海边的电厂），还有可能是流量小的江河、小湖泊甚至是井水等。开式供水系统将循环水从水源输送到用水装置之后，即将循环水排出，不再利用，此方式投资少，系统也非常简单，占地面积也少，用于水源充足的环境；缺点是对环境造成污染。闭式循环水系统将循环水从水源输送到用水装置之后，排水经冷却装置之后循环使用，运行过程只补充小部分损失掉的循环水，该设置方式具有用水量少和对河流湖泊等环境影响较小等优点，以前主要应用于水源不十分充裕的地方。随着环境保护对热污染的限制及节约水资源的要求，目前所建设大型火力发电厂均采用闭式供水系统。

某 600MW 机组的凝汽器循环水管路系统如图 2-9 所示。

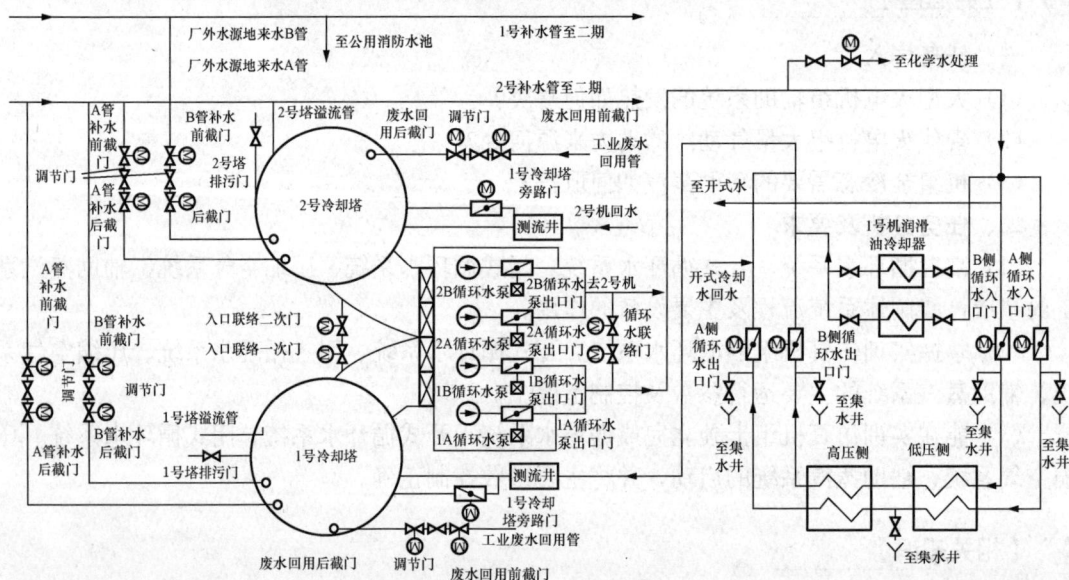

图 2-9　某 600MW 机组的凝汽器循环水管路系统

　　循环水系统采用带冷却水塔的单元制二次循环水供水系统，每台机配两台循环水泵及一座冷却塔，在两台机组的循环水母管上设有 1 号、2 号机循环水联络门两只，1 号、2 号塔之间设置联络管，两塔出水流道间设置入口联络门两只，可满足两台机组运行 3 台循环水泵的要求。循环水泵位于主厂房外冷却塔附近，循环水取自冷却塔下的水池，循环水补充水由厂外水源 A 管、B 管向冷却塔供水。系统主要向凝汽器、开式循环冷却水系统、汽轮机润滑油冷却器提供冷却水，且凝汽器循环水管路设有胶球清洗系统。

　　每台 600MW 机组配置两台并联运行的循环水泵，出口门采用两阶段液控蝶阀，出口门后合用一根循环水母管，至汽机房前分为两根循环水管，循环水先进入低背压凝汽器，再经高背压凝汽器后合为一根母管，经测流井排至冷却塔。系统还设置了放水（空气）门。

二、开式循环冷却水系统及设备

　　凝汽式单元发电机组中，汽轮机润滑油的冷却器，发电机氢气、空气或冷却水的冷却器都需要大量的冷却水；发电机组中还有许多转动机械因轴承摩擦而产生大量热量，发电机和各种电动机运行因存在铁损和铜损也会产生大量的热量。这些热量如果不能及时排出，积聚在设备内部，将会引起设备超温甚至损坏。为确保设备安全运行，电厂中需要完备的循环冷却水系统，对该设备进行冷却。

　　冷却水进入厂内以后，根据各设备（轴承、冷却器等）对冷却水量、水质和水温的不同要求，分为开式和闭式循环冷却水系统。大多数电厂都将两种循环系统结合使用。循环水系统为除灰系统和开式冷却水系统提供水源，有的系统还直接引用循环水作为工业水水源。所以一般总是先启动循环水系统。

　　开式循环冷却水系统主要用于向闭式循环冷却水系统的设备（如热交换器、凝汽器真空泵冷却器等）提供冷却水，以满足正常运行、启停和检修的要求。开式冷却水的品质较差、水温较低，一般用来冷却水质要求低于凝结水品质、水温较低而水量较大的冷却设备。各冷却设备的进、出水管上均设置隔离门。对温度要求较高的对象，如给水泵汽轮机润滑油冷却器，出口管道上设置有流量调节门，能够调节冷却水量，以控制被冷却介质的出口温度。其两侧的隔离门和与之并联的旁路门，供调节门检修时用。

　　开式循环冷却水系统简称开式水，如图 2-10 所示，设有两台开式循环冷却水泵，容量均为 100%，互为备用，并联连接，夏季水温高时可同时投入运行。开式水系统流程：循环水进水母管→电动滤水器→开式循环冷却水泵→各设备的冷却器（用户）→循环水出水母管。

三、闭式循环冷却水系统及设备

　　闭式循环冷却水系统的功能是向汽轮机、锅炉、发电机的辅助设备提供冷却水。该系统为闭式回路，用开式冷却水系统中的水，流经闭式循环冷却水热交换器来冷却闭式循环冷却水系统中的冷却水。系统采用凝结水作为冷却介质，对于冷却用水量小、水质要求高的一些设备，如各种转动机械的密封、轴承等，设置闭式循环冷却水系统，可防止冷却设备的结垢和腐蚀，防止通道堵塞以保持冷却设备良好传热性能。

　　闭式循环冷却水系统简称闭式水，如图 2-11 所示，设有两台闭式循环冷却水泵，容量均为 100%，互为备用，并联连接。系统流程为：闭式膨胀水箱→闭式循环冷却水泵→闭式循环冷却水热交换器→各冷却器（用户）→闭式循环冷却水泵入口。

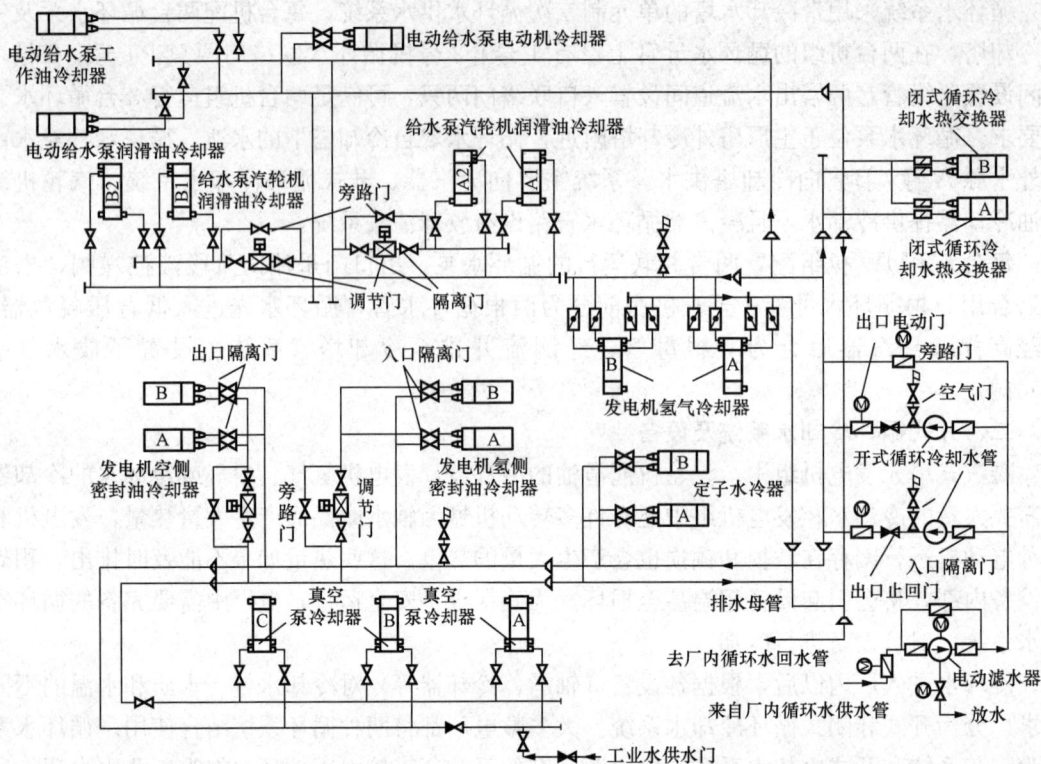

图 2-10 开式循环冷却水系统

闭式水系统的正常补充水为凝结水，初始补水由凝结水补充水泵来的除盐水完成。闭式膨胀水箱作为闭式水的缓冲水箱，其作用是减小闭式水系统循环水量的波动，以及吸收水的热膨胀。水箱高位布置，可为闭式循环冷却水泵提供足够的净吸入压头，以防止闭式水泵汽蚀。水箱水位由补充水管道上调节门调节补充水量维持。水箱的正常水位只维持水箱容积的1/2，使其有一定的膨胀空间。

闭式循环冷却水热交换器的作用是用开式水冷却温度上升的闭式水（凝结水）。热交换器的壳侧介质是凝结水，管侧介质是开式水。为防止水质较差的循环水渗漏进水质好的凝结水，设计时保持闭式循环水压大于开式循环水压。

四、压缩空气系统及设备

压缩空气系统为机组提供压缩空气，机组的厂用气和仪表用气系统用连接管连成一起，构成公共网络。厂用气、仪表用气的各条管道、阀门则遍布机组范围内的各个用气点。

压缩空气系统一般由 3～5 台活塞式空气压缩机及相应的附属装置组成。空气压缩机的形式是二级压缩、水冷、四缸、无润滑油型。采用二级压缩有利于降低排气温度，节省功耗，降低压缩空气对活塞的作用力，提高气缸的容积效率。空气压缩机采用二级双列四缸布置的形式，可以基本平衡运行时各活塞的惯性力，运行平稳，能采用较高转速，而且其结构较为紧凑。室内空气直接由空气压缩机本体上方的消声式进口滤网，经可卸载式进气阀，进入二级气缸实现二级空气压缩。经二级压缩后的出气流经出口消声器、冷却器、气水分离器，最后进入两只互为备用的储气罐里。从储气罐出来的压缩空气通往厂用气系统和仪表用气系统。每台空气压缩机的设计容量应当满足一台机组所需要厂用气和仪表用气的总消耗量，

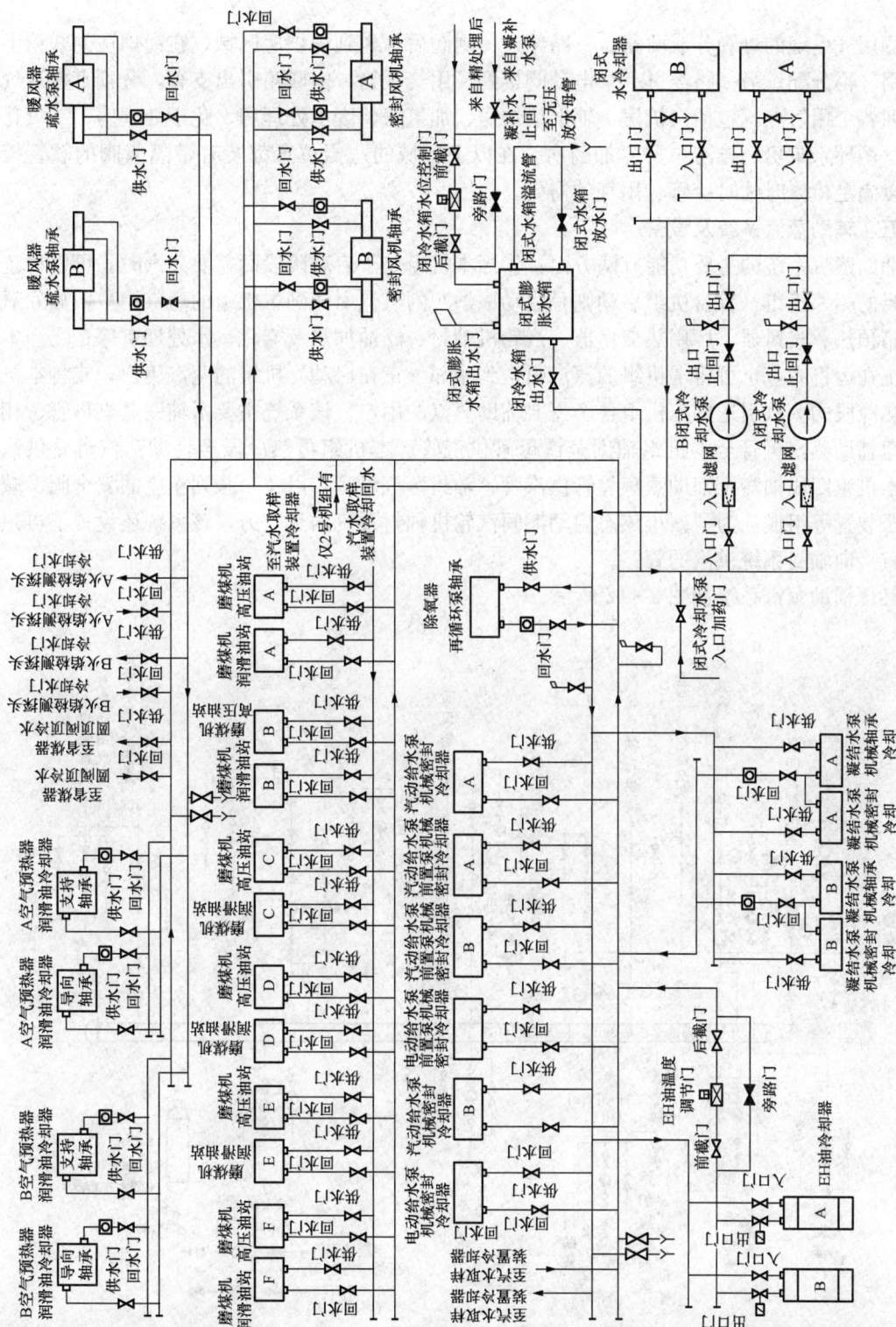

图2-11 闭式循环冷却水系统

而当厂用气量极小时，1台空气压缩机能够满足两台机组低负荷运行时所需的仪表用气量。

厂用气系统的母管分成两路：一路经过一闸阀后，送到锅炉房区域，在锅炉房的联箱上进行用气再分配；另一路经过一个电动阀接到厂用气联箱，由联箱引出支管，分别直接送气到下列各个用气点，包括汽机房、辅助锅炉房、加氯房、废水处理房、化学处理房、二氧化碳间、循环水泵房、排涝泵房、加药房。在以上区域的适当位置都装有带隔离阀的软管接头，以满足检修时临时接管、用气的需要。

五、辅助蒸汽系统及设备

辅助蒸汽系统的主要功能有两方面：①当本机组处于启动阶段而需要蒸汽时，可以将正在运行的相邻机组（首台机组启动则是启动锅炉）的蒸汽引送到本机组的蒸汽用户，如除氧器水箱预热、暖风器、厂用热交换器、汽轮机轴封、燃油加热及雾化、水处理室等；②当本机组正在运行时，也可将本机组的蒸汽引送到相邻（正在启动）机组的蒸汽用户，或将本机组再热冷段的蒸汽引送到本机组各个需要辅助蒸汽的用户。该系统主要由辅助蒸汽母管、相邻机组辅助蒸汽母管至本机组辅助蒸汽母管供汽管、本机组再热冷段至辅助蒸汽母管供汽管、本机组四段抽汽至辅助蒸汽母管供汽管、轴封蒸汽母管，以及一系列相应的安全阀、减温减压装置等组成。为了减小热态启动期间汽轮机轴封系统的热应力，该系统还设置了再热冷段直接向轴封系统供汽的管路。

某厂辅助蒸汽系统如图 2-12 所示。

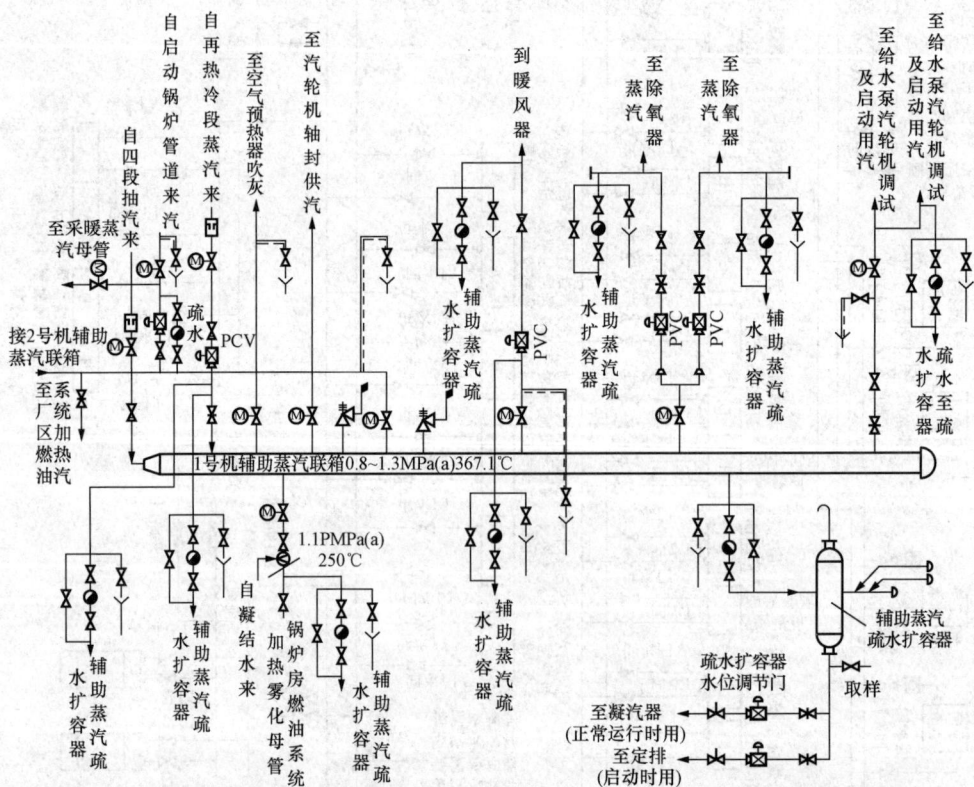

图 2-12　辅助蒸汽系统

辅助蒸汽系统一般有三路汽源，分别考虑到机组启动、低负荷、正常运行及厂区的用汽情况。三路汽源是其他机组供汽或启动锅炉、本机再热蒸汽冷段（即二段抽汽）和四段抽汽。设置三路启动汽源的目的是保证供汽，减少启动供汽损失，提高启动工况的经济性。

机组正常运行时，辅助蒸汽系统也由四段抽汽供汽。采用四段抽汽为辅助蒸汽系统供汽的原因是，在正常运行工况下，辅助蒸汽系统压力变动范围与辅助蒸汽联箱的压力变化范围基本接近。在该段供汽支管上，依次设置流量测量装置、电动门和止回阀，但不设调节门。因此，在一定范围内，辅助蒸汽联箱的压力随机组负荷和四段抽汽压力变化而滑动，从而减少了节流损失，提高机组运行的热经济性。

600MW 机组设置的辅助蒸汽联箱，其设计压力为 0.8～1.6MPa，温度为 300～350℃。对于 600MW 机组辅助蒸汽额定流量为 90.4t/h，额定压力为 1.1MPa，额定温度为 195℃。辅助蒸汽母管至轴封蒸汽系统的管路上，设有一只电加热器，启动时用来提高轴封蒸汽的温度（从 195℃提高到 265℃）。在正常运行期间，轴封蒸汽的最低温度为 265℃。在机组低负荷期间，随着负荷的增加，当再热冷段压力足够时（1.5MPa），辅助蒸汽开始由再热冷段供汽。在再热冷段蒸汽温度高于 280℃时，轴封也由再热冷段供汽，随着负荷进一步增加，逐渐切换成自保持方式，机组进入正常运行阶段。正常运行期间，当汽轮机四段抽汽压力足够时，由四段抽汽向除氧器、暖风器及燃油加热、厂用热交换器直接供汽。

【任务实施】

机组厂用电系统全面恢复后，填写"火电机组公用系统启动"任务操作票，并在火电仿真机上完成循环冷却水系统（含循环水、开式水、闭式水）投运任务，投入压缩空气系统和辅助蒸汽系统，为后续设备启动提供保障。

一、实训准备

（1）查阅《仿真机组的运行规程》，以运行小组为单位填写"火电机组公用系统启动"任务操作票，并确认。

（2）明确职责权限。

1）机组公用系统启动方案、操作票编写由组长负责。

2）机组公用系统的启动操作由运行值班员实施，并做好记录，确保记录真实、准确、工整。

3）组长对操作过程进行安全监护。

（3）熟悉亚临界压力机组仿真机 DCS 站、DEH 站和就地站的操作和控制方法。

（4）恢复亚临界压力机组仿真机初始条件为"机组厂用电全面恢复后"，熟悉机组运行状态。

二、实训案例

1. 循环水泵的运行

系统启动前，应将冷却水塔水位补至正常、水路畅通。为保证良好的换热效率和运行稳定，应开启工业水注水门对开式循环水系统、凝汽器循环水系统同时注水，开启循环水泵出口门、凝汽器循环水进/出口水门，开启开式水泵、管道和设备上的空气门，打开回路中的手动门和电动门（包括旁路门），进行注水排气。使水泵、管道、冷却器的水容积内都充满水，以排出系统停运时进入内部的空气。因为空气热阻大，残留在管道内会影响换热效果。当系统放水（空气）门有连续水流出后关闭。

检查循环水泵启动条件满足，启动一台循环水泵运行。机组负荷升高后，根据凝汽器真空需要启动第二台泵运行。为减少驱动电动机的启动电流，对于离心水泵，应在出口门关闭的情况下启动，当驱动电动机的启动电流下降后，及时开启泵出口门，保证有足够的水流过水泵。否则，若长时间闷泵运行，泵中水摩擦产生的热量不能及时带走，会使水泵汽蚀损坏。对轴流泵、循环水泵，应在出口门有一定开度情况下启动。启动电流稳定后及时开启出口门，使水道通畅，以保证泵的正常运行。

循环水泵出口门采用新型的金属密封防泥沙液控止回阀，起隔离和止回作用，可有效地防止停泵时水的倒流，以及系统失水和管网过大产生水锤破坏现象。该门有电动、手动两套系统来操纵阀门的开启和关闭，采用液压驱动。循环水泵启动时，先将出口门开启15%～20%开度，启动后运行30s，循环水母管压力大于80kPa，再将出口门全开。

若需停用循环水系统，应确认无循环水用户后，方可停用循环水泵。

2. 开式循环冷却水系统运行

因开、闭式循环冷却水泵均不设最小流量再循环管，因此要求开、闭式冷却水泵启动前，应先开启需投运的水 - 水热交换器的进、出口冷却水门，避免冷却水泵打闷泵发生汽化。同时，为保证良好的换热效率和运行稳定，还要先开启管路系统的各空气门，对管道注水排除空气后启动开、闭式循环冷却水泵。

(1) 开式水系统启动。

1) 启动前系统应检查完毕。确认水泵注水和管道排空完成。

2) 确认循环水系统运行。

3) 确认开式泵联锁开关"断开"，启动 A 泵或 B 泵，确认电流正常。

4) 电流正常后开启 A 或 B 泵出口阀门。

5) 检查泵声音、振动、温度是否正常，泵出口压力是否正常。

6) 确认系统及泵部件无泄漏、甩水。

7) 开启备用泵出口阀门，投入开式泵联锁开关。

(2) 开式水系统停止。

1) 确认开式水用户完全停止后方可停开式循环。

2) 断开联锁开关，关出口阀门。

3) 停泵，电流到零，压力到零。

3. 闭式循环冷却水系统运行

(1) 闭式水系统启动。

1) 启动前对系统检查完毕。确认注水排空完成。

2) 确认凝结水系统已投运，膨胀水箱补水至正常水位。

3) 闭式泵联锁开关在"断开"位，启动 A 泵或 B 泵。

4) 电流正常后开启 A 泵或 B 泵出口阀，泵出口压力 0.35～0.45MPa。

5) 检查泵组声音、振动及温度是否正常，系统有无泄漏。

6) 将备用泵出口阀开启，投入闭式泵联锁。

(2) 闭式水系统停止。

1) 确认闭式循环水所有用户均不需冷却水时，才能停止闭式循环水系统。

2) 断开联锁，关出口阀。

3）停泵，电流为零，泵出口压力为零。

4）若膨胀水箱需要放尽余水，开启水箱底部放水阀放水。

（3）系统运行维护。

1）膨胀水箱水位须正常。

2）泵出口压力为 0.6MPa 左右，泵入口压力为 0.25～0.3MPa，入口滤网差压小于 0.05MPa。

3）闭式水热交换器入口水温不大于 42℃，出口水温不大于 33℃时，调整开式冷却水出水阀。

4）滤网定期清洗，设备定期倒换。

5）闭式泵出口母管压力低至 0.4MPa 时发闭式循环水低水压报警。

6）闭式水热交换器出口水温达 35℃时发闭式水温度高报警。

7）膨胀水箱水位异常（高或低）时发报警信号。

4. 空气压缩机的运行

（1）空气压缩机系统启动前的检查和准备。

1）落实设备工作票已结束，现场整洁干净，照明良好，确认无遗留缺陷，检查有无妨碍设备运行或操作的障碍物。

2）系统管道阀门连接完好，无泄漏现象，热工表计完好，指示正确，报警信号、程序控制正常可靠。

3）电动机接线牢固，绝缘合格，地脚螺栓无松动。

4）空气压缩机柜内及冷却风扇处无杂物，各个流道无堵塞。

5）空气压缩机油气筒油位正常，油质良好，将油气筒下部泄油阀打开，在排放冷凝水后，将其关闭。

6）检查空气压缩机冷却水系统投入应正常，压力为 0.35～0.45MPa。

7）将系统中各级分离器，储气罐的积水放尽，空气压缩机冷却器冷凝水放尽。

8）检查吸干机干燥剂应有效，无变质、变色。

9）打开旋风分离器及各级过滤器的出、入口门，同时关闭旁路门。

10）打开冷干机、吸干机的出、入口门，同时关闭旁路门。

11）打开空气压缩机冷却水出、入口门，投入冷却水系统，打开空气压缩机出口门。

12）将各个自动泄水阀注满水，并打开自动泄水阀的上部分段门。

（2）空气压缩机系统的启动。

1）启动吸干机、冷干机，正常运行 3min 左右，到冷干机、吸干机参数稳定后，启动空气压缩机。

2）当储气罐压力达到正常运行压力后，开启储气罐出口门。

（3）空气压缩机系统运行中的检查和维护。

1）运行中每小时对空气压缩机的排气压力、排气温度，冷干机冷媒高/低压及吸干机 A、B 塔的工作压力等进行检查记录，各个参数应符合规定。

2）检查调整压缩空气的排气温度为 75～95℃。

3）检查油气筒油位应正常，油质良好，无渗漏现象。

4）检查旋风分离器，各级过滤器以及连接管道阀门运行应正常，无泄漏。

5）检查压缩机、电动机的声音、温度、振动，不得有异常，特别注意其有无摩擦和撞击声。

6）检查各个自动泄水阀排放正常，定期手动排放储气罐内的积水。

7）监测油水分离器、空气滤清器、油过滤器的压差和报警信号。

8）监测空气压缩机、冷干机的电流变化。

（4）空气压缩机系统的停机。

1）停止空气压缩机运行。

2）停止吸干机、冷干机运行。

3）关闭空气压缩机出口门，空气压缩机冷却水出、入口门。

4）关闭冷干机吸干机出、入口门，并打开其旁路门。

5. 辅助蒸汽系统的运行

（1）机组启动工况。单台机组启动时，首先投入启动锅炉，向辅助蒸汽系统供汽，如果有老厂或相邻的运行机组，则由它们向辅助蒸汽系统提供汽源，并根据用汽需要调整启动锅炉的负荷。当再热蒸汽冷段压力达到要求时，改由再热蒸汽冷段供汽。当四段抽汽压力满足要求时，切换至四段抽汽供汽。如果一台机组正常运行，而另一台机组启动，则无需投入启动锅炉。由正常运行机组的再热蒸汽冷段或四段抽汽供汽，可满足启动用汽要求。

（2）机组正常运行工况。机组正常运行时，辅助蒸汽系统由汽轮机四段抽汽供汽。此时，辅助蒸汽系统供给采暖、厂区生活、燃油加热、空气预热器暖风器等用汽。

（3）机组甩负荷工况。单台机组甩负荷时，由启动锅炉供汽；一台机组正常运行，另一台甩负荷时，由正常运行机组的再热蒸汽冷段或四段抽汽供汽。

三、实训报告要求

（1）填写"公用系统启动及调整"项目任务书。

（2）记录仿真机组的循环水系统、开式循环水系统、闭式循环水系统、压缩空气系统、辅助蒸汽系统的主要运行参数及控制范围。

（3）记录公用系统运行过程中所遇到的问题、解决方法和体会。

复习思考

（1）公用系统包括哪些系统？各系统作用如何？

（2）离心泵、轴流泵启停操作方法和维护内容有哪些？

（3）循环水采用何种管路系统？

（4）循环水泵运行有哪些注意事项？

（5）开式循环水用户有哪些？如何运行？

（6）闭式循环水用户有哪些？如何运行？

（7）辅助蒸汽来源哪些？用户有哪些？

任务 3 　凝结水系统和给水系统的运行

【教学目标】

一、知识目标

（1）凝结水系统、给水系统的作用、流程及主要设备。

（2）凝结水系统、给水系统主要设备启停操作及其注意事项。

（3）凝结水系统、给水系统的运行维护。

二、能力目标

（1）正确进行凝结水系统、给水系统的启动停运操作。

（2）对凝结水系统、给水系统进行运行维护及主要监控参数的调整。

【任务描述】

机组厂用电系统全面恢复后，在相关的公用冷却系统汽轮机循环冷却水系统（含开式水、闭式水）、仪用压缩空气系统及辅助蒸汽系统启动后，启动凝结水系统和给水系统向锅炉供水。

【任务准备】

一、任务导入

（1）大型火电机组工质如何循环流动？

（2）各段加热器和除氧器如何运行？

二、任务分析及要求

（1）掌握凝结水系统、给水系统的组成，阐述系统流程及主要设备的作用。

（2）掌握实训仿真机组的凝结水系统、给水系统的主要参数。

（3）能在实训仿真机组上独立完成凝结水系统、给水系统的启动，并正确控制主要参数。

【相关知识】

一、凝结水系统流程及设备

凝结水系统的主要功能是将凝汽器热井中的凝结水由凝结水泵送出，经除盐装置、轴封冷凝器、低压加热器输送至除氧器，其间还对凝结水进行加热、除氧、化学处理和除杂质。此外，凝结水系统还向各有关用户提供水源，如有关设备的密封水、减温器的减温水、各有关系统的补给水，以及汽轮机低压缸喷水等。凝结水系统主要包括凝汽器、凝结水泵、凝结水储存水箱、凝结水输送泵、凝结水收集箱、凝结水精除盐装置、轴封冷凝器、低压加热器、除氧器及水箱，以及连接上述各设备所需要的管道、阀门等。

某厂 600MW 机组凝结水系统如图 2 - 13 所示。

经凝结水化学处理装置后的凝结水进入轴封加热器，利用轴封蒸汽余热加热凝结水。轴封加热器为表面式热交换器，用于凝结轴封漏汽和门杆漏汽。在机组启动或低负荷时，主凝结水的流量远小于额定值，但如果凝结水泵的流量小于允许的最小流量，水泵有发生汽蚀的可能。同时，轴封加热器的蒸汽来自汽轮机轴封漏汽，无论是启动还是负荷变化，这些蒸汽都要有足够的凝结水来使其凝结。因此，为满足各种工况下凝结水泵及轴封加热器对流量的需求，轴封加热器后设有再循环管，必要时使部分凝结水经再循环门返回凝汽器，维持通过凝结水泵和轴封加热器的最小凝结水流量。再循环流量取凝结水泵和轴封冷却器最小流量的较大值，使其分别满足两者的要求。

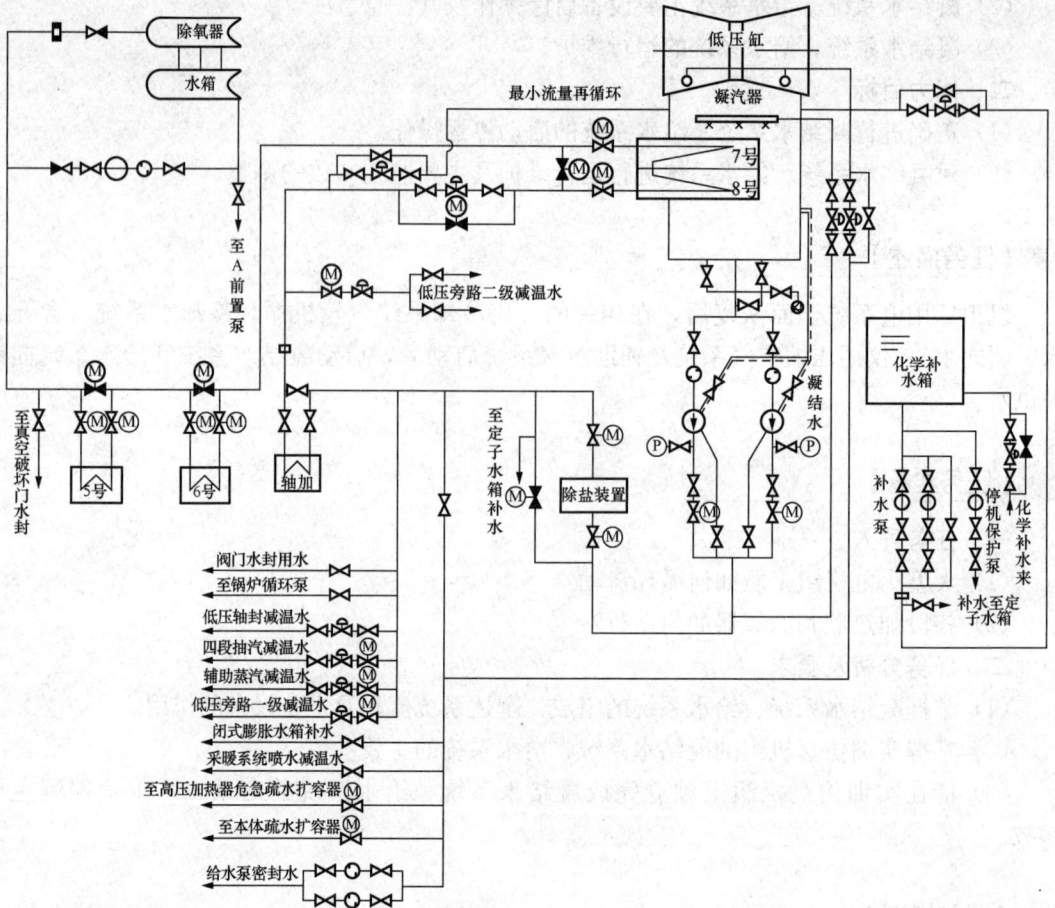

图 2-13　某厂 600MW 机组凝结水系统

　　低压加热器均采用全容量表面式加热器（抽汽压力由高到低为 5 号、6 号、7 号和 8 号）。5 号和 6 号低压加热器为卧式，每个加热器水侧有单独的旁路。当加热器水位过高或因其他故障需要隔离检修时，关闭该加热器进、出口电动门，电动旁路门自动开启。7 号和 8 号低压加热器为卧式组合结构，位于凝汽器喉部，采用大旁路系统（两个加热器共用一个旁路），当其中任何一个故障时，进、出口电动门自动关闭，电动旁路门自动开启。5 号低压加热器出口的主凝结水经过一个止回阀进入除氧头，止回阀可以防止机组降负荷或甩负荷时，除氧器内蒸汽倒入凝结水系统，造成管系振动。5 号低压加热器出口管道上引出一路排水管接至循环水排水管道，排水管道上设有一个电动门和一个止回阀，该管道只在机组启动期间使用，以排放水质不合格的凝结水，并对主凝结水系统进行冲洗。当凝结水的水质符合要求时，关闭排水门，开启 5 号低压加热器出口门，凝结水进入除氧器。

　　600MW 机组采用双背压凝汽器，7 号和 8 号低压加热器各分为两个部分。7A 和 8A 共用一个分隔的壳体，安装在低背压凝汽器喉部；7B 和 8B 共用一个分隔的壳体，安装在高背压凝汽器喉部。

　　凝结水系统的最初注水及运行时的补给水来自汽轮机的凝结水储存水箱。凝汽器水位控制系统一般设计为单冲量调节系统，用凝汽器补水控制阀和放水阀来控制凝汽器水位为定

值，一般设计成气动基地式调节器。机组在正常运行时，利用凝汽器内的真空将凝结水储存
水箱内的除盐水通过水位调节阀自动地向凝汽器热井补水。当正常补水不足或凝汽器真空较
低时，则可通过凝结水输送泵向凝汽器热井补水；当正常补水不足或凝汽器处于低水位时，
事故电动补水阀打开；当凝汽器处于高水位时，气动放水阀打开，将系统内多余的凝结水排
至凝结水储存水箱。凝结水系统中还设有最小流量再循环回路以防止凝结水泵汽蚀。

二、给水系统流程及设备

给水系统的主要功能是将除氧器水箱中的主凝结水通过给水泵提高压力，经过高压加热
器进一步加热之后，输送到锅炉的省煤器入口，作为锅炉的给水。此外，给水系统还向锅炉
再热器的减温器，过热器的一、二级减温器，以及汽轮机高压旁路装置的减温器提供减温
水，用以调节上述设备出口蒸汽的温度。给水系统的最初注水来自凝结水系统。给水系统采
用单元制。单元制给水系统具有管道最短、阀门最少、阻力小、可靠性高、非常便于集中控
制等优点。

某厂 600WM 机组给水系统如图 2-14 所示。

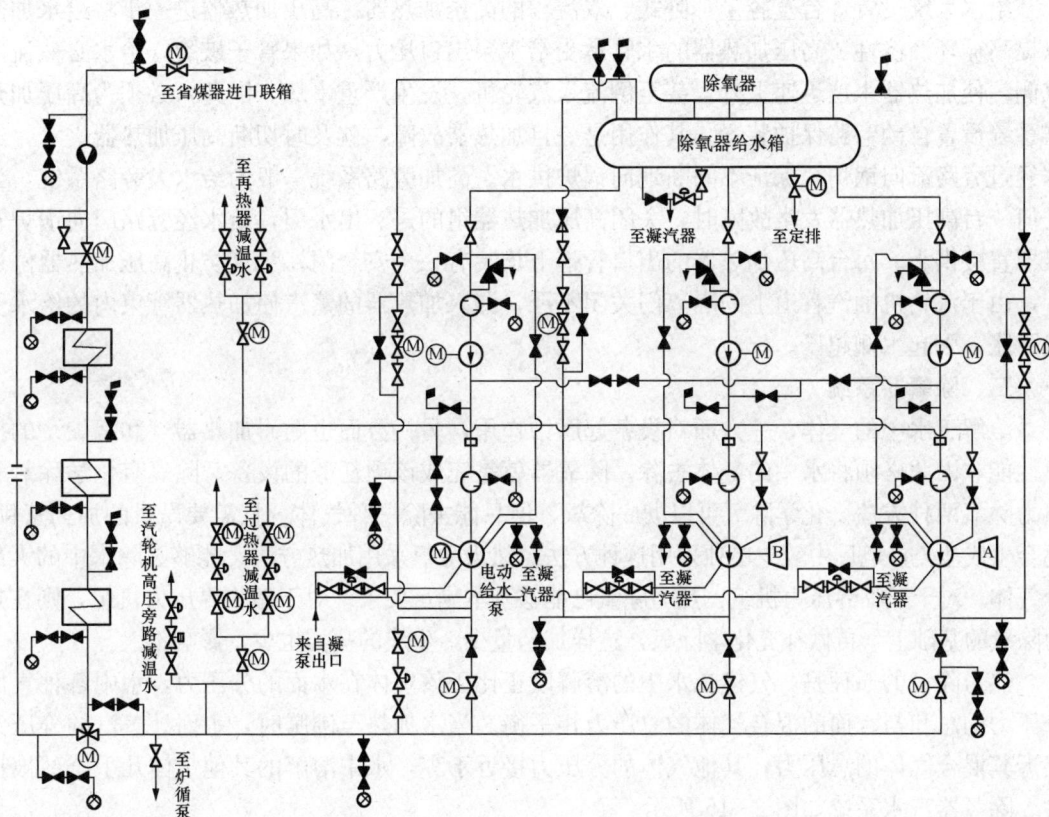

图 2-14　某厂 600MW 机组给水系统

给水系统配置两台 50％容量的汽动给水泵作为正常运行，一台 25％～40％容量的电动
给水泵作为机组启动和汽动给水泵故障时的备用泵。电动给水泵在机组正常运行期间处于热
备用状态，当汽轮机甩负荷或汽动给水泵突然出现故障时，电动给水泵能立即投入运行。

为防止给水泵汽蚀，每台给水泵前都安装一台低速前置泵。因为前置泵的转速较低，所

需的汽蚀余量大大减少，加上除氧器安装在一定高度，所以给水不易在前置泵内汽化。当给水经前置泵后压力提高，增加了进入给水泵的给水压力，提高了泵的有效汽蚀余量，能有效地防止给水泵汽蚀，并可降低除氧器的布置高度。此外，给水泵出口均设置独立的再循环装置，其作用是保证给水泵有一定的工作流量，以免在机组启停和低负荷时因给水流量过低而发生汽蚀。最小流量再循环管道由给水泵出口管路上的止回阀前引出，并接至除氧器给水箱。当给水泵流量小于允许值时自动开启。再循环管道进入除氧器给水箱前，经过一个止回阀，防止水箱内水倒入备用给水泵。给水泵最小流量控制系统通常为单回路调节系统，流量测量一般采用二取一。给水泵最小流量控制系统仅工作在给水泵启动和低负荷阶段，锅炉给水流量只要大于最小流量定值，给水再循环调节阀门就关闭。最小流量给水再循环调节阀通常设计为反方向动作，即控制系统输出为 0% 时阀门全开；输出为 100% 时，阀门全关。这样在失电或失去汽源时阀门全开，可保证设备的安全。

给水泵中间抽头水供再热器减温用。给水泵至高压加热器的给水总管上引出一根支管，为汽轮机高压旁路提供减温水。

给水系统设置 3 台全容量、卧式、双流程的高压加热器。高压加热器进一步将给水加热以提高循环经济性。高压加热器的水管承受给水泵出口压力，如果管子破裂，给水必然流向汽侧，使加热器水位迅速上升，甚至倒流入汽轮机，发生严重事故。因此，必须为高压加热器系统设置自动旁路保护装置。其作用是一旦加热器故障，就及时切断高压加热器进水，给水经过旁路流向锅炉，保证不间断地向锅炉供水。高加旁路系统一般为给水大旁路系统，当任何一台高压加热器发生故障时，关闭高压加热器组的进、出水门，给水经旁路门向锅炉省煤器直接供水。每台高压加热器的出口管道上均装有一个安全门，为了防止高压加热器停运后，由于汽轮机抽汽管道上的隔离门关闭不严，漏入加热器的蒸汽使加热器管束内的给水受热膨胀，引起水侧超压。

三、除氧器系统

溶解于水中的气体，一方面对设备起腐蚀作用，另一方面也妨碍加热器（和锅炉）的换热性能，因此必须将水中的气体去除。除氧器就是完成该项任务的设备。除氧有化学除氧和热力除氧两种方法。化学除氧可以彻底除氧，但只能去除一种气体，且需要昂贵的加药费用，还会生成盐类，电厂中较少单独采用这种方法。热力除氧采用加热方法，能够去除水中的大部分气体。对于亚临界压力机组，热力除氧已能够基本满足要求；对于超临界压力机组，则在热力除氧的基础上，再做补充化学除氧，这样加药量少，生成的盐类也少，影响不大。

热力除氧的原理是，气体在水中的溶解度正比于该气体在水面的分压力，水中各种气体分压力的总和与水面的混合气体的总压力相平衡。当水加热至沸腾时，水面处蒸汽的分压力接近其混合气体的总压力，其他气体的分压力接近于零，水中溶解的其他气体几乎全部被排除。除氧器汽水系统如图 2-15 所示。

1. 除氧器水位控制

除氧器正常运行时允许水位偏离值约为 ±50mm。当水位达高 I 值时，发出报警信号；当水位达高 II 值时，溢水阀自动打开，多余的水通过溢水管流入凝汽器；当水位达高 III 值时，发出报警信号并关闭抽汽阀门。在低水位时，发出报警信号；在极低水位时，发出报警信号并关闭给水泵。

除氧器只有在正确的运行方式时，才能保证安全及良好的除氧效果。除氧器启动之前，

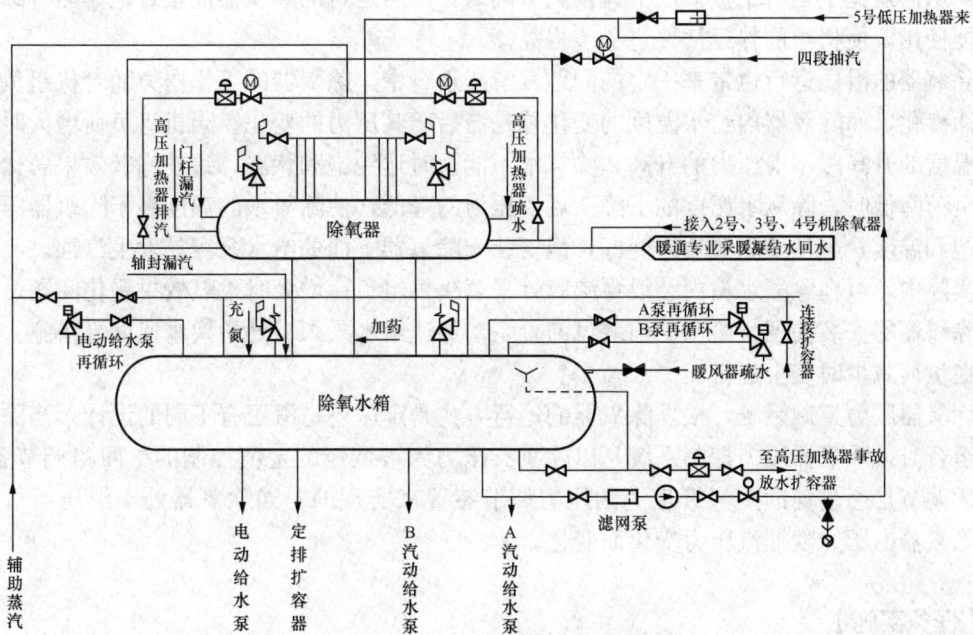

图 2-15　除氧器汽水系统

必须先由凝结水泵向除氧器的进水联箱充水，并由联箱向除氧器内供水。当除氧器水箱的水位上升到正常水位之后，才能开启水箱内的加热装置，随后再按规程操作。

除氧器水位控制通常设计为全程控制系统，通过控制进入除氧器的主凝结水流量来维持除氧器水位为定值。在机组启动和低负荷运行时，给水流量小，由单冲量调节系统控制除氧器水位；当给水流量超过一定数值后，则由三冲量调节系统控制。三冲量分别为除氧器水位、给水流量和凝结水流量。600MW 机组除氧器水位采用全程控制系统，当给水流量小于 210t/h 时采用单冲量水位调节系统，当给水流量大于或等于 210t/h 时切换到三冲量水位调节系统。为了提高正常运行时除氧器水位主控制的调节品质，在一些 600MW 机组上除氧器水位控制采用了前馈-反馈复合控制系统，启动和低负荷仍采用单冲量控制系统。单冲量控制和前馈-反馈控制之间为相互跟踪、无扰切换。

某 600MW 机组在主凝结水管路上设计了两只并联的调节阀门，通流量分别为 30% 和 70% 最大凝结水量。在小流量时，用小阀控制，控制器输出达 30% 时，小阀开足；控制器输出超过 30% 时小阀保持全开，大阀开始开启，采用大、小两只阀分段控制，降低了调节速度，调节过程较为平稳，从而提高了系统的可靠性。

2. 除氧器压力控制

除氧器有定压运行和滑压运行两种运行方式。

(1) 定压运行。定压运行是指除氧器在运行过程中，其工作压力始终保持定值。定压运行方式要求供除氧器用汽的压力经调节器自动调节压力，保证机组负荷变化使除氧器工作压力恒定不变。定压运行方式会造成蒸汽的节流损失。

(2) 滑压运行。滑压运行是指除氧器的运行压力不是恒定的，而是随着机组负荷与抽汽压力的变化而变化。因此，在除氧器正常汽源（一般是汽轮机抽汽）蒸汽管道上不设压力调节器，从而避免了运行中蒸汽的节流损失。同时，滑压运行的除氧器能很好地作为一级回热加热器使用，使机组的热经济性进一步提高。

除氧器的滑压运行也带来一定的问题。滑压运行中，除氧器的工作压力随着机组负荷的变化而变化，而除氧器内给水温度的变化总是滞后于其压力的变化。当机组负荷增大时，除氧水温度的升高跟不上压力的升高，除氧水不能及时达到饱和状态，致使除氧效果恶化。当机组负荷降低时，除氧水温度的下降滞后于压力的降低，使除氧水的温度高于除氧器压力对应的饱和温度，虽然使除氧效果变好，但安装于除氧器下面的给水泵容易发生汽蚀。

实际中，可在除氧水箱内装设再沸腾管来解决机组负荷增大时除氧效果恶化问题。采取提高除氧器的安装高度，给水泵前装设前置泵，加速给水泵入口处的换水速度等措施，保证给水在负荷减少时安全运行。

除氧器压力控制系统，根据除氧器的运行方式是定压还是滑压有不同的设计。当除氧器定压运行时，除氧器压力控制系统是以除氧器压力为被调量的定值控制的单回路调节系统，压力的调节是通过辅助蒸汽管道上的压力调节装置来实现的；当除氧器处于滑压运行方式时，除氧器内压力随抽汽压力变化而变化。

【任务实施】

机组厂用电系统全面恢复，汽轮机循环冷却水系统（含循环水、开式水、闭式水）及压缩空气系统和辅助蒸汽系统均投入运行后，填写"凝结水和给水系统启动"任务操作票，并在火电仿真机上完成凝结水系统、给水系统启动任务，为锅炉汽包上水。汽包进水应缓慢、均匀，进至汽包正常水位所需时间夏季不少于 2h，进水流量为 80～90t/h；其他季节不少于 4h，进水流量控制在 40～45t/h；上水温度大于 21℃，水位上至 −150～−100mm，控制汽包壁温差小于 40℃。

一、实训准备

（1）查阅《仿真机组的运行规程》，以运行小组为单位填写"凝结水和给水系统启动"任务操作票，并确认。

（2）明确职责权限。

1）机组凝结水、给水系统启动方案、操作票编写由组长负责。

2）机组凝结水、给水系统的启动操作由运行值班员实施，并做好记录，确保记录真实、准确、工整。

3）组长对操作过程进行安全监护。

（3）熟悉火电机组仿真机 DCS 系统站、就地站的操作和控制方法。

（4）恢复火电机组仿真机初始条件为"机组公用系统启动完毕"，确认机组运行状态。

二、实训案例

1. 凝结水系统的运行

（1）机组启动工况。凝结水泵启动前，必须做好下列准备：①凝结水补充水箱补水到正常水位，补充水系统注水排气，准备投运；②凝结水系统、除氧器给水箱已经冲洗完毕，凝结水系统已注水排气，凝汽器热井和给水箱水位均正常；③凝结水泵出口再循环门开启；④自动调节装置做好运行准备；⑤打开凝补水供水门，向凝结水泵提供密封水。

凝结水最小流量再循环投入，启动凝结水泵后，凝结水流入再循环管路，并向低压加热器注水。检查凝结水再循环门自动调节正常，凝结水再循环建立，投入备用凝结水泵联锁。打开抽汽压力最高的低压加热器的放水门，放出不合格的凝结水，直至品质合格，再开启除氧器上水门向除氧器上水，注意控制上水流量应小于或等于化学补充水流量，以防止凝汽器水位下跌造成凝结水泵跳闸。

当凝汽器真空能满足向热井自流补水时，应停运补充水泵，关闭凝补水供水门，凝结水泵的密封水切换至凝结水供给。

（2）正常运行工况。机组正常运行时，除氧器水箱水位、凝汽器热井水位和凝结水补充水箱水位均可自动调节，维持正常水位。如果凝结水流量较低，自动投入最小流量再循环装置。

（3）非正常运行工况。非正常运行包括低压加热器解列和汽轮机甩负荷。

1）低压加热器解列。由于疏水不畅或加热器管束泄漏，引起加热器汽侧水位过高时，则该加热器解列，关闭其进、出口水侧隔离门，使凝结水流入旁路。此时应对机组负荷做相应的限制。

2）汽轮机甩负荷。汽轮机甩负荷时，除氧器水位调节门自动关闭，暂时中断凝结水进入除氧器，减少除氧器压力下降速度，以防止给水泵汽蚀。此时凝结水泵通过最小流量再循环管道运行。当辅助蒸汽投入运行时，除氧器压力相对稳定，应恢复除氧器水位自动调节，保持正常水位，以准备机组及时启动。

（4）正常停运工况。机组开始减负荷，关闭凝结水补充水箱的水位调节门，降低水箱水位。当负荷逐渐减小，凝结水不能满足轴封加热器流量要求时，应检查确认最小流量再循环运行。汽轮机解列后，关闭除氧器给水箱和凝汽器水位调节门，给水箱低水位运行至给水泵解列。当所有接至热井的疏水中断，凝结水停止流入热井，且凝汽器真空破坏后，停运凝结水泵。

2. 给水系统的运行

（1）给水泵暖泵。给水泵暖泵是通过用给水逐渐加热泵体的方法来达到降低给水与泵体温差的目的，防止由于给水与泵体温差过大，启动时对泵体造成较大的热冲击，使泵部件膨胀不均，引起变形，造成动静之间的摩擦。给水泵启动前应通水暖泵，使其处于热备用状态。

（2）机组启动工况。给水系统的设备和管道在启动运行之前应注水，并打开各处空气门排走系统内部的积存空气。因为注水会引起给水泵叶轮转动，所以注水前应先投入轴承润滑油。各给水泵启动之前，应将其冷却系统投入运行。

系统满足启动要求后，启动电动给水泵的前置泵和电动给水泵。启动初期，给水经给水泵最小流量再循环管道返回除氧器水箱。给水泵出口电动门与锅炉给水旁路调节门同时投入。逐步开大旁路调节门，向锅炉上水。当锅炉给水流量大于给水泵所需的最小流量时，再循环门自动关小，直至关闭。

电动给水泵运行一段时间后，锅炉点火，当负荷逐渐增加至 30% 最大连续出力（BMCR）左右时，可以启动一台汽动给水泵。应先启动与汽动给水泵匹配的前置泵，给水通过再循环管回到除氧器水箱。前置泵运转正常后，再开启给水泵汽轮机的高压主汽门，并调整调节汽门开度控制给水泵汽轮机升速。当汽动给水泵出口压力与电动给水泵出口压力相当时，开启汽动给水泵的出口电动门，再适当提高汽动给水泵转速，使其带负荷运行。此后逐渐增加汽动给水泵的转速，增大汽动给水泵流量，同时减少电动给水泵的流量。此时电动给水泵仍继续运行直至汽轮机负荷大于50％BMCR，第二台汽动给水泵投入运行为止。当汽轮机的负荷增加，抽汽压力和流量能够驱动给水泵汽轮机时，给水泵汽轮机的低压主汽门自动开启，逐步切换到四段抽汽供汽；高压汽源处于热备用状态。

高压加热器根据机组运行情况投运。在不影响凝汽器真空的前提下，高压加热器可在汽轮机挂闸后随机启动。

（3）正常运行工况。在正常运行期间，要求两台汽动给水泵和3台高压加热器全部投入运行。给水泵汽轮机转速投入自动调节，电动给水泵自动备用。给水流量通过改变给水泵汽轮机转速来进行调节。

（4）非正常运行工况。当机组负荷大于60％BMCR时，任何一台汽动给水泵或其前置泵解列，电动给水泵立即投入运行。电动给水泵与另一台汽动给水泵并列运行时，机组可带80％BMCR。

当机组负荷小于60％BMCR时，一台汽动给水泵或其前置泵解列，则可以不必启动备用电动给水泵。若抽汽参数较低，没有足够的能量驱动一台汽动给水泵满出力运行，可将汽源切换至高压汽源（如再热汽冷段），驱动一台汽动给水泵单独运行，以满足锅炉给水量的要求。

汽轮发电机组甩负荷时，电动给水泵投入运行。随着给水需求量的下降，电动给水泵通过给水再循环管道运行，直至给水需求量为零，停止电动给水泵。

汽轮机甩负荷后，各段抽汽止回阀均联动关闭，将引起给水温度大幅度降低。

因疏水不畅或管子泄漏，引起高压加热器汽侧水位超过最高水位时，高压加热器自动旁路保护系统动作，给水走旁路，3台高压加热器解列。关闭抽汽管道电动隔离门和止回阀，防止汽轮机超速和进水。打开抽汽止回阀前的疏水门，进行疏水。

（5）正常停机工况。随着机组负荷的降低，两台汽动给水泵逐渐降低负荷。机组负荷降至50％BMCR以下时，可停止一台汽动给水泵运行。当机组负荷降至40％BMCR时，汽动给水泵汽轮机自动开启高压汽源。当负荷低于30％BMCR时，应启动电动给水泵运行，停用汽动给水泵。由电动给水泵维持锅炉的最小给水流量直至停止给水。

当汽轮机负荷降至规程规定负荷以下时，可停运高压加热器。首先关闭加热器抽汽管道上的电动隔离门和止回阀，切断汽源，同时开启抽汽管道上的疏水门。应注意给水温度降低速度在规定范围内。

3. 除氧器的运行

在机组启、停和低负荷运行时，需用辅助蒸汽向除氧器供汽，以维持除氧器最低允许压力。此时用辅助蒸汽供汽管道上的压力控制阀来控制除氧器压力，除氧器处于定压运行。

当随着负荷增加而切换为由抽汽作为汽源之后，即开始滑压运行直到满负荷。正常运行时，四段抽汽至除氧器供汽电动门在全开状态，辅助蒸汽至除氧器压力调节门随着四段抽汽压力的升高，逐渐关闭，除氧器滑压运行，除氧器压力随机组负荷的升高而升高。只有在除氧器投入与定压运行时，辅助蒸汽至除氧器压力调节门才参与调节。在除氧器投入过程中，应根据加热要求的温度及辅助蒸汽的能力进行手动调节。

正常运行中应注意检查除氧器的自动补水是否正常，防止除氧器水位过高造成满水及除氧器水位过低造成给水泵跳闸；注意监视除氧器的工作水温及压力是否正常；注意监视除氧器运行中有无异常振动及汽水冲击等。对除氧器的有关联锁保护进行试验，如发现异常应及时处理。

三、实训报告要求

(1) 填写"凝结水、给水系统的启动"项目任务书。

(2) 绘制凝结水系统流程、给水系统流程图，并标注系统主要设备。

(3) 记录凝结水、给水系统启动过程中所遇到的问题、解决方法和体会。

复习思考

(1) 凝结水给水系统包括哪些设备？运行中要注意哪些问题？

(2) 给水泵的运行有哪些注意事项？

任务 4　汽轮机润滑油系统的运行

【教学目标】

一、知识目标

(1) 汽轮机润滑油系统的作用、流程及主要设备。

(2) 顶轴油系统的作用及系统构成。

(3) 盘车装置的作用及投停操作。

(4) 润滑油系统主要设备启停操作及其注意事项。

(5) 润滑油系统的运行与维护。

二、能力目标

(1) 正确进行汽轮机润滑油系统的启停操作和油泵切换。

(2) 正确投入盘车。

(3) 正确进行润滑油系统的运行维护。

【任务描述】

本节任务是在全面了解大型汽轮机润滑油系统功能、流程的基础上，借助仿真机，熟悉现场润滑油系统、顶轴油系统和盘车装置的设备性能及其运行规程，在机组启动前完成汽轮机润滑油系统的投入，保证油温、油压、油量正常，满足机组用油；掌握盘车投入的操作，并保证连续盘车不少于 4h，为汽轮机启动做好准备。

【任务准备】

一、任务导入

(1) 大型汽轮机润滑油系统的作用是什么？

(2) 润滑油系统的主要设备有哪些？

(3) 盘车装置的作用是什么？盘车投入有哪些要求？

(4) 润滑油系统运行维护的主要参数？

二、任务分析及要求

（1）掌握汽轮机润滑油系统的组成，并能阐述系统流程及主要设备的作用。

（2）掌握实训机组润滑油系统的主要参数。

（3）能在实训仿真机组上独立完成润滑油系统的启动、盘车的投入，并维持系统主要参数在正常范围。

【相关知识】

汽轮发电机组是高速运转的大型机械，其支持轴承和推力轴承需要大量的油来润滑和冷却，因此汽轮机均配有润滑油系统用于保证上述装置的正常工作。任何供油的中断，即使是短时间的中断，都将会引起严重的设备损坏。

大功率汽轮机的润滑油系统和调节油系统是两个独立的系统。润滑油系统用油量大，采用普通的透平油即可满足要求。高参数的大容量机组因蒸汽参数高，单机容量大，油动机开启蒸汽阀门的提升力要求较大。调节油系统与润滑油系统分开并采用抗燃油作为工质，就可以提高调节系统的油压，从而使油动机的结构尺寸变小，耗油量减少，油动机活塞的惯性和动作过程中的摩擦变小，从而改善调节系统的工作性能，但由于抗燃油价格昂贵，且具有轻微毒性，所以调节系统多采用单独的抗燃油。

汽轮机润滑油系统基本都采用主油泵－射油器的供油方式。

一、汽轮机润滑油系统

1. 润滑油系统的作用

（1）提供汽轮发电机组各轴承润滑用油，并带走轴承内摩擦所产生的热量和转子传来的热量。

（2）向盘车装置和顶轴油装置供油。

（3）向调节系统和保安系统提供低压保安油。

（4）对于氢冷发电机来说，为发电机密封系统提供密封介质，对发电机两侧的轴承起密封作用，防止氢气外漏。

2. 润滑油系统的组成

汽轮机润滑油系统由主油泵、射油器、辅助油泵（包括高压启动油泵、交流润滑油泵、直流事故油泵）、冷油器、主油箱及溢油阀、排烟风机、顶轴油泵、阀门和油管路等组成，如图 2-16 所示。供油系统普遍采用集装供油方式，将辅助油泵集中布置在油箱顶上，且油管路采用套装管路（系统回油管道作为外管，其他供油管安装在回油管内部）。

（1）主油泵。汽轮机正常工作时工作油泵一般由汽轮机主轴带动。主油泵出口的高压油一部分供调节保安系统使用，另一部分经减压或注油器后供轴承润滑用。

主油泵为单级双吸离心式油泵，因为离心泵工作自吸能力很差，特别是当进口稍有泄漏负压被破坏时，就会造成吸油不稳甚至有中断的危险。因此，需要设置向主油泵供油的专门设备，使主油泵的入口有一定的压力，保证主油泵工作稳定、可靠。一般采用射油器或油动升压泵。主油泵安装在汽轮机前轴承箱转子延长轴上。在额定转速或接近额定转速时，由射油器给主油泵供油。主油泵出口设有管道与射油器进口相连，并设有一止回阀以防止油从系统中倒流。

（2）射油器，也称注油器，是一种喷射泵，利用少量的压力油作动力，吸入大量的油，

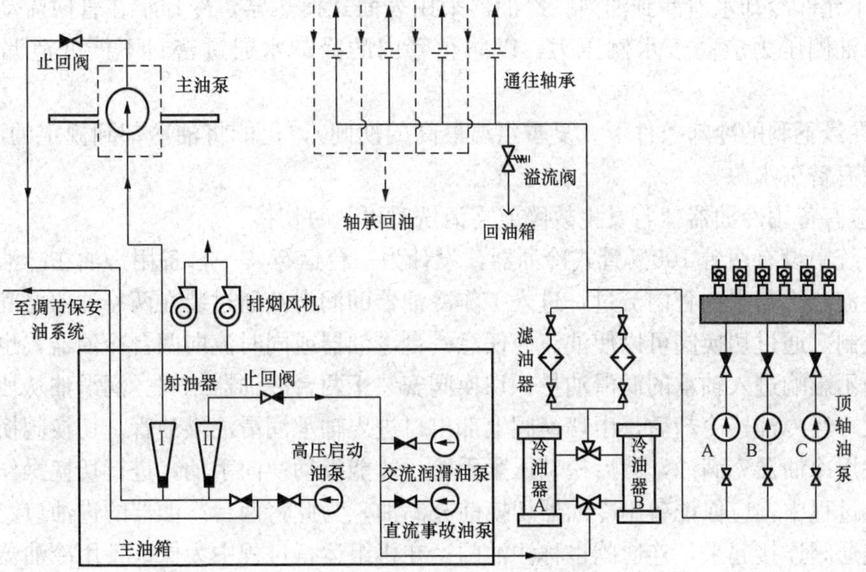

图 2-16　汽轮机润滑油系统组成

以一定的压力供润滑油系统和主油泵用油。

图 2-16 所示的汽轮机润滑油系统配备的射油器为Ⅰ、Ⅱ两级射油器并联组成。Ⅰ级射油器供主油泵进口，Ⅱ级射油器出口的油经过冷油器、滤网后进入各轴承。射油器安装在油箱内油面以下，由喷嘴、混合室、喉部和扩压管等主要部分组成。工作时，主油泵来的压力油以很高的速度从喷嘴射出，在混合室中造成一个负压区，油箱中的油被吸入混合室。同时由于油黏性，高速油流带动吸入混合室的油进入射油器喉部，油流通过喉部进入扩散管以后速度降低，速度能又部分变为压力能，使压力升高，最后将有一定压力的油供给系统使用。射油器能够把小流量的高压油转化为大流量的低压油。Ⅱ级射油器在扩散管后装一个止回阀以防油从系统中倒流。

（3）辅助油泵。辅助油泵包括启动油泵、交流润滑油泵和直流事故油泵，一般均安装在油箱盖板上。

启动油泵又称高压油泵，当汽轮机启动和停机过程中主油泵没有正常工作时，供给调节保安系统和密封油系统用油。

润滑油泵分为交流和直流两种。在机组启动和停机工况时，交流润滑油泵代替供润滑油射油器向机组各轴承及盘车装置、顶轴装置提供充足的润滑油，同时也为氢密封油泵提供油源。直流润滑油泵又称事故油泵，在机组处于事故状态时，代替交流润滑油泵，在机组发生交流失电时为机组提供必要的润滑油，以保证机组安全停运，但直流事故油泵不能用于机组启动或正常运行。

启动油泵出口装有溢流阀，用以调整启动油泵出口油压。在主油泵和高压启动油泵切换过程中，该溢流阀还有排油作用，防止高压启动油泵闷泵发热。

（4）冷油器。润滑油从轴承摩擦和转子传导中吸收大量的热量，为保持油温合适，需用冷油器来带走油中的热量。冷油器以开式水作为冷却介质，保证进入轴承的油温为 40～46℃。对冷油器的基本要求如下：

1) 不允许冷却水泄漏到油内。冷油器采用表面式换热器，冷却水在管内流动，油在管外流动，油侧压力应高于水侧压力，以防止管内的冷却水通过密封不严处泄漏到管外的油中。

2) 在最不利的冷却条件下（夏季水温最高的期间），仍能将油冷却到规定的温度范围，此外还应有备用水源。

3) 应有备用冷油器，若发生故障或需清洗时可及时切换。

油系统中设有两台 100% 管式冷油器，设计为一台运行，一台备用。油在冷油器壳体内绕管束环流，冷却水在管内流过，进入工作冷油器的润滑油通过装在两冷油器之间的三通切换阀来控制。通过切换阀可以使油流向任意一台冷油器或同时流向两台冷油器，也可以切换冷油器而不影响进入轴承的润滑油量。切换阀安装于两台冷油器之间，润滑油从切换阀下部入口进入，经冷油器冷却后，由切换阀上部出口进入轴承润滑油供油管。切换阀换向前，必须先将备用冷油器充满油，然后松动压紧手轮，才能扳动换向手柄，进行切换操作。在冷油器的切换过程中，应保证备用冷油器切换前充满油。为此将两台冷油器的进油口，通过一连通管和连通阀连接起来，连通阀也称注油门。在机组运行过程中为保证备用冷油器能迅速投入使用，将连通阀一直开启。

在冷油器后的润滑油管道上布置有溢油阀，用来调节润滑油供油母管压力，以保证轴承润滑油压力和流量稳定。

（5）主油箱。主油箱为油系统的储油装置。油泵从油箱中取油，各系统用过的油返回主油箱。主油箱还起着分离油中水分、沉淀物和气泡的作用。油箱底部为斜坡，以便在最低处放出积水和其他沉淀物。

主油箱的容量和机组的大小与油系统用油量的多少有关，应保证在交流电源失去且冷油器断水时及汽轮机在停机惰走过程中，轴承温度不超过极限值。

（6）主油箱排烟风机。在主油箱的顶部装有两台排烟风机，其作用是排出润滑油系统中分离出的空气和其他气（汽）体，以减少水蒸气的凝结，从而减少油中的水分。维持油箱内及回油系统内有一定的负压，使油箱油面以上空间得到通风，回油管都在油箱油面以上，使各轴承回油畅通，轴承座得到通风，防止轴承箱油烟外泄和油挡存油，减少回油管路向外渗油。

在机组冷态启动时为缩短加热油温时间，在油箱盖板上还安装了电加热器。

二、顶轴系统

1. 顶轴系统的作用

顶轴系统在汽轮发电机组盘车、启动、停机过程中起顶起转子的作用。汽轮发电机组的椭圆轴承均设有高压顶轴油囊，为了减小盘车电动机的启动力矩，顶轴装置将高压油从轴承的下半瓦底部送入，靠油静压将转子顶起，强制在转子和轴承油囊之间形成静压油膜，以消除轴颈和轴瓦之间的干摩擦。在大容量的汽轮发电机组中，由于转子较重，轴颈较粗，一般都采用低速盘车和液压顶轴装置，以减小盘车电动机的容量。

2. 顶轴系统流程

大容量机组普遍采用一台或数台顶轴油泵并联组成母管制集中供油系统。一台大容量机组的液压顶轴系统一般由两台或 3 台顶轴油泵并联，其中一台泵作备用，可保证不用停机而对其中任一台泵进行检修。顶轴油泵油源来自冷油器后的润滑油，油泵输出的高压油送到集油母管，然后分别送到需要顶轴的轴承，进入各轴承管道中都设有截止阀、单向阀和压力表。各轴承的载荷存在差异，为使各轴承处轴颈达到要求的顶起量，应用截止阀对过油压力进行适当的调整。

为确保高压油泵寿命，减少轴承磨损和轴颈损伤，对供油系统的清洁度有很高要求。在油泵进、出口分别设有滤网，此外，还要求系统管道均采用不锈钢材料，以防止生锈而污染油质。

顶轴油管路上的压力表供监视顶轴油压力用；在机组高速运转中，还可反映轴承油膜的动压大小，以判别轴系中各轴承承载量大小和轴系载荷分配情况。

在机组停机过程中，当转速降低而动力油膜减薄至极限值之前，必须启动高压顶轴油泵。同样，在升速过程中，也应保持油膜达到一定数值时才可停泵，这样做是为了避免油膜过薄而造成轴瓦和轴颈的磨损。

三、盘车装置

在汽轮机启动前和停机后，用外力使转子以一定的转速连续转动或间歇转动的装置，称为盘车装置。盘车装置安装在汽轮机转子与发电机转子连接处的轴承箱上，分为低速盘车（$3\sim5r/min$）和高速盘车（$40\sim70r/min$），高、低速盘车之间无明显界限，即使对于高速盘车，转速一般也不超过 $100r/min$。转速的选择以能建立轴承油膜为下限。

1. 盘车装置的作用

（1）冲转前盘车，使转子连续转动，可以避免因阀门漏汽和轴封送汽等因素造成的温差使转子弯曲；同时能检查转子是否已出现弯曲和动静部分是否有摩擦现象。

（2）启动阶段，盘车可以消除冲转时的力矩，使启动均匀可控。

（3）较长时间盘车或间歇盘车，可以消除转子因机组长期停运和存放或其他原因引起的非永久性弯曲。

（4）停机后盘车，使转子连续转动，可以避免因汽缸自然冷却造成的上、下缸温差使转子弯曲。

2. 盘车装置的典型结构

大、中型机组都采用电动盘车装置，大多可以实现自动投入和切断。盘车装置应既能盘动汽轮机转子，又能在转子转速高于盘车转速时自动脱开。

（1）链条及减速齿轮传动。盘车电动机经无声链条带动减速齿轮组，在齿轮箱上有一个可移动的小齿轮，与汽轮机主轴的环形齿轮啮合使主轴旋转。盘车电动机启动后，离合器动作，将可移动的小齿轮抬起，与汽轮机主轴的环形齿轮啮合使主轴旋转，并保持在啮合位置。

盘车装置啮合后，在平衡轮的作用下，重心移动，保持惰轮在啮合位置，并在惰轮和环形齿轮的齿间压力下即使停止盘车也不脱开。

当汽轮机的转数超过盘车转数时，原来的主动轮（小齿轮）变为被动轮，原来的被动轮（环形齿轮）转变为主动轮，在环形齿轮的作用下，把小齿轮从环形齿轮推开而不再啮合；盘车装置自动脱开，杠杆的手柄向"断"的方向动作。同时，平衡轮向脱开位置移动，并保持着小齿轮在脱离的状态。盘车脱开后，电动机自动停止。盘车装置有操作手柄，可手动操作离合。

（2）针形轮直齿变速形式。针形轮直齿变速形式由电动机直接带动一组针形行星轮。行星轮输出轴带动一组直齿变速齿轮，直齿变速齿轮后是摆臂上的两个惰轮。通过转动盘车处手轮带动连杆，再驱使摆臂摆动，达到控制惰轮与转子啮合或脱开。

（3）蜗杆传动式盘车。由电动机直接带动的蜗杆驱动蜗轮。蜗轮主轴上有一个可沿主轴滑动的直齿轮，直齿轮处于运行轮位置时与转子大齿轮直接啮合。直齿轮在蜗轮轴上的滑动轨道呈螺旋形，从而保证盘车易于投入和自动甩开。

盘车的投入是通过搬动盘车壳外的扳手带动壳内的摇臂，将滑动齿轮拨向啮合位置。当转子冲动后，转子转速高于盘车转速，滑动直齿轮承受反作用力，使之沿螺旋轨道滑出啮合位置。

3. 盘车的投入

盘车装置由一台立式交流电动机带动，经过一整套的蜗轮螺杆和多级直齿轮减速后与盘车大齿轮啮合，该传动齿轮传递盘车转速，使转子转动。

汽轮机盘车时，由于转速太低，轴颈和轴瓦之间不能建立起油膜。为防止两者间出现干摩擦，烧毁轴瓦，特地设立了一套独立的顶轴油装置。盘车前应先启动顶轴油泵，当顶轴油压到规定值以后，再启动盘车装置，以保证机组的安全。顶轴油还可将转子从轴瓦托起一定高度，建立起油膜，减少摩擦阻力，也减轻了启动力矩。

盘车装置除了可以连续盘车外，还可采用间歇方式盘车。间歇盘车由人工控制来实现，转过半转时关闭电动机，停止盘车，间隔一定时间重复操作。机组启动前，按照规定，应首先盘车 4h 左右；停机时，当转子静止下来后，就立即投入盘车。

【任务实施】

填写"汽轮机润滑油系统启动、投盘车"任务操作票，并在火电机组仿真机上完成上述任务，维持润滑油系统参数在正常范围，为汽轮机启动做准备。

一、实训准备

（1）查阅《仿真机组的运行规程》，以运行小组为单位填写"汽轮机润滑油系统启动、投盘车"任务操作票，并确认。

（2）明确职责权限。

1）汽轮机润滑油系统启动方案、操作票编写由组长负责。

2）汽轮机润滑油系统启动、盘车投入、冷油器切换操作由运行值班员实施，并做好记录，确保记录真实、准确、工整。

3）组长对操作过程进行安全监护。

（3）熟悉火电机组仿真机 DCS 站、DEH 系统站和就地站的操作和控制方法。

（4）恢复仿真机初始条件为"机组公用系统启动完毕"，熟悉机组运行状态。

二、实训案例

1. 汽轮机润滑油系统的运行

（1）启动工况。润滑油系统启动前，应确认系统中油质满足启动运行清洁度要求，油箱油位在最高油位。关闭冷油器的冷却水阀，根据温度要求启动电加热器加热油温。开启排烟风机，并启动交流润滑油泵，强制润滑油系统进行循环，并调整溢油阀以维持母管油压在规定值内。

待油温达到38℃后，可以启动高压启动油泵，开启冷油器冷却水阀投入冷油器。然后启动顶轴油泵，将各轴承之轴颈的顶起高度调整到设计要求值，即可投入盘车装置。

机组冲转到 1200r/min 时切除顶轴装置，有些机组停顶轴油泵转速较低，为 600r/min 或 200r/min。

在机组升速期间，高压启动油泵、交流润滑油泵应正常工作；当机组升速到额定转速的 90%左右时，主油泵就能正常工作，这时要进行主油泵与高压启动油泵、交流润滑油泵的切换，切换时应严密监视主油泵出口油压，当压力值异常时采取紧急措施防止烧瓦。停运的高压启动油泵和交流润滑油泵置备用位。

（2）停机工况。当机组正常停机或事故停机时，需在汽轮机转速下降到规定转速之前启动交流润滑油泵和高压启动油泵，转速降到规定值时，应检查顶轴油泵是否自启。东方汽轮机厂机组转速下降到 1200r/min 时启动顶轴装置，国产引进型机组则到 600r/min 或 200r/min 时才启动顶轴装置。机组盘车期间，可先停高压启动油泵，顶轴装置和润滑油泵需待盘车停运后方能停下。

（3）运行维护。各厂运行参数有所不同，以东方汽轮机厂 300MW 级机组为例进行介绍。

机组正常运行时，主油泵正常出口油压为 1.85～2.05MPa，当油压下降到 1.85MPa 时，应启动高压启动油泵和交流润滑油泵，并查明原因做好停机准备。

轴承润滑油压力为 0.08～0.12MPa。当润滑油压降至 0.049MPa 时，报警并启动交流润滑油泵，如果交流润滑油泵启动后，油压继续下降，应立即打闸停机。当润滑油压降至 0.039MPa 时，应启动直流事故油泵，并立即检查系统油压降低的原因。当油压降低至 0.029MPa 时，应停止盘车。油泵之间的低油压联锁试验应每半个月做一次。

轴承进油温度为 40～45℃，轴承回油温度为 70℃。正常运行过程中要根据润滑油母管油温调整冷油器冷却水量，保证轴承进口油温。正常运行时，主油箱油位高值不能超过 +250mm，当油位为 -250mm 时低油位报警，最低油位为 -300mm。系统正常启动前，油箱油位应处于最高油位。

2. 盘车的运行

（1）盘车装置的投入方式。

1）零转速信号控制自动投入启动盘车。当润滑油压低、汽轮机侧顶轴油压低或发电机侧顶轴油压低时，盘车装置不能投入启动。

2）手控自动投入启动盘车。适用于一般情况。即启动前、停机后均可，此时机组为零转速状态。当润滑油压低、汽轮机侧顶轴油压低或发电机侧顶轴油压低时，盘车装置不能投入启动。

3）手动投入启动盘车。适用于机组大修后需检查盘车装置投入情况、投入电路发生故障、电磁阀发生故障及润滑油压低、自动投入不能正常工作等情况。若汽轮机顶轴油压低时，盘车装置不能投入启动。

4）紧急启动盘车。该方式是以轴瓦发生额外磨损为代价的启动方式，仅用于机组事故停机且顶轴油泵又不能正常投入而必须盘车的情况。盘车装置启动后，应尽快恢复顶轴油压，减少对轴承的损伤。

（2）盘车装置的投入操作。操作之前，先将盘车方式开关切至"点动"位置，再将盘车允许开关切至"盘车允许"位置，检查"盘车允许""电源""电动机停止""甩开到位"指示灯亮，"停盘车按钮"指示灯灭。开启盘车装置进油门。

1) 零转速信号控制自动投入启动盘车。

a. 确认交流润滑油泵已经启动，油压正常，"润滑油压正常"指示灯亮。

b. 确认顶轴油泵已经启动，油压正常，"顶轴油压正常"指示灯亮。

c. 选择自动方式。零转速信号发出，盘车装置将自动完成投入到连续盘车的全过程。其动作程序如下：①零转速信号发出后，延时 30s，以确保转子转速低于 1.5r/min；②电磁阀通电，液压投入进油的同时，操纵滑阀动作解除油缸自锁，盘车摆动齿轮向转子齿环摆动，啮合到位时，"啮合到位"指示灯亮，盘车电动机启动，进入连续盘车状态，"盘车"指示灯亮，电磁阀断电；③如果盘车摆动齿轮向转子齿环摆动但 30s 内无法啮合到位，则盘车装置会短时间启动盘车电动机，使其"微动"以满足啮合条件，直至啮合到位，自动启动盘车电动机。

2) 手控自动投入启动盘车。

a. 确认交流润滑油泵已经启动，油压正常，"润滑油压正常"指示灯亮。

b. 确认顶轴油泵已经启动，油压正常，"顶轴油压正常"指示灯亮。

c. 选择手动方式。

d. 确认汽轮机转子处于零转速状态，按下"电磁阀动作"按钮，电磁阀通电，盘车装置开始自动投入。其动作程序同零转速信号控制自动投入启动盘车。

（3）盘车装置的甩开。

1) 机组冲转后，转速大于盘车转速时，盘车装置自动甩开。盘车装置未自动甩开时，禁止冲转。

2) 按下"甩开"按钮，盘车装置即可甩开。按下"甩开"按钮前，需确认盘车电动机已经停止。

3) 为保证排油彻底，在液压投入，盘车运行 2min 内不允许冲转或甩开。

4) 如检修工作不涉及盘车部位，允许不甩开。启动时可省去投入动作。

5) 冲转后应确认盘车装置处于"甩开"位置，并及时关闭盘车装置进油门，将盘车允许开关切至"盘车禁止"位置，拔出钥匙，以防止误操作，确保机组安全。

（4）盘车装置投停的注意事项。

1) 转子静止后盘车装置应立即投入运行。

2) 在盘车投入之前，润滑油系统及顶轴油系统工作应正常。盘车运行过程中，要求顶轴油泵保持运转，以保护轴承。

3) 盘车运行期间，若发现转子偏心度超过最高允许值或有清楚的金属摩擦声，应停止连续盘车，改为间断盘车 180°。应迅速查明原因并消除，待偏心度恢复至正常值后再投入连续盘车运行。

4) 盘车电动机故障造成不能电动盘车时，应查明原因尽快消除，并设法手动间断盘车 180°，待转子偏心度正常且能自由转动时方可投入连续盘车。其他原因造成盘车不动时，禁止用机械手段强制盘车或强行冲转。

5) 若汽轮机调节级或中压第一压力级处金属温度在 150℃ 以上，需要短时间停止连续盘车，必须保持轴承供油正常，以防止轴承乌金过热损坏，在此期间应手动间断盘车。

6) 短时间停止盘车运行，应准确记录盘车停止时间及当时的转子偏心度及相位。工作结束后，根据转子偏心度的变化值，决定是否应经手动盘车 180°直轴或投入连续盘车。

7) 高压缸金属温度小于 150℃ 时，可以停止盘车运行，但应继续监视转子偏心度；若有明显变化，应查明原因并进行间断盘车。

3. 汽轮机冷油器运行、倒换操作

(1) 由单独运行改为并列运行。

1) 开启备用冷油器出水门。

2) 全开注油阀，开启备用冷油器排气门，确认充满油后，关闭排气门，逐渐开启备用冷油器进水门。

3) 松动压紧板手柄，搬动切换阀手柄，使切换阀转至 50% 位置，然后压紧扳手，调整进水门开度，保持出口油温在 38 ℃左右，关闭注油阀。

(2) 单独运行的倒换操作。

1) 开启备用冷油器出水门。

2) 开启注油阀，备用冷油器排气阀，确认充满油后，关排气门，适当开启备用冷油器进水门。

3) 松动压紧板手柄，搬动切换阀并转到位，压紧扳手，关注油门，关原运行冷油器进水门，调整冷油器出口油温在 38 ℃左右。

(3) 操作注意事项。

1) 备用冷油器投入运行时，应确认已充满油，放油门、至油箱空气门均应关闭。

2) 操作中应严格监视油压及油温的变化，缓慢操作，备用冷油器投入后，监视主油箱油位的变化。

三、实训报告要求

(1) 填写"汽轮机润滑油系统的运行"项目任务书。

(2) 绘制汽轮机润滑油系统流程图，并在相应位置标注系统主要运行参数。

(3) 记录汽轮机润滑油系统运行过程中遇到的问题、解决方法和体会。

复习思考

(1) 汽轮机润滑油系统包括哪些设备？运行中要注意哪些问题？

(2) 盘车投入的条件是什么？盘车装置投停时需注意哪些情况？

任务 5　轴封、真空系统的运行

【教学目标】

一、知识目标

(1) 轴封、真空系统的作用、流程及主要设备。

(2) 轴封、真空系统主要设备启停操作及其注意事项。

(3) 轴封、真空系统的运行维护。

二、能力目标

(1) 正确进行轴封、真空系统的启动、停运操作。

(2) 对轴封、真空系统进行运行维护及主要监控参数的调整。

【任务描述】

机组厂用电系统全面恢复，在相关的公用系统、凝结水系统和给水系统启动后，对机组进行真空系统的启动，并投入轴封蒸汽，在汽轮机冲转前建立真空。

【任务准备】

一、任务导入

（1）凝汽式汽轮机的真空是如何建立的？

（2）如何保证汽轮机转子和汽缸间隙不漏气（汽）？

二、任务分析及要求

（1）能说明轴封、真空系统的组成，能阐述系统流程及主要设备的作用。

（2）能在仿真机组上独立完成送轴封、建立真空的任务，并将主要参数控制在正常范围。

【相关知识】

一、轴封系统

1. 轴封系统的作用及组成

汽轮机运转时转子和静子之间需有适当的间隙，应不相互碰摩。存在间隙就会导致漏气（汽），这样不但会降低机组效率，还会影响机组安全运行。为了减少蒸汽泄漏及防止空气漏入，需要有汽封装置，通常称为轴封，轴封可分为通流部分汽封、隔板汽封、轴端汽封。反动式汽轮机还装有高、中压平衡活塞汽封和低压平衡活塞汽封，现代汽轮机均采用曲径汽封（迷宫式）。

大型汽轮机采用自密封形式的轴封系统。高压缸的各汽封约在10％负荷时变成自密封，中压缸的各汽封约在25％负荷时变成自密封，此时，高压缸泄漏的蒸汽排到汽封系统的联箱，再从联箱流向低压汽封。大约在60％负荷下系统达到自密封。如有任何多余的蒸汽，会通过溢流阀流往低压加热器，低压加热器退出运行时流往凝汽器。

轴封蒸汽系统主要由密封装置、轴封蒸汽母管、轴封加热器等设备及相应的阀门、管路系统构成，如图2-17所示。轴封蒸汽系统的主要功能是向汽轮机、给水泵汽轮机的轴封和主汽阀、调节阀的阀杆汽封供密封蒸汽，同时将各汽封的漏汽合理抽出。

汽轮机组高、中、低压缸轴封均由若干个轴封段组成，相邻两个轴封段之间形成一个汽室，并经各自的管道接至轴封系统。在汽轮机的高压区段，轴封系统的功能是防止蒸汽向外泄漏，同时为了防止空气进入轴封系统，在高压区段最外侧的一个轴封汽室必须将蒸汽和空气的混合物抽出，以确保汽轮机有较高的效率；在汽轮机的低压区段，则必须向汽室送汽防止外界的空气进入汽轮机内部。将汽室的蒸汽、空气混合物抽走，保证汽室内有尽可能高的真空，也是为了保证汽轮机组的高效率。

轴封蒸汽系统包括送汽、回（抽）汽和漏汽三部分。无论在启动时向轴封送汽，还是机组正常运行时向轴封供汽，都应保持轴封冷却器和轴封抽气器工作的正常，使轴封供汽和轴封抽气形成环流，防止轴封蒸汽压力过高而沿轴泄出，造成蒸汽顺轴承油挡间隙漏入油中，使油质恶化。

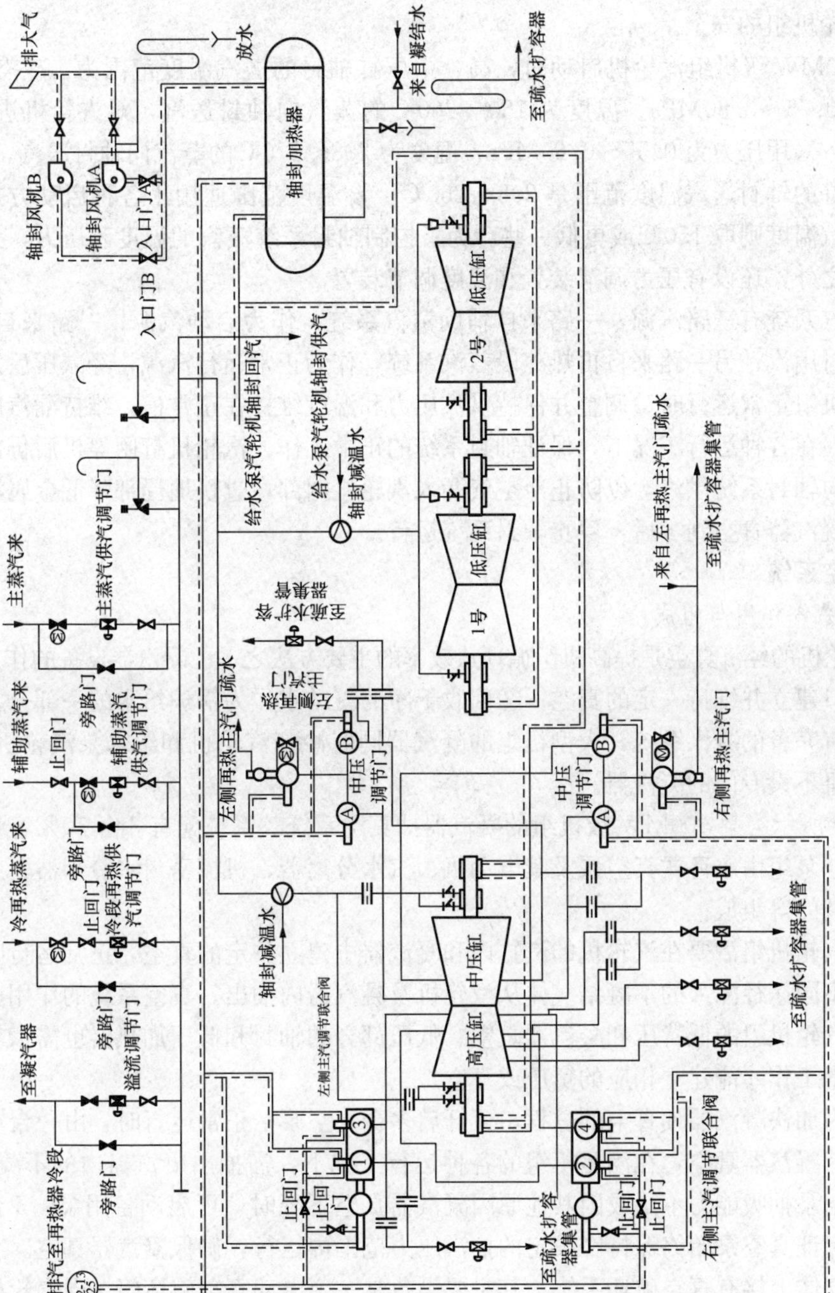
排大气
放水
来自凝结水
至疏水扩容器
轴封风机B
轴封风机A
入口门A
入口门B
轴封加热器
低压缸
2号
1号
给水泵汽轮机轴封回汽
给水泵汽轮机轴封供汽
轴封减温水
主蒸汽来
主蒸汽供汽调节门
辅助蒸汽来
止回门
旁路门
辅助蒸汽供汽调节门
冷再热蒸汽来
冷段再热供汽调节门
至凝汽器
溢流调节门
排汽至再热器冷段
左侧再热主汽门疏水
至疏水扩容器集管
左侧再热主汽门
中压调节门
来自左再热主汽门疏水
右侧再热主汽门
高压缸
中压缸
左侧主汽调节联合阀
右侧主汽调节联合阀

图2-17 轴封蒸汽系统

2. 轴封系统的控制参数

为了保护汽轮机本体部件的安全，对轴封送汽的压力和温度有一定的要求。如果送汽温度与汽轮机本体部件温度（特别是转子的金属温度）差别太大，将使汽轮机部件产生过大的热应力，造成汽轮机部件寿命损耗的加剧，同时还会造成汽轮机动静部分的相对膨胀失调，直接影响汽轮机组的安全。

对于 600MW 级机组汽轮机启动时，高、中压缸轴封的送汽温度范围为：冷态启动时，采用压力为 0.75～0.80MPa、温度为 150～260℃ 的蒸汽向轴封送汽，对汽轮机进行预热；热态启动时，采用压力为 0.55～0.60MPa、温度为 208～375℃ 的蒸汽向轴封送汽。对于高、中压缸，较好的轴封送汽温度范围是 208～260℃，该温度范围适用于各种启动方式；低压缸轴封的送汽温度则取 150℃ 或更低一些。为了控制轴封系统蒸汽的温度和压力，系统内除管道、阀门之外，还设有压力调节装置和温度调节装置。

轴封蒸汽系统有三路汽源，一路来自辅助蒸汽系统，作为启动汽源；一路来自主蒸汽，作为低负荷时用汽；另一路来自再热冷段蒸汽系统，作为正常运行汽源，经减压后送至轴封蒸汽母管。机组正常运行时，调整并保持供汽压力和温度维持在正常值，维持漏汽腔室处于微负压状态。在各种运行工况下，保证轴封系统的正常工作。汽轮机打闸停机后仍需辅助蒸汽系统继续向轴封系统供汽，以防止冷空气漏入汽轮机内部，过快地局部降低金属温度而引起热应力。凝汽器真空到零后，停止轴封系统运行。

二、真空系统

1. 真空系统作用与组成

维持汽轮机的经济真空是提高机组循环热效率的主要方法之一。凝汽器设备的作用：①在汽轮机排汽口建立并维持一定的真空；②回收干净的凝结水作为锅炉给水的一部分。凝汽式汽轮机均配有完备的凝汽系统，大型机组的凝汽器同时冷却汽轮机和给水泵汽轮机的排汽，给水泵汽轮机不设专门的凝汽器。

图 2-18 所示为某 600MW 级机组的凝汽器抽真空系统。系统配有 3 台 50% 容量的水环式真空泵组。泵组由水环式真空泵及其电动机、汽水分离器、机械密封水冷却器、泵组内部有关管道、阀门等组成。

凝汽式汽轮机组需要在汽轮机的汽缸内和凝汽器中建立一定的真空，正常运行时也需要不断地将由不同途径漏入的不凝结气体从汽轮机及凝汽器内抽出。真空系统的作用就是用来建立和维持汽轮机组的低背压和凝汽器真空。低压部分的轴封和低压加热器也需依靠真空抽气系统的正常工作才能建立相应的负压或真空。

启动时为加快凝汽器抽真空的过程，可开启多台真空泵；正常运行时，由一台或两台真空泵即可维持凝汽器真空，在满足机组的各种运行工况下，需抽出凝汽器内的不凝结气体。如果运行真空泵抽吸能力不足或因其他原因凝汽器真空下降时，可启动备用泵，3 台真空泵同时运行，保证真空泵始终保持在设定的抽汽压力范围内运行，确保凝汽器真空。

凝汽器壳体上接有真空破坏系统，其主要设备是一个电动真空破坏门。当汽轮机紧急事故跳闸时，真空破坏门开启，使得凝汽器与空气连通，快速降低汽轮机转速，缩短汽轮机转子的惰走时间。真空破坏门由运行人员在控制室操作，其入口装有水封系统和滤网，密封水来自凝结水系统。水封管用来防止正常运行时，真空破坏门泄漏空气影响凝汽器真空，并可以用来监视真空破坏门是否严密。水位计用于显示水封管的水位，如水位不断下降，则表示

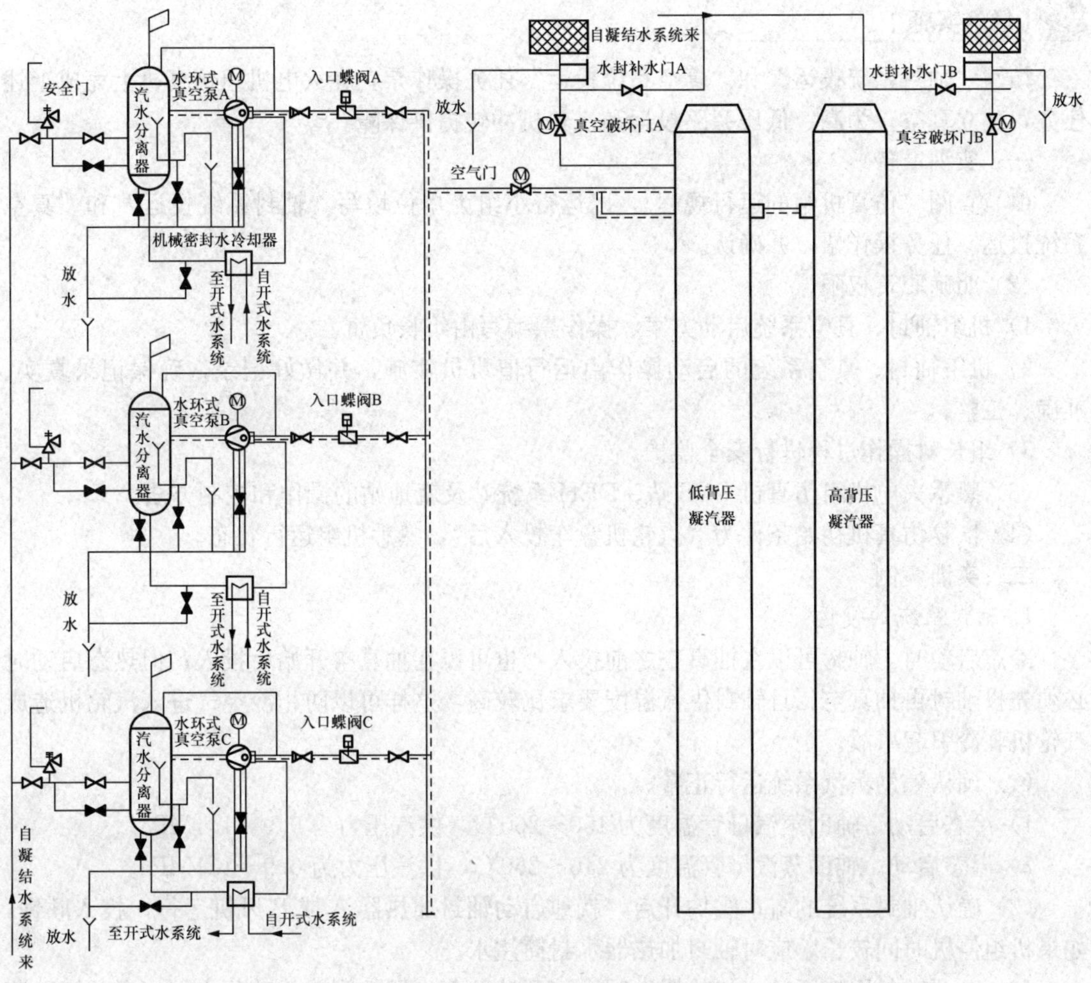

图 2-18 凝汽器抽真空系统

真空破坏门已经泄漏，必须向水封管不断补水，以防止空气漏入凝汽器。

2. 真空系统的运行方式

（1）启动方式。在泵组启动时，真空泵内形成水环，并把真空泵组系统内的气体排出。只有当气动蝶阀的前后压差达到一定整定值时，气动蝶阀才能开启。凝汽器内气体经气动蝶阀抽入真空泵，避免了因启动真空泵而引起大量空气经真空泵灌入正在工作的凝汽器真空系统中，确保了凝汽器正常工作。

（2）正常运行工况。600MW 级机组配置了 3 台 50％容量的真空泵组，一台处于"手动"控制状态，另两台备用，处于"自动"控制状态。当真空泵的吸入压力低于所规定的预定压力时，处于"自动"控制状态的备用泵组自动停泵，并关闭气动蝶阀，处于"手动"控制状态的真空泵继续运行。当真空泵的吸入压力高于高报警值 14.7kPa（预整定压力）时，备用真空泵立即自动投入，从而使真空泵泵组始终保持在预先设定的压力范围内运行。

（3）事故处理。若真空泵电动机过负荷，泵事故跳闸，报警联动备用泵。当凝汽器排汽压力高于 14.7kPa 时报警，当凝汽器排汽压力高于 19.7kPa 时汽轮机自动脱扣，以保证机组安全运行。

【任务实施】

填写"轴封系统投运"和"真空系统投运"任务操作票，在火电机组仿真机上完成上述任务，建立真空，为高、低压旁路投运和汽轮机冲转提供保障。

一、实训准备

（1）查阅《仿真机组的运行规程》，以运行小组为单位填写"轴封系统投运"和"真空系统投运"任务操作票，并确认。

（2）明确职责权限。

1）机组轴封、真空系统启动方案、操作票编写由组长负责。

2）机组轴封、真空系统的启动操作由运行值班员实施，并做好记录，确保记录真实、准确、工整。

3）组长对操作过程进行安全监护。

（3）熟悉火电机组仿真机 DCS 站、DEH 系统站及就地站的操作和控制方法。

（4）恢复仿真机初始条件为"汽轮机盘车投入后"，熟悉机组运行状态。

二、实训案例

1. 轴封系统的投运

冷态启动时，轴封可以在抽真空之前投入，也可以在抽真空开始后投入；但热态启动时必须先投轴封再抽真空，且轴封供汽温度要求比较高，这样可以防止冷空气进入汽轮机造成汽轮机骤冷引起事故。

（1）确认辅助蒸汽系统运行正常。

1）冷态启动。辅助蒸汽母管温度为 150～260℃，供汽压力为 0.9～1.1MPa。

2）温态启动。辅助蒸汽母管温度为 210～260℃，供汽压力为 0.9～1.1MPa。

（2）确认轴封系统的疏水阀均开启，就地启动轴封加热器 A 或 B 风机运行，投入联锁，如果机组停机时间较长，应对轴封加热器水封筒注水。

（3）全开轴封回汽至轴封加热器汽阀，稍开辅助蒸汽调整阀前电动截止阀，全开辅助蒸汽联箱至轴封供汽总阀对轴封系统暖管疏水。

（4）确认暖管正常后，全开辅助蒸汽调整阀前电动截止阀，关闭各处疏水阀。

（5）检查轴封母管参数正常，系统运行稳定。

1）轴封母管压力为 0.260MPa，汽封各处不漏汽。

2）各供汽调整阀及溢流阀在自动位，并动作正常。

3）轴封加热器为微负压运行（−6.5kPa），保证汽封微负压。

4）轴封加热器风机振动、声音正常。

2. 轴封系统的停止

（1）当汽轮机凝汽器真空降至零后，才可停止轴封供汽。

（2）关闭轴封各供汽调整站前截止阀。

（3）切断减温站进口手动阀及旁路手动阀，切断汽封调节阀压缩空气气源。

（4）停止轴封加热器风机运行。

（5）开启轴封母管各处排大气疏水阀。

3. 真空泵的投运

（1）检查泵的轴承位置是否有足够的润滑油量，检查冷却水管是否接好。

（2）泵组注水。注水前，先打开泵排水管道，用水冲洗泵，直到冲洗清洁后，关闭排水管道，开始向机组注水。打开输入调节器前的阀门，汽水分离器开始注水，通过连接管道使真空泵的水位不断增加，为加快注水速度，可同时打开旁通阀。当水位上升至侧盖上自动排水时，关闭旁通阀，稳定 5min，检查液面有无变化，检查管路是否畅通，有无漏水现象，如一切正常，即说明注水已达到要求。

轴的密封水采用内部供水，不需外接管路和控制设备。密封水供水后，填料应有少量液体泄漏，一般以每秒 1～2 滴为宜，如无液体泄漏，应当调松填料压盖；如泄漏量太大，则应适当调紧填料压盖。

（3）启动。按"启动"按钮，真空泵即投入运行。当蝶阀前后压差达到 3kPa 时蝶阀自动打开（这时不需手动打开），真空装置即开始工作。

刚开始启动时，可同时开启 3 台真空泵，当真空达到一定数值后停一台真空泵备用，当真空满足要求后再停一台泵备用。

检查电动机电流、分离器水位、机组振动及轴承温度是否正常；检查真空泵填料压盖的松紧情况，填料函允许有少量液体泄漏，以不形成流线为标准。

4. 真空泵的停运

按"停机"按钮，水泵停止转动，关闭输入调节器前的补充水阀门及热交换器冷却水阀门。停机后系统内多余的水由自动排水阀排掉，如果泵停机较长时间（两个月或者两个月以上）则应打开真空泵汽水分离器、热交换器等部件底部放水螺塞，放掉其中多余的水，必要时做防锈处理。

三、实训报告要求

（1）填写"轴封、真空系统运行"项目任务书。

（2）绘制轴封蒸汽系统图，并在相应位置标注系统主要运行参数。

（3）记录轴封、真空系统运行过程中所遇到的问题、解决方法和体会。

复习思考

（1）汽轮机轴封送汽时对轴封蒸汽的温度和压力有哪些要求？

（2）真空系统的作用是什么？机组启动前怎样建立真空？

任务 6　发电机冷却系统的投入

【教学目标】

一、知识目标

（1）了解发电机密封冷却系统的作用、流程及主要设备。

（2）了解发电机密封冷却系统主要设备启停操作及其注意事项。

（3）了解发电机密封冷却系统的运行维护。

二、能力目标

（1）正确进行发电机密封冷却系统的密封油系统、氢气冷却系统、定子冷却水系统的启动操作。

（2）对发电机密封冷却系统的密封油系统、氢气冷却系统、定子冷却水系统进行运行维护及主要监控参数的调整。

【任务描述】

机组厂用电系统全面恢复后，汽轮机循环冷却水系统（含开式水、闭式水）、凝结水及化学补水系统、汽轮机润滑油系统投运正常后，启动汽轮机盘车之前，必须将发电机励磁机的冷却系统投入。

【任务准备】

一、任务导入

（1）大型火电机组发电机的冷却介质是什么？

（2）发电机密封冷却系统分为哪几个子系统？其启动顺序是怎样的？

（3）发电机密封冷却系统运行维护的主要参数？

二、任务分析及要求

（1）掌握发电机密封冷却系统的组成，阐述系统流程及主要设备的作用。

（2）掌握实训仿真机组的发电机密封冷却系统的主要参数。

（3）能在实训仿真机组上独立完成发电机密封冷却系统的启动，并将主要参数控制正确。

【相关知识】

在发电机组运行时，存在着导线和铁芯的发热损耗、转子转动时的鼓风损耗、励磁损耗和轴的摩擦损耗等能量损耗。这些损耗最终都转化为热能，使发电机的静子和转子等部件发热，如不及时把发生的热量排走，将会使发电机绝缘材料因超温而老化和损坏。为保证发电机在允许温度内正常运行，必须设置发电机的冷却设备。大型汽轮发电机组多采用水－氢－氢冷却系统，即定子绕组为水冷，转子绕组为氢气内部冷却，铁芯为氢气外部冷却；其包括三个系统：氢气控制系统、密封供油系统和发电机冷却水系统。

一、发电机密封油系统

为了防止发电机氢气向外泄漏或漏入空气，发电机氢冷系统应保持密封，特别是发电机两端大轴穿出机壳处，必须采用可靠的轴密封装置。氢冷发电机多采用油密封装置，即发电机密封瓦内通有一定压力的密封油，密封油除起密封作用外，还对密封装置起润滑和冷却作用。因此，密封油系统的运行必须同时实现密封、润滑和冷却这三个作用。

1. 密封油系统的组成

由于密封瓦的结构不同，密封油系统有单回路供油方式（单流环式）和双回路供油方式两种供油方式。

单流环式密封油系统主要包括密封油供油控制装置（含真空油箱和真空泵）、氢气侧回油扩大槽和浮子油箱、空气侧抽出槽及排烟风机、轴承回油管路上的观察窗和测温元件等附件。

氢气侧回油扩大槽将来自密封油环的排油在槽内扩容，使含有氢气的回油能分离出氢气。扩大槽里面有一个横向隔板，把油槽分成两个隔间，隔间间可通过外侧的 U 形管连接，目的是防止因发电机两端之间的风机压差而导致气体在密封油排泄管中进行循环，当扩大槽内油位升高超过预定值时发出报警信号。

浮子油箱的作用是使油中的氢气进一步分离。浮子油箱内部装有自动控制油位的浮球阀，外部装有手动旁路阀及液位视察窗，以便必要时人工操作控制油位。运行时应密切监视浮子油箱油位，以油位保持在液位信号器的中间位置为准，油位过高可能导致氢气侧排油满溢流进发电机内；油位过低则有可能使管路油封段遭到破坏导致氢气大量外泄漏进空气抽出槽，导致发电机内氢压急剧下降。

密封油扩大槽应尽量靠近发电机底部安装，应比空气抽出槽的标高至少高出 380mm，而空气抽出槽的安装标高应比润滑油回油管至少高出 30mm，浮子油箱安装过程为：①必须低于扩大槽，以便扩大槽中的油能自然流进浮子油箱；②要尽可能接近空气抽出槽，以便浮子油箱中排出的油能顺利流回空气抽出槽内；③必须考虑检修操作方便。

发电机密封油系统如图 2 - 19 所示。

真空装置中的主要设备是指真空油箱、真空泵和再循环泵。正常工作情况下，轴承润滑油不断地补充到真空油箱之中，润滑油中含有的水分和空气在真空油箱中被分离出来，通过真空泵和真空管路被排至厂房外，从而使进入密封瓦的油得以净化，防止空气和水分对发电机内的氢气造成污染从而保证氢气纯度。一般将真空度下限值定为 −88kPa。真空油箱中设有浮球阀，浮球阀的浮球随油位高低而升降，因此，可通过调节浮球阀的开度，使补油速度得以控制，进而控制真空油箱中的油位。为了加速空气和水分从油中释放分离，真空油箱内部设置有多个喷头以雾化油滴。

当交流密封油泵出口油压低到 0.54MPa 时，延时 3～5s 备用油泵启动；当 5～8s 内，压力仍在低限状态下且备用油泵仍不能维持正常工作的密封压力，直流泵启动。

压差调节阀用于自动调整密封瓦进油压力，使该压力自动跟踪发电机内气体压力且控制油氢压差保持在一定稳定的水平（密封油压比机内氢压高 0.085MPa 左右），以保证密封效果。压差阀是液压/弹簧调节型阀门，在运行中可通过阀门上自带的专用螺母来调整阀门的弹簧预紧力以改变阀门的输出特性。密封油压差阀有的是直接调节空气侧密封油压，有的是作为空气侧密封油的再循环来用的，密封油压差阀一般安装在发电机空气侧密封油泵出口管路上。

压差调节阀的调节整定以油氢压差值 0.056MPa 为基准值，当差压值降至 0.035MPa 时为下限报警信号值。只要发电机轴系转动或机内有需要密封的气体，密封油系统均需向密封瓦供油。发电机轴系转动时油氢压差值为 0.05～0.07MPa；轴系静止时油氢压差值为 0.036～0.056MPa。

密封油油源可分为：第一备用油源（主要备用油源）是汽轮机主油泵来的高压油，当氢油压差降到 0.056MPa 时，第一备用油源自动投入运行；第二备用油源由汽轮机主油箱上的备用密封油泵供给，当压差降到 0.056MPa、汽轮机转速低于 2850r/min 或发生故障时，第二备用油源自动投入；第三备用油源是由密封油系统内自备的直流电动油泵提供的，当压差降到 0.035MPa 时，直流油泵启动，氢油压差可恢复到 0.084MPa，该油源只允许运行 1h 左右，应尽快恢复交流油泵运行；第四备用油源由汽轮机轴承润滑油供给，提供的油压较低，此时必须及时将机内氢气压力降低到 0.014MPa。

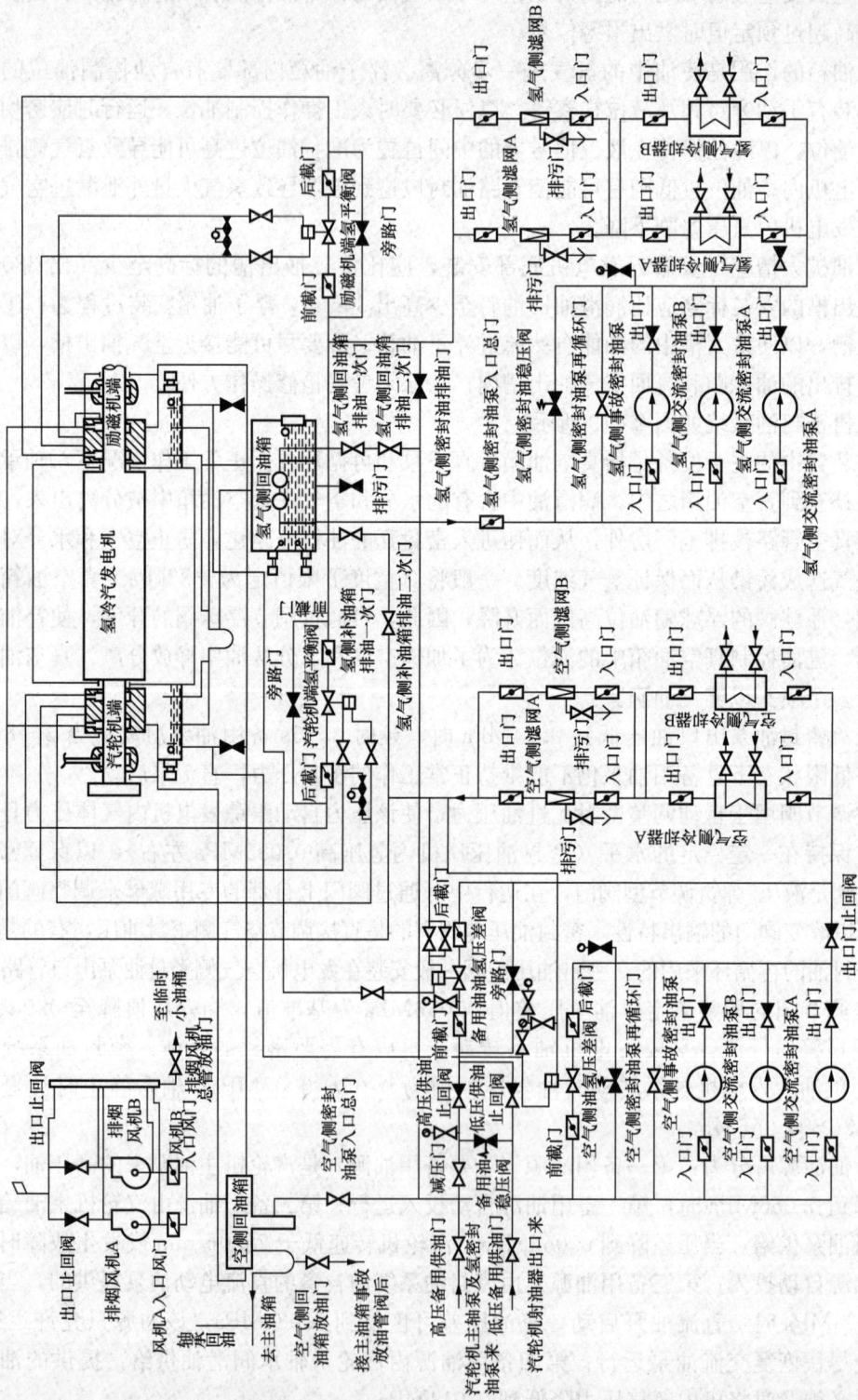

图 2-19　发电机密封油系统

2. 密封油系统的运行方式

密封油系统运行方式主要包括正常运行回路、事故运行回路和紧急密封油回路（即第三路密封油源）。

正常运行回路为轴承润滑油供油管→真空油箱→主密封油泵（或备用密封油泵）→滤油器→压差阀→发电机密封瓦→氢气侧排油（空气侧排油不经扩大槽和浮子油箱直接回空气抽出槽）→扩大槽→浮子油箱→空气抽出槽→轴承润滑油排油→汽轮机主油箱。

事故运行回路为轴承润滑油供油管→事故密封油泵（直流密封油泵）→滤油器→压差阀→发电机密封瓦→氢气侧排油（空气侧排油不经扩大槽和浮子油箱直接回空气抽出槽）→扩大槽→浮子油箱→空气抽出槽→轴承润滑油排油→汽轮机主油箱。

紧急密封油回路（即第三路密封油源）为轴承润滑油供油管→一、二次手动截止门→第三路密封油供油门→滤油器→压差阀→发电机密封瓦→氢气侧排油（空气侧排油不经扩大槽和浮子油箱直接回空气抽出槽）→扩大槽→浮子油箱→空气抽出槽→轴承润滑油排油→汽轮机主油箱。此运行回路的作用是在主密封油泵和直流密封油泵都失去作用的情况下，使得轴承润滑油直接作为密封油源密封发电机内氢气，此时发电机内的氢气压力必须降到 0.05MPa。

平衡阀主要使用在双回路供油系统中，其作用是控制发电机氢气侧密封油压、跟踪发电机空气侧密封油压（尽量保持氢气侧密封油压与空气侧油压平衡），并保证氢气侧密封油压与空气侧密封油压之间存在有微小差压（一般不超过 0.049MPa 左右），以避免空气侧、氢气侧密封油在发电机密封瓦内由于压差大而导致有过量的窜流而影响发电机氢气纯度。双回路供油系统即向密封瓦双路供油，在密封瓦内形成双环流供油形式，即有空气侧和氢气侧分别独立的两路油。双回路供油系统具有两路油源：一路供向密封瓦空气侧的空气侧油，另一路供向密封瓦氢气侧的氢气侧油。空气侧、氢气侧油压通过油系统中的平衡阀作用而保持一致，从而使得在密封瓦中区（两个循环油路的接触处）没有油的交换。因此可以认为双回路供油系统中被油吸收而损耗的氢气几乎为零（氢气侧油吸收氢气至饱和后将不再吸收氢气），空气侧油因不与氢气接触则不会对氢气造成污染。双回路供油系统较为复杂，对平衡阀、差压阀等关键部件的动作精度及可靠性要求较高。平衡阀的执行机构接受发电机空气侧、氢气侧密封油压信号（机前），安装在氢气侧密封油泵出口管路上。

二、发电机氢气系统

1. 氢气系统的功能

发电机氢气系统的功能是用来置换发电机的气体，有控制地向发电机内输送氢气，保持机内的氢气压力稳定，监视机内氢气纯度和液体的泄漏，干燥机内氢气等。

大型汽轮机发电机定子铁芯外部和转子绕组内部由氢气密闭循环系统进行冷却，气体由安装在转子两端的单级轴流式风扇驱动。发电机机座由端板、外皮和风区隔板等组焊而成，并形成特定的环行进、出风区。从风扇来的气流通过机座内的导风管进入各冷风区，再从铁芯背部沿铁芯径向风沟进入气隙，然后进入转子绕组风道，冷却转子绕组后，气流回到气隙，并沿着铁芯径向风沟进入机座热风区，经导风管流过安装在端罩上部的冷却器，冷却后再回到风扇前继续循环。

转子绕组槽部采用气隙取气、斜流内冷方式，端部采用两路通风冷却方式。当转子高速旋转时形成"自通风系统"，产生风压，气隙里的冷氢气从进风区槽楔迎风风斗进入绕组斜向风道（绕组风道由铜线上加工的孔形成），到达槽底后沿另一侧斜向风道返回气隙出风区从而带走铜线损耗。转子绕组端部，进入护环下的气流分成两路，一路沿转子铜线上的轴向通风道到达槽部，从出风区槽楔甩出；另一路进入铜线的切向风道，从大齿甩风槽排入气隙，通风系统风路短，温升低。

定子和转子风区的数量相等，位置相对应，冷风区和热风区沿轴向交替布置，使定子和转子得到均匀的冷却，温度比较均匀。

2. 氢气系统的流程

氢气系统主要由氢站的高压储氢罐、备用氢气瓶、置换用的 CO_2 钢瓶、氢气干燥器、氢气减压器、氢气过滤器、纯度分析器、液体探测、氢气露点（湿度）仪组成。其功能是向发电机转子绕组和定子铁芯提供适当压力、高纯度的冷却用氢气，同时还要完成对氢气的冷却、干燥及检测。发电机氢气系统图如图 2-20 所示。

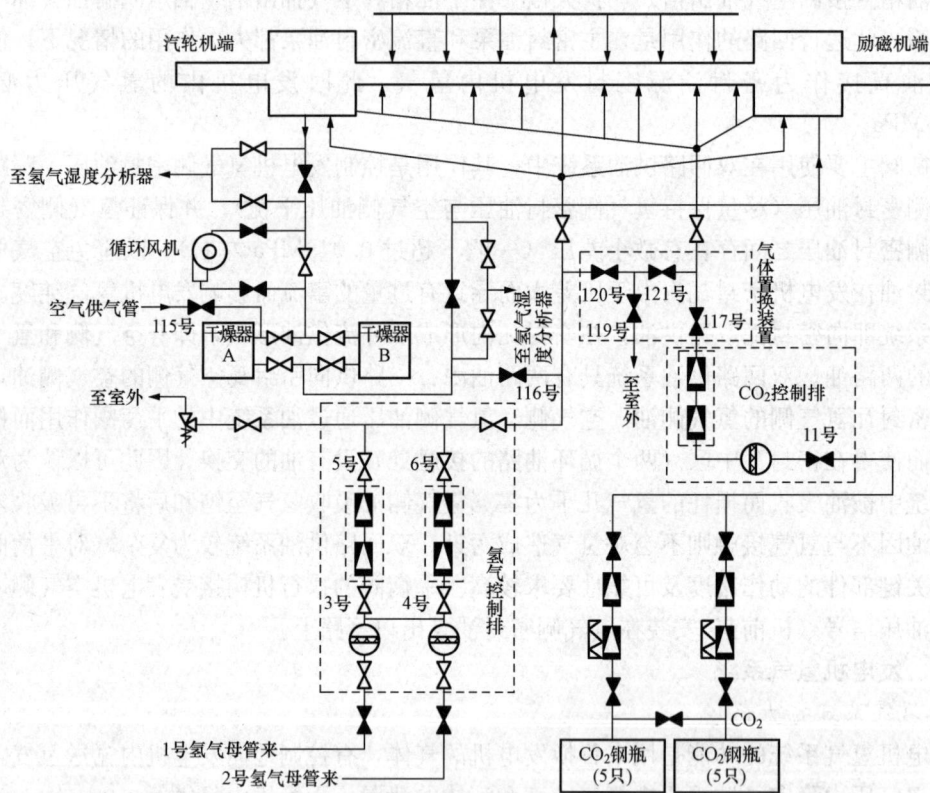

图 2-20 发电机氢气系统图

氢气用双母管从制氢站引至气体控制站，先经过滤器滤出固态杂质，然后经气体干燥器脱出水分后送入发电机。

气体控制站上设有两套自动补氢装置：一路是电磁阀，当发电机内氢压降至低限整定值时，电磁阀带电开启，氢气通过电磁阀进入发电机内；另一路是减压器，减压器的压力输出值整定为发电机的额定氢气压力值，只要机内氢压降低，减压器的输出端就会有氢气输出，直至机内氢压恢复到额定值为止。气体控制站上还设置 1 只安全阀，当发电机内氢压过高时，可以释放发电机内压力。当氢气纯度明显下降时，每8h应操作氢气侧回油扩大槽上部的排气阀进行排污，让高纯度氢气通过补氢母管补进发电机内。

发电机内的氢气在转轴风扇的作用下，一部分沿着管路进入冷凝式氢气干燥器内。被干燥的氢气沿着管道回到风扇的负压区，如此不断循环，从而降低发电机内氢气的湿度。装在发电机进氢总管上的氢气干燥器（通常为硅胶吸附式），使用时须另外装入硅胶。硅胶吸湿饱和后须取出进行再生（烘焙干燥）。氢气干燥器主要用于对进入发电机内的氢气进行预处理（干燥），如果进入发电机内的氢气（尤其是补氢时的氢气）的露点能满足要求（不高于 $-25℃$）则氢气干燥器内允许不装填硅胶。不论是否装有硅胶氢气干燥器均投入运行。氢气干燥器内装有滤网，具有过滤、扩容疏水（液）的功能。

同样，氢气纯度分析器中氢气的流通也通过风扇的驱动实现。只要发电机正常运行，机壳内氢气纯度就会被氢气纯度分析器连续不断地进行分析。

氢气系统的排空管（排至厂房外）设有火焰消除装置，其结构是在排气管口装有一对法兰，两块法兰之间夹装两层 $40\sim60$ 目不锈钢丝布，主要作用是为了在氢气排放时（一旦外部有明火出现）阻止明火进入管内。在火焰消除装置后法兰处引有接地电缆，其作用是防止由于摩擦产生静电荷的积累。

氢气管路及系统中的所有设备不得布置在密闭小间内，以防一旦氢气泄漏时能迅速扩散，不得靠近高热管路和电气设备。

3. 气体置换

当发电机内是空气（或氢气）时，禁止直接向发电机机内充入氢气（或空气），以避免发电机机内形成具有爆炸浓度的空气、氢气混合气体，为此发电机及氢气管路系统必须进行气体置换。发电机气体系统、密封油系统安装（或检修）完毕，经气密试验合格和发电机绝缘测试合格后，方可进行气体置换。气体置换采用中间介质置换法，即利用惰性气体（一般用二氧化碳气体或氮气）驱赶发电机内的空气（或氢气），然后又用氢气（或空气）驱赶惰性气体，使发电机内气体置换过程中空气、氢气不直接接触，因而不会形成具有爆炸浓度的空气、氢气混合气体。

由于中间介质通常采用 CO_2 气体，系统管路是根据采用 CO_2 气体进行设计的。CO_2 气体密度大于氢气和空气，系统管路进入和排出口均在发电机底部。如采用氮气作为中间气体，由于氮气的密度大于氢气、小于空气，所以当用氮气驱赶发电机内的氢气或用氢气驱赶发电机内的氮气时，氮气的进入和排出口均与 CO_2 气体相同；但当用氮气驱赶发电机内的空气或用空气驱赶发电机内的氮气时，则氮气进入和排出发电机的接管应是系统中的氢气总管，因此需要另行安装连接管路和截止阀，以便进行阀门进、出口转换。

充氢气时先用二氧化碳或氮气驱赶发电机内的空气，待机内二氧化碳含量超过 85%（氮气含量超过 95%）以后，再充入氢气驱赶二氧化碳（或氮气），最后置换到氢气状态。

排氢时，先向发电机内充入二氧化碳或氮气，用以驱赶发电机内氢气，当二氧化碳含量超过 95%（氮气超过 97%）以后，才可以引进压缩空气驱赶二氧化碳或氮气，当二氧化碳或氮气含量低于 15% 以后，可以终止向发电机内送压缩空气。

三、发电机定子冷却水系统

大型发电机采用水-氢-氢冷却方式，即定子绕组（包括定子引线、定子过渡引线和出线）为水内冷，转子绕组为氢内冷，定子铁芯及端部结构件采用氢表冷。集电环采用空气冷却。定子绕组采用水内冷方式，水冷却的效果是氢气冷却的 50 倍。

　　发电机定子冷却水系统应保证在发电机运行的全过程中，向定子绕组不间断地提供温度、流量、压力和品质（水质和纯度）符合要求的水作为冷却介质，通过定子空心绕组将绕组损耗产生的热量带出，在水冷却器中由闭式循环冷却水带走高纯度定子冷却水从定子绕组吸收的热量。发电机定子冷却水系统在发电机运行中，应监视水压、流量和电导率等参数在规定范围内。利用自动水温调节器，调节定子绕组冷却水进水温度，使之保持在规定范围内并基本稳定。发电机定子冷却水系统设置了离子交换器，用以提高进入定子绕组冷却水的水质。

　　发电机定子冷却水系统为全密闭循环冷却系统，如图 2 - 21 所示，系统中所有管道及定子绕组与水接触元件和设备均采用抗蚀材料，主要由两台 100％ 容量的定子冷却水泵、两台定子冷却器、两台过滤器、1 个定子冷却水箱、1 台离子交换器与发电机定子绕组组成。定子冷却水由定子水箱经内冷水泵升压后，通过内冷水冷却器将温度控制在规定范围内，经滤水器滤出机械杂质，然后进入发电机定子绕组及引线。定子绕组的冷却水从发电机侧面下层用管道引向发电机顶部，进入圆形汇水总管，一路进入有绝缘瓷套的导电杆和主引线，另一路经绝缘引水管流入半匝绕组，吸收了这些部位的热量后，再由发电机顶部水管经发电机侧面流入下层，最后通过发电机定子冷却水引出管流入水箱。

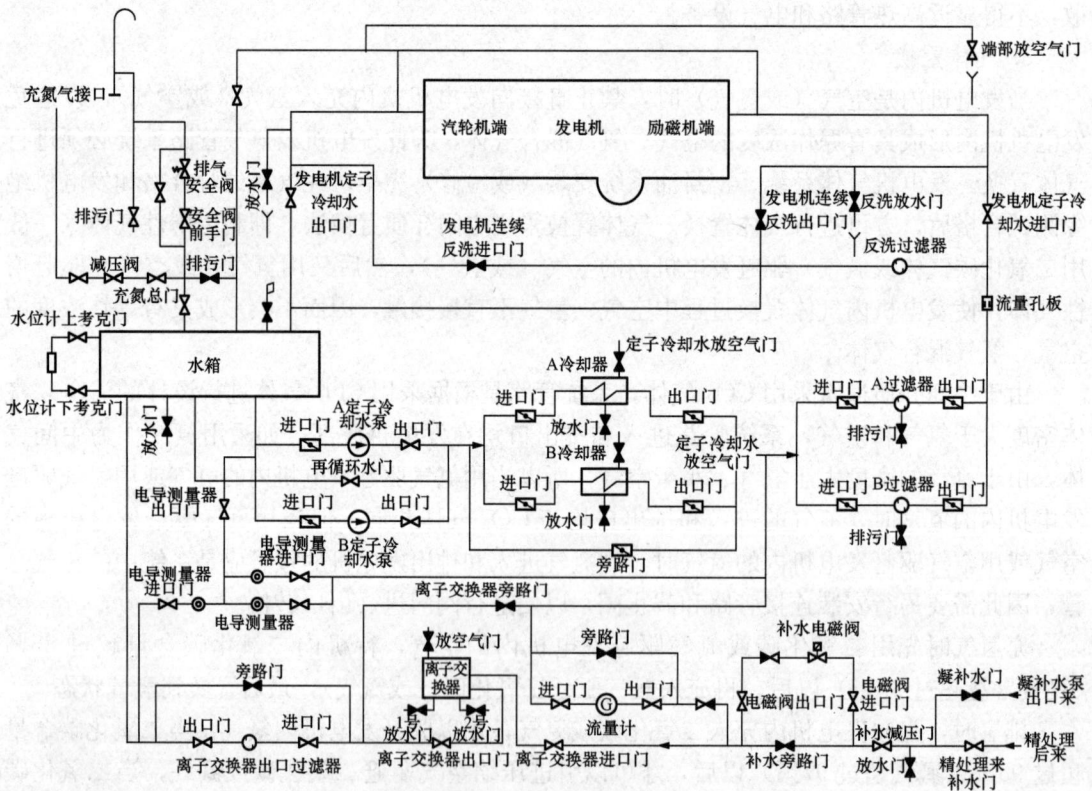

图 2 - 21　发电机定子冷却水系统图

　　定子冷却水箱是闭式水循环系统中的一个储水容器，用不锈钢 1Cr18Ni9Ti 制造。发电机定子绕组出水首先进入水箱，可消除发电机定子绕组冷却水回水汽化现象，回水中如含有微量氢气，也可在水箱内释放。水箱上装有补水装置和液位信号器，当水箱水位下降时，液位信号器触点动作，通过电气控制回路启动电磁阀自动向箱内补水，当水箱水位高时，通过溢流管自然溢流。定子冷却水补水有两路，一路来自化学精处理水，一路来自凝结水泵出口母管。正常运行时为保证进入发电机定子绕组的水质，将进入发电机总水量的 $5\%\sim10\%$ 的水，不断经过离子交换器进行处理后回到水箱。定子冷却水泵设有再循环水门，保证定子冷却水泵在水箱低水位时正常运行。

发电机定子冷却水系统为密闭系统，不允许定子冷却水通大气运行。为有效地防止空气漏入水中，腐蚀空心导线，在水箱上部充氮气，通过减压器自动补入氮气，以保持压力。排除水箱中水位、温度（包括环境温度）对水箱内氮气压力的影响后，如果这一压力持续上升，则说明有漏氢的现象。首先要检查补氢门（旁路门）泄漏或减压器失调等情况，其次检查定子绕组或引线是否有破损，氢气是否从破损处漏入了水中。切断补氢管路的气源，观察压力变化情况，便可判断氢气泄漏至水箱的原因。水箱中氮气过高时，补水箱安全门自动开启、放气。水箱还装有补水电磁阀和液位计。水位低时，操作补水电磁阀向水箱补水。补水和系统初始充水的水质与含氧量应符合要求。

离子交换器的功能是保持进入定子绕组的冷却水电导率为 $0.5\sim1.5\mu S/cm$，在正常情况下，只需少量的冷却水经过离子交换器即可保证主循环水路中冷却水的电导率处于规定的指标，只有当定子冷却水系统刚充入水时或补充了不洁净的水时，才有必要增大流经离子交换器的水量。

为防止发电机定子绕组冷却水中断而造成定子绝缘过热损坏，设有发电机断水保护。

（1）流量保护回路。定子绕组进水流量低至极限时，如 30s 内不能回升，则发电机断水保护动作，发电机应减负荷或甩负荷。

（2）水泵电动机控制回路断电和进水压力低联合（串联）回路。当发电机内冷水进水压力低至 0.1MPa，同时水泵电动机控制回路断电时，则发电机断水保护动作，发电机应减负荷或甩负荷。

为保证发电机在各种负荷下，定子绕组冷却水进水温度稳定在 (45 ± 3)℃，设有内冷水进水温度调节装置。

【任务实施】

填写"发电机密封冷却系统启动"任务操作票，并在火电仿真机上完成上述任务，维持发电机密封油系统、氢气冷却系统和定子冷却水系统的主要参数在正常范围内。

一、实训准备

（1）查阅《仿真机组的运行规程》，以运行小组为单位填写"发电机密封冷却系统启动"任务操作票，并确认。

（2）明确职责权限。

1）发电机密封冷却系统启动方案、工作票编写由组长负责。

2）发电机密封冷却系统的启动操作由运行值班员实施，并做好记录，确保记录真实、准确、工整。

3）组长对操作过程进行安全监护。

（3）熟悉火电机组仿真机 DCS 站、DEH 站和就地站的操作和控制方法。

（4）恢复仿真机初始条件为"汽轮机润滑油系统启动完毕"，熟悉机组运行状态。

二、实训案例

1. 密封油系统的运行

（1）密封油系统投运前检查。

1）完成"辅机设备及系统启动（投入）前检查通则"的操作。

2）检查汽轮机润滑油系统已投运正常。

3）密封油真空油箱已注油，油位正常，各油泵已充油备用。

（2）密封油系统投入。

1）启动空气抽出槽排烟风机，调整空气抽出槽内微真空运行。

2）缓慢打开汽轮机润滑油至密封油系统隔离阀，检查密封油系统无泄漏。

3）调节油气氢压正常，投入密封油差压调节阀自动。

4）检查密封油浮子油箱排油，必要时打开浮子油箱旁路阀调节油位。检查密封油扩大槽油位正常，无报警信号。

5）启动密封油再循环泵，检查运行正常，出口油压为 0.15～0.2MPa。

6）启动密封油真空泵，调节真空油箱真空在 93kPa 以上。

7）启动一台交流密封油泵，检查出口压力正常。注意密封油真空油箱油位正常；检查密封油油氢差压正常；确认密封油浮子油箱油位正常可见，关闭浮子油箱旁路阀。投备用交流密封油泵、直流密封油泵联锁。

（3）全面检查系统运行正常。密封油系统正常运行时应注意监视：发电机内气体和密封油之间的差压值，检查密封油油氢差压调节阀调节正常；真空油箱和浮子油箱中的油位；扩大槽液位信号器中是否有油；密封油真空泵的运行情况是否正常；所有仪表指示值是否正常；密封油泵的排出压力是否正常。

（4）密封油系统的停运。停运条件（人为判断）：汽轮机盘车已停止且发电机内氢气已全部置换为空气，空气纯度在 95％以上，发电机内气压为零。

1）解除备用密封油泵联锁，撤出密封油油气差压调节阀自动。

2）停运行密封油泵，确认再循环油泵联停。

3）停密封油真空泵，破坏真空油箱真空。

4）关闭汽轮机润滑油至密封油隔离阀。

5）停止空气析出槽排烟风机运行。

6）确认系统油水检测装置无报警。

2. 氢气系统的运行

（1）氢气系统投运前检查。

1）充氢前确认发电机本体检修工作票全部结束，汽机房内停止一切动火工作；充氢现场已清理干净，围好红白安全带，挂好警告牌。确认现场消防设备完好；按照"辅机设备及系统启动（投入）前检查通则"完成检查。

2）确认汽轮机润滑油系统、发电机密封油系统已投入正常运行。在发电机内气体压力小于 50kPa 时，发电机内气体的密封可由汽轮机润滑油直接提供。

3）利用压缩空气进行发电机泄漏试验合格（风压试验）。发电机严密性试验不合格时，应努力查找原因，消除泄漏点；否则发电机严禁充氢。

4）检查 CO_2 瓶数量足够。

5）联系化学，储备足够数量的氢气，检查供氢母管压力正常。

6）投入机内气体纯度分析仪正常。

（2）氢气系统投运。

1）用 CO_2 置换空气。控制发电机内压力为 0.02～0.03MPa。

2）纯度达 90%，用 CO_2 进行发电机各死角排污 5min。当发电机内 CO_2 浓度达到 95% 以上时，可停止充 CO_2。

3）用氢气置换 CO_2。

4）控制进氢压力，以保证发电机内压力为 0.04～0.05MPa。

5）发电机内氢气纯度达到 95% 以上时，进行发电机死角排污，5min 后关闭。

6）氢气纯度合格后，关气体置换控制站 CO_2 排放阀、气体置换控制站气体排放阀。根据情况，将发电机内氢压逐渐提高，同时注意密封油油氢压差自动调节正常。

7）将氢气干燥装置投入运行。

8）打开氢干燥装置进、出口管路上的湿度仪的进、出口阀，关闭其旁路阀，投入湿度仪。

9）根据需要投入氢冷器运行。

10）联系化学用测氢仪测量氢气区域漏氢情况。

（3）氢气系统运行维护。

1）机组运行中应维持额定氢压，氢压至少高于定子冷却水压 0.03MPa。

2）当氢气纯度低于 96% 含氧量大于 2% 时，应进行排污。排污时应打开发电机下部各死角排污门，尽量将氢气排至室外，同时严密监视氢压下降情况，当氢压下降至下限值时，将新鲜氢气逐渐补入氢气系统，并检查真空油箱运行是否正常，每次补氢量应不超过氢气总量的 10%。

3）氢气露点温度为 $-14～2.5℃$，绝对湿度不大于 $4g/m^3$，冷凝式干燥器运行正常，定期排放。

4）定期检查发电机油水探测器中液位，若有油、水应及时排尽，并查找原因。

5）调整氢冷器冷却水量，维持冷氢温度为 35～40℃，且低于定子冷却水温 2～5℃，每组冷却器的冷氢温度基本相同（温差在 2℃内），以利于维持发电机轴中心标高稳定和避免冷热循环应力，热氢温度小于或等于 65℃。

（4）氢气系统停运。

1）停止氢气干燥装置运行。

2）检查二氧化碳数量足够。将氢气干燥装置进、出口管路上的氢气湿度检测仪切除，湿度检测仪旁路阀开启。

3）关氢气控制排进口阀及氢压调节阀前隔离阀（参见图 2-20）。

4）用二氧化碳置换氢气。

5）用空气置换二氧化碳。

6）待发电机内二氧化碳含量少于 5% 时，才可终止向发电机内送压缩空气。

3. 定子冷却水系统运行

发电机运行中要严格控制定子冷却水压力，保持水压低于氢压。绕组水路发生破损，也只能是氢气漏入水中，而水不会漏入发电机内导致绝缘受潮甚至造成短路事故；运行中要定期对定子冷却水的水质进行化验，以确定定子冷却水的电导率和所含杂质的种类和含量，以便分析处理，并进行适当的排污；要加强对定子冷却水流量、压力、水温等参数的检查和调整；发电机并网前应投入发电机断水保护。

当发电机定子绕组出现断水情况时，允许满负荷100％额定电流运行5s，备用泵需在5s内投入正常运行。如果备用泵在5s内不能正常运行，发电机必须停机或在2min内以每分钟50％的速率将定子电流自动降低到额定电流的15％，同时定子冷却水的电导率需控制在1.5μS/cm以内。当定子冷却水流量低，同时水电导率又低于1.5μS/cm时，发电机可在15％额定定子电流下运行1h；如果定子冷却水流量低时，电导率高于1.5μS/cm，发电机需立即停机。

（1）发电机定子冷却水系统启动前检查。

1）确认发电机氢气系统及密封油系统运行正常，确认凝结水补水泵或凝结水泵运行正常。

2）完成离子交换器充水放气工作，待空气放尽后关闭放气阀。

3）通过离子交换器对定子冷却水箱进行补放水至水质合格。

4）完成对定子冷却泵、定子冷却器的充水放气工作，操作定子冷却器定子冷却水侧在运行状态、定子冷却泵在备用状态。

（2）定子冷却水系统启动。

1）关闭定子冷却水进、出口阀及反冲洗进、出口阀，开启定子冷却水电加热进、出口阀。

2）启动一台定子冷却水泵，待压力稳定后缓慢开启出口阀，向系统充水，检查系统无泄漏。检查泵组振动、声音、轴承温度、出水压力、定子冷却水箱水位正常。

3）进行发电机定子冷却水系统外部管路冲洗直至水质合格。

4）发电机未带负荷前，定子冷却水温低于一定温度且氢气湿度较高时，应投入电加热运行，但在发电机带负荷前必须退出电加热。投入电加热前，应关闭发电机定子冷却水进、出口手动门，开启电加热进、出口手动门，启动一台定子冷却水泵进行内部循环，再投入电加热运行，待定子冷却水温度高于发电机内氢温后，应退出电加热器运行。

5）缓慢开启发电机定子冷却水进、出口阀，关闭定子冷却水电加热进、出口阀，调节定子绕组进水流量满足要求、压力正常，检查定子冷却水滤网前、后压差正常，投入定子冷却水压力调节阀自动。

6）调节离子交换器流量，控制电导率。

7）检查系统运行正常，投入备用定子冷却水泵联锁备用。

8）根据需要，投入定子冷却水冷却器冷却水运行，调节温控阀，保持定子进水温度在（45±3）℃，要求定子冷却水温度高于氢气温度。

（3）定子冷却水系统的运行维护。

1）检查定子冷却水系统管道、设备应无漏水现象。

2）检查定子冷却水箱水位正常，水箱无溢水。

3）检查定子冷却水泵振动、声音、轴承温度、出口压力、法兰滴水及轴承油位正常，备用定子冷却水泵联锁投入。

4）检查定子冷却水进水压力、流量正常，进水电导率正常。

5）根据季节及时调节温控阀、定子冷却水冷却器冷却水量，保持定子冷却水温度略高于氢气温度。

6）检查定子冷却水滤网进、出口差压正常。

7）检查离子交换器出水电导率、进水压力和流量正常。

8）完成定期切换、试验工作。

（4）定子冷却水系统的停运。

1）进行备用定子冷却水泵切换时，应先手动启动备用泵正常后，再停用原运行泵投入备用，密切注意定子冷却水流量正常。

2）机组停用后，根据需要及时停用定子冷却水系统，以防发电机过冷。解除备用定子冷却水泵联锁。停定子冷却水泵。

3）根据需要，进行发电机定子冷却水反冲洗。

4）发电机长时间停止备用时，应利用压缩空气将绕组内的定子冷却水吹放干净。

5）当外界环境温度接近冰点或发电机需做直流泄漏试验时，应排尽定子绕组内的剩水。

三、实训报告要求

（1）填写"发电机密封冷却系统投入"项目任务书。

（2）绘制发电机密封油系统图和定子冷却水系统图，并在相应位置标注系统主要运行参数。

（3）记录发电机密封冷却系统运行过程中所遇到的问题、解决方法和体会。

复习思考

（1）发电机的冷却介质从何而来？

（2）为什么要在盘车前投入发电机定子冷却水系统？

（3）描述发电机密封油系统主要参数之间的关系。

（4）氢气置换操作的要领是什么？

（5）机组运行中，需要监控定子冷却水系统中哪些参数？

任务 7 风烟系统的运行

【教学目标】

一、知识目标

（1）锅炉风烟系统的作用、流程及主要设备。

（2）锅炉风烟系统主要设备启停操作及注意事项。

（3）锅炉风烟系统的运行与维护。

二、能力目标

（1）正确进行锅炉风烟系统的启动、停运操作。

（2）对锅炉风烟系统进行运行与维护及主要监控参数的调整。

【任务描述】

机组厂用电系统全面恢复，在相关的公用系统、汽轮机辅助系统投入后，对机组进行锅炉风烟系统的启动。

【任务准备】

一、任务导入

（1）锅炉燃料燃烧的空气如何得到？

（2）如何保证足够的空气进入炉膛同时火焰又不外喷？

二、任务分析及要求

（1）掌握锅炉风烟系统的组成，能阐述系统流程及主要设备的作用。

（2）掌握实训仿真机组的锅炉风烟系统的主要参数。

（3）能在仿真机组上独立完成锅炉风烟系统的启动，并将主要参数控制正确。

【相关知识】

一、锅炉风烟系统流程及设备

1. 风烟系统流程

锅炉风烟系统的任务是连续不断地给锅炉燃料燃烧提供所需要的空气，同时使燃烧生成的含尘烟气流经各受热面和烟气净化装置后，最终由烟囱及时地排至大气。电厂锅炉一般采用机械平衡通风。送风机负责把风送进炉膛，引风机负责把炉膛的烟气排出炉外，并保持炉膛内一定负压。平衡通风不仅使炉膛和风道的漏风量不会太大，而且保证了较高的经济性，又能防止炉内高温烟气外冒，对运行人员的安全和锅炉房的环境均有一定的好处。

大型电厂锅炉风烟系统的组成基本相同，主要由空气预热器、送风机和引风机等设备及其连接管道组成，锅炉风烟系统如图 2-22 所示。

送风机和一次风机将冷空气送往两台空气预热器，冷风在空气预热器中与锅炉尾部烟气换热被加热成热风，热二次风一部分送往喷燃器助燃实现一级燃烧，一部分送往燃尽风喷口，保证燃料充分燃尽。热一次风送往磨煤机和冷一次风混合调节，实现煤粉的输送、分离和干燥。采用正压直吹式制粉系统的机组，从冷一次风母管中引出部分冷风送入密封风机加压后作为磨煤机和部分风门的密封风。

2. 风烟系统的主要设备

（1）回转式空气预热器。回转式空气预热器是利用烟气余热加热燃烧所需要的空气的热交换设备。它利用了烟气余热，使排烟温度降低，提高了锅炉的效率。同时，被加热的空气减少了着火所需热量，强化了着火和燃烧过程，减少了燃料燃烧的不完全燃烧热损失，使锅炉效率进一步得到提高。

回转式空气预热器的漏风主要包括携带漏风和密封漏风两种。其中携带漏风量较少，一般不会超过总风量的 1%，主要漏风则是密封漏风。这主要取决于密封装置是否严密以及烟气侧和空气侧的压差。设计和安装良好的回转式空气预热器，其密封漏风量一般为 8%~10%，质量较差时，最高可达 20%~30%，这将引起送入炉膛的风量不足，严重时将使锅炉出力下降。同时，机械未完全燃烧热损失和化学不完全燃烧热损失增加，使锅炉效率下降。由于供氧不足，还会形成还原性气氛，使灰渣熔点下降，严重时，会引起炉膛结渣及高

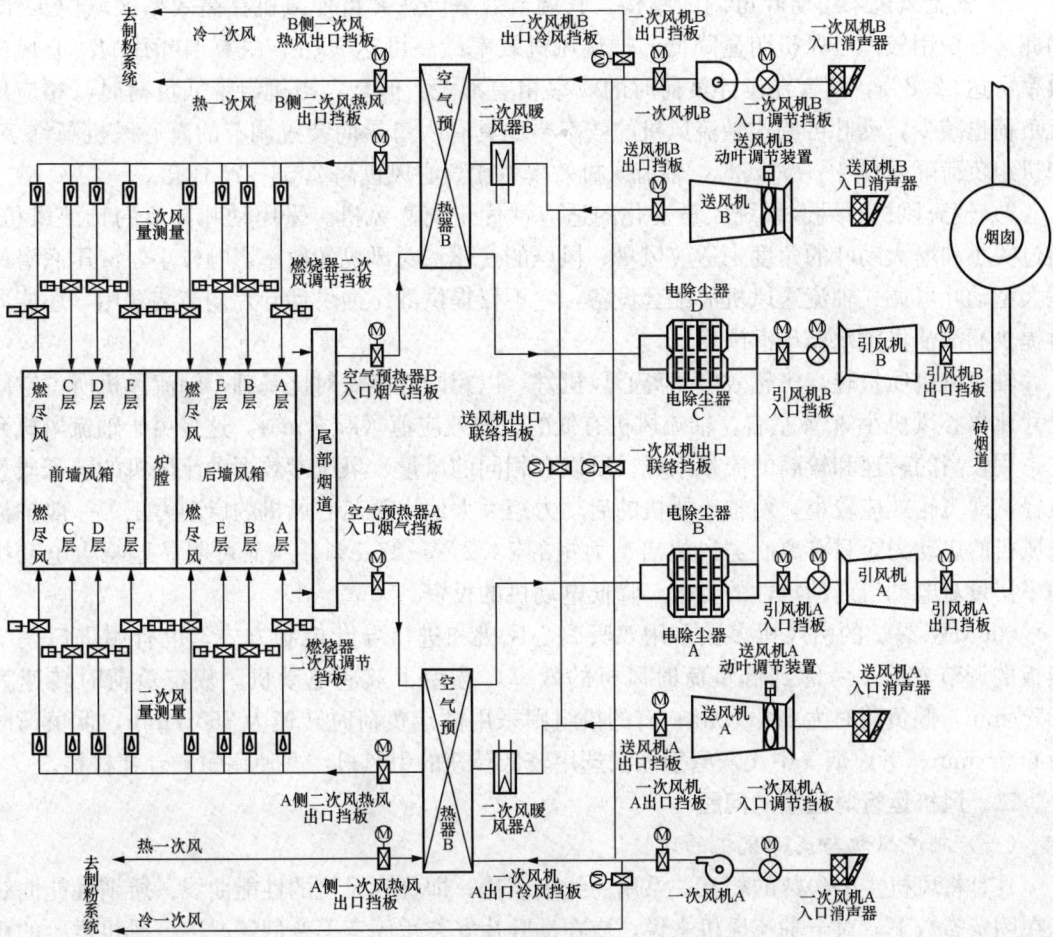

图 2 - 22 锅炉风烟系统

温腐蚀。漏风量增加，还会使送风机和引风机的电耗增大，同时造成排烟热损失增加，使锅炉热效率降低。为减少漏风，回转式空气预热器均装有密封装置。

空气预热器的低温腐蚀是指烟气中的水蒸气和硫酸蒸气进入低温受热面时，与温度较低的受热面金属接触，并可能发生凝结而对金属壁面造成的腐蚀。管壁温度较低的管式空气预热器的低温段和金属温度较低的回转式空气预热器的冷端，均是容易发生低温腐蚀的部位。空气预热器低温腐蚀，将使管壁穿孔，使大量空气漏入烟气中，造成送风量不足、炉内不完全燃烧热损失增加、锅炉热效率降低。

（2）风机。风机是发电厂锅炉设备中重要辅机之一，在锅炉上的应用主要是送风机、引风机和一次风机等。离心风机具有结构简单、运行可靠、制造成本较低，效率较高、噪声小、抗腐蚀性能较好的特点，采用空心机翼型后弯叶片，其效率高达 85%～92%。但是随着锅炉单机容量的增大，离心风机的容量将受到叶轮材料强度的限制，离心风机过大的尺寸，会给制造、运行等方面带来一定的困难。大容量离心风机也采用双吸双速离心风机技术。

轴流风机与离心风机比较有以下主要的特点：

1) 轴流风机采用动叶可调的结构，其调节效率高，并可使风机在高效率区域内工作，因此运行费用较离心风机明显降低。轴流风机效率最高可达 90%，机翼型叶片的离心风机效率可达 92.8%，两者在设计负荷时的效率相差不大。但是，当机组带低负荷时，相应风机负荷也减少，动叶可调式轴流风机的效率要比具有入口导向装置调节的离心风机高许多；当机组负荷降至 54%～50% 时，轴流风机效率将比离心风机高 2.53～2.81 倍。

2) 轴流风机对风道系统风量变化的适应性优于离心风机。采用动叶调节的轴流风机，通过关小和增大动叶的角度来适应风量、风压的变化，对风机的效率影响较小。液压润滑站是大型动叶可调式轴流送风机的配套设备，它不仅提供液压油供动叶片调节装置用，还能同时提供润滑油供轴承循环润滑用。

轴流风机质量轻，飞轮效应比离心风机好。以相同性能做对比基础，轴流风机所占空间尺寸比离心风机小 30% 左右。轴流风机有低的飞轮效应值（kg·m²），这是由于轴流风机允许采用较高的转速和较高的流量系数。所以在相同的风量、风压参数下轴流风机的转子质量较轻，即飞轮效应较小，使轴流风机的启动力矩大大地小于离心风机的启动力矩。一般轴流送风机的启动力矩只有离心送风机启动力矩的 14.2%～27.8%，从而可明显地减少电动机功率裕量对电动机启动特性的要求，降低电动机的投资。

600MW 锅炉的引风机多数采用双吸离心风机和进口导叶控制方式，也有用进口调节挡板的调节方式。考虑到低负荷时风机的效率，选用了双速电动机。额定负荷时转速为 735r/min，低负荷时为 585r/min；有的机组则采用额定负荷时转速为 750r/min，低负荷时为 660r/min。考虑烟气中飞灰磨损因素选用较低转速的引风机，并使用耐磨合金材料。

二、风机运行时注意的问题

（一）轴流风机与离心风机的比较

凡是将风机主要参数的相互关系用曲线来表达，即称为风机的性能曲线。所谓性能曲线是在固定转数下，对于轴流风机来说，应在动叶片安装角固定不变的情况下，风机供给的压头 H、所需功率 P、效率 η 与流量 Q 之间的关系曲线，用 Q-H、Q-P、Q-η 表示，Q-H 性能曲线最重要。如图 2-23 所示为轴流风机性能曲线的一般形状。

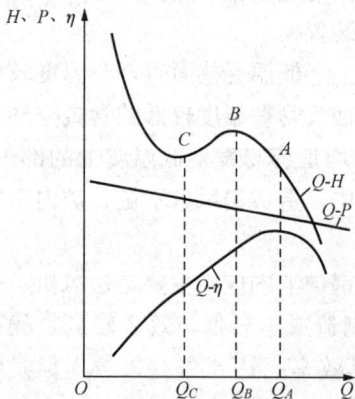

图 2-23 中 Q-H 性能曲线具有马鞍形，对应于最高效率的曲线上工况点 A 是最佳工作点。在 Q-H 曲线上，当流量由最佳工作流量 Q_A 逐渐减少时，压头逐渐增加，若流量减少到 Q_B 时，压头增加到转折点 B 相应的值，即 $Q_A > Q_B$ 的区段的 Q-H 性能曲线是风机能安全稳定工作的区域。

1. 轴流风机性能曲线特点

(1) 功率随流量的增大而减小，空载时功率最大。因此严禁空载启动，轴流风机启动时进、出口门应保持全开。

图 2-23　轴流风机性能曲线

(2) 风压曲线较陡，即风压变化较大时，流量变化不大。

(3) 改变动叶片安装角度能改变风机的性能曲线，能达到调节风量的目的，效率曲线也随之变化。

(4) 轴流风机严禁在马鞍形不稳定失速区运行。

2. 离心风机性能曲线特点

(1) 功率随流量的增加而增加，为避免电动机过载，应关闭风门启动。后弯叶片离心风机的 Q-P 曲线较平坦，流量变化时电动机不易过载。

(2) 高效率区域较宽，曲线较平坦，额定负荷工况区效率高。

(3) 采用高效风机配入口导叶调节可获得较高效率，后弯叶片离心风机效率高达 90% 以上。

动叶可调轴流风机的效率曲线几乎与锅炉阻力曲线平行，风机高效率运行范围较大。进口导叶可调式离心风机的等效率曲线垂直于锅炉阻力曲线，离心风机在低负荷时的运行效率明显低于轴流风机，合理选择轴流风机可以使锅炉设计工况在特性曲线场中位置高于最高效率范围，从而使风机的主要运行点处于最佳效率范围。

(二) 旋转失速与喘振

轴流风机性能曲线的左半部有个马鞍形的区域，在此区段内运行有时会出现流量大幅度脉动等不正常工况，一般称为喘振，这一不稳定工况区称为喘振区。实际上，喘振仅仅是不稳定工况区内可能遇到的现象，而在该区域内必然要出现不正常的空气动力工况，即旋转脱流或称旋转失速。在运行中失速有以下症状：

(1) 风机噪声增大；

(2) 风机附近有脉动气流；

(3) 风机振动失常。

上述两种不正常工况是不同的，但是它们又有一定的关系。为了防止风机在失速区运行，ASN 型动叶可调轴流风机装有失速探针。当风机在失速区域运行时，通过失速探针测出风机叶片进口处压力差输入到压力开关，使报警器发生警报，因此运行人员能及时调整风机运行状态，使风机避开失速区运行。

(三) 风机并联运行的不稳定工况

图 2-24 所示为两台性能相同的轴流风机的性能曲线（曲线 I、II），曲线 III 为两台轴流风机并联运行时的性能曲线。根据并联工况的特点，在同一全压下流量相加的原则，轴流风机 S 形区段（驼峰形区段）成为曲线 III 的∞形区域。风机如果在∞形区域内

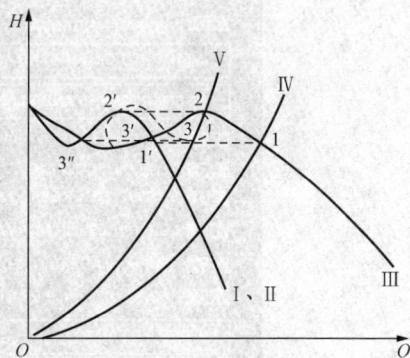

图 2-24 两台性能相同的轴流风机的性能曲线

运行，便会出现一台轴流风机的流量很大，而另一台轴流风机的流量很小的情况。这样两台轴流风机不能稳定地并联运行，出现了所谓的"抢风"现象。

为避免这种现象，锅炉送风机、引风机在点火或低负荷运行时，可以单台风机运行满足负荷的需要，尽量避免两台轴流风机并联运行。待单台风机不能满足锅炉负荷需要时，再启动另一台风机，使之并联运行。

三、锅炉风烟系统顺序控制系统

风烟系统启动（SCS 功能）顺序为空气预热器功能子组→引风机功能子组→送风机功能子组。

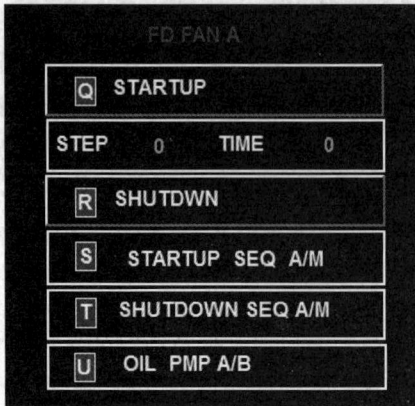

图 2-25 送风机顺序控制主画面

某电厂 300MW 机组采用 INFI90 控制系统，其顺序控制系统的画面分为两类：一类是主画面（如图 2-25 所示），显示所控制的系统的流程、系统中各个设备的状态；另一类是启动、停止帮助画面（如图 2-26 所示），显示顺序控制指令的完成情况、正在进行的步骤及每一步各个任务是否完成。已经完成的对应的提示信息前面的状态会变红，并显示"YES"；未完成的，则显示"NO"。

顺序控制启动"自动/手动"选择（Q）与顺序控制停止"自动/手动"选择（R）的作用是通知计算机，启动、停止（或开、关）有关设备时，是接受 SCS 发出的指令，还是接受运行人员通过 OIS 站发出的指令。选择"自动"后，执行设备将只接受 SCS 发出的指令；选择"手动"后，执行设备将只接受运行人员发出的直接控制某设备的指令。当然，系统逻辑保护发出的控制指令，不论在"自动"还是"手动"方式，均无条件地执行，原因是它的优先级最高。

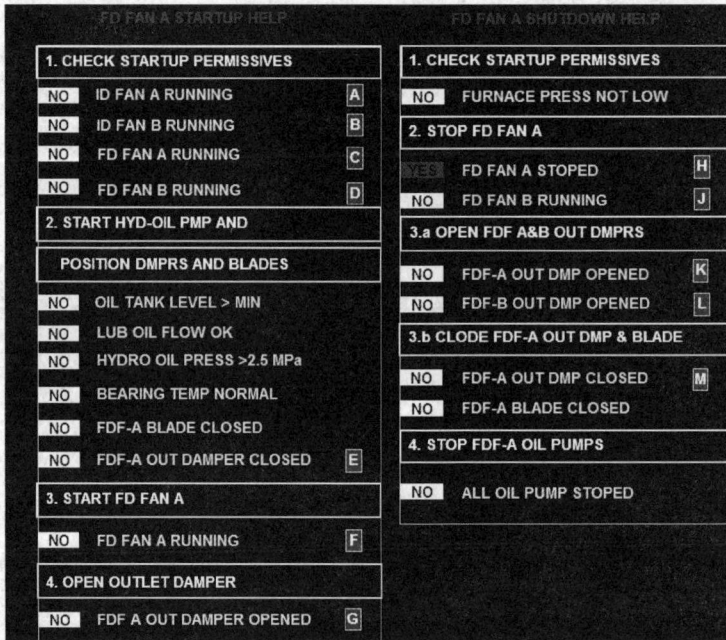

图 2-26 送风机启动、停止帮助画面

正常情况下满足允许选择自动的条件，右下角 RCM 小窗口会出现允许选择自动的"SP"字符。在 SCS 计算机故障，或者上一次曾试图用顺序控制启动系统，由于各种原因而失败后，不允许选择"自动"。若是计算机故障，则需要热工人员进行维修；若是上一次顺序控制启动失败，则需要把顺序控制启动"进行/撤销"选择到"撤销"，也就是把上一次的顺序控制启动"进行"指令复位，复位后，选择"自动"的条件就满足了。如果原来处在"自动"，按下"手动"后，系统将切换到手动状态。由自动状态切换到手动状态是无限制条件的。

顺序控制启动"进行/撤销"选择（S）与顺序控制停止"进行/撤销"选择（T）屏幕右下角弹出 MSDD 类小窗口。窗口显示的信息有顺序控制启动"自动/手动"的状态，顺序控制启动过程是否正在进行、是否完成、是否已失败。如果显示处在自动状态，顺序控制启动又在撤销位置，SCS 就会按照系统设计的步骤发出相应的控制指令，一步一步地进行设备的控制。同时，右上角的步骤（STEP）小窗口显示正在进行的第几步控制的步数；时间（TIME）小窗口显示按照每一步所需时间而整定的倒计时时间。如果某一步的倒计时已到零，而这一步的任务还未完成，说明设备或 SCS 计算机有故障，将发出顺序控制启动失败的信号，同时，顺序控制启动"自动/手动"方式将自动切换到手动状态。完成所有的步数，顺序控制启动过程结束，顺序控制启动"自动/手动"状态自动切换到"手动"状态。如果在顺序控制启动进行过程中，把顺序控制启动进行的命令撤销（顺序控制启动的 MSDD 小窗口中"OFF"指令），顺序控制启动过程将马上停止，SCS 计算机不再发出后面的指令，但"自动/手动"状态不会自己改变。只有顺序控制启动过程"完成"和"失败"的信号，才能使"自动/手动"自己切换到"手动"。

【任务实施】

填写"风烟系统启动"任务操作票，在仿真机上完成锅炉风烟系统的启动，调整炉膛压力和风量至炉膛吹扫的要求，为后续锅炉点火、升温升压奠定基础。

一、实训准备

（1）查阅《仿真机组的运行规程》，以运行小组为单位填写"风烟系统启动"任务操作票，并确认。

（2）明确职责权限。

1）机组锅炉风烟系统启动方案、操作票编写由组长负责。

2）机组锅炉风烟系统的启动操作由运行值班员实施，并做好记录，确保记录真实、准确、工整。

3）组长对操作过程进行安全监护。

（3）熟悉火电机组仿真机 DCS 站、就地站的操作和控制方法。

（4）恢复仿真机初始条件为"机组公用系统启动完毕"，熟悉机组运行状态。

二、实训案例

风烟系统投运时先启动两台空气预热器，使风烟系统通道畅通。所谓风烟系统通道，就是从送风机入口到空气预热器二次风入口、从空气预热器热风出口到燃烧器风箱、从炉膛到尾部烟道、从空气预热器烟气入口到引风机入口、从引风机出口到烟囱的整个风、烟路径。空气通道畅通，意味着空气预热器的热风出口和烟气入口挡板、燃烧器二次风挡板必须开启，且有一台送风机的出口挡板、入口挡板（或动叶）是开启的。

为保证炉膛负压，一般先启动一台引风机，然后启动一台送风机。第二台引风机和第二台送风机可以在第一组送风机、引风机之后启动，从节约厂用电考虑，也可以在机组并列带负荷到一定程度后先、后启动。轴流风机采用调整动叶片安装角度的方法来改变送、引风量，叶片安装角度是通过电动执行器的位置来变动的。这种风机在较大流量范围内可以保持较高的效率，然而在一定的安装角下，风机的流量越小，功耗就越大，因此原则上不应空载启动风机，在启动时应关闭动叶（安装角减小），切断风道，但出、入口挡板是全开的。对于离心风机，为了避免启动时负载过重，在风机启动前，其出、入口挡板应是全关的，在风机启动后再开启出、入口挡板，当风机停止后要关闭这些挡板。

风烟系统的运行不论手动还是自动方式均应满足 SCS 顺序控制系统要求。

风烟系统启动前，要先检查空气预热器密封装置、冷却水、送风机的油站、引风机的油站、冷却回路正常运行。炉底密封水也要在风机启动前投入。

1. 空气预热器运行

（1）空气预热器启动。

1）启动空气预热器上、下轴承油循环系统，启动辅助电动机运行，检查辅助电动机电流正常。

2）开启一次风、二次风、烟气入口挡板。

3）启动主电动机运行，电流正常。

4）检查辅助电动机自停止，将辅助电动机联锁投入。

（2）空气预热器停运。

停炉后空气预热器的正常停用操作，应在排烟温度降至 80℃时方可进行。停用最后一台空气预热器前，应先检查所有的送风机、引风机、一次风机均已停用。

1）将电动盘车退出自启动状态，将漏风控制装置完全回复位置，停用漏风控制装置。

2）停止空气预热器主电动机，观察空气预热器停止转动。

3）检查风门、挡板应联动正常，并按规定停空气预热器的上、下轴承油循环系统。

（3）空气预热器正常运行及维护。

1）检查各轴承油温正常，支持轴承油温不超过 70℃，导向轴承油温不超过 80℃。

2）就地检查转子运行平稳、无摩擦，电动机电流在正常范围内。

3）定时对空气预热器进行吹灰。

4）监视空气预热器出口烟气温度、风温，防止空气预热器发生再燃烧。

2. 引风机运行

（1）引风机启动。

1）启动引风机轴承及电动机润滑油系统，检查引风机启动条件满足。

2）对于动叶调节式轴流风机，应检查液压油系统已投入，且运行正常。

3）对于离心风机，关闭入口、出口导叶；对于动叶调节轴流风机，则应开启进、出口挡板，关闭风机的动叶，其目的是为了降低风机电动机的启动电流。

4）启动引风机，待电流恢复正常后释放动叶，开启引风机出、入口门。

（2）引风机停运。锅炉正常运行中，当并联运行的两台风机因故需停运一台时，应先将机组的负荷减至 50%，开启有关连通风门将需停运风机的负荷转到另一台风机上，当风机负荷降至最低时便可停用该风机。离心风机停用前应先关闭进、出口门，应在风机停运后再关闭轴流风机进、出口门，以使风机停用时的负荷最小并防止发生通过停用风机大量漏风的现象。

停运步骤如下：

1）检查风机负荷在最小值。

2）停用引风机，关闭进、出口门。

3）根据情况停引风机润滑油系统。

（3）引风机运行及维护。

1）两台引风机动叶调节应尽量维持平衡以防止风机喘振。

2）任一台引风机动叶自动调节故障时，应迅速切为手动运行，调节至正常。

3）引风机轴承振动值小于 0.12mm。

4）引风机轴承金属温度小于 90℃。

5）液压润滑油站油箱油位正常，油温、油压正常。

6）引风机启动时，应在电流降下来后，开启进口、出口挡板和动叶。

7）送风机、引风机的跳闸条件见表 2-1。

表 2-1　　　　　　　　　　送风机、引风机的跳闸条件

	送风机跳闸条件		引风机跳闸条件
1	送风机轴承温度＞110℃	1	电动机润滑油压＜0.05MPa
2	送风机电动机定子绕组温度＞110℃	2	电动机绕组温度高二值
3	送风机电动机轴承温度为 110℃	3	风机轴承温度＞110℃
4	送风机失速超过 100s 且送风机动叶开度大于 25°	4	风机轴承回油温度＞80℃
5	送风机喘振超过 15s	5	风机喘振，延时 15s
6	锅炉总联锁投入时，两台引风机跳闸	6	锅炉总联锁投入时，两台空气预热器跳闸
7	电气保护动作	7	电气保护动作

（4）锅炉的引风机、送风机及一次风机一般均采用两台风机并联运行的方式。风机并列的启动运行方法如下：

1）确认待并风机满足启动条件。

2）启动待并风机，确认电流正常，出风门自动开启。

3）缓慢开大待并风机动叶，同时关小另一台风机动叶开度，使两台风机风量、风压一致，并列完毕。

3. 送风机运行

送风机启动、停止和引风机相似，只是为满足 SCS 顺序控制系统要求，送风机后于引风机启动，而先于引风机停用。

（1）送风机启动。

1）启动送风机润滑油系统，检查送风机启动条件满足。

2）启动送风机运行。

3）同时调整送风机、引风机动叶开度，控制炉膛负压在正常范围内，根据负荷控制风量在所需要范围内。

（2）送风机停用。

1）检查风机负荷在最小值。

2）停用送风机，关闭进、出口门。

3）根据情况停送风机润滑油系统。

（3）送风机运行及维护。

1）两台送风机入口动叶调节应尽量维持平衡以防止风机喘振。

2）任一台送风机入口动叶自动调节故障时，应迅速切为手动运行，调节至正常。

3）送风机轴承振动值小于 0.15mm。

4）送风机轴承温度小于 70℃，电动机轴承温度小于 80℃。

5）液压油站油箱油位正常，油温、油压正常。

6）送风机的跳闸条件见表 2-1。

三、实训报告要求

（1）填写"风烟系统运行"项目任务书。

（2）绘制风烟系统图，并标注系统主要设备及运行参数。

（3）记录风烟系统启动过程中所遇到的问题、解决方法和体会。

复习思考

（1）锅炉风烟系统包括哪些设备？运行中要注意哪些问题？

（2）锅炉顺序控制系统的功能是什么？

项目3

亚临界压力机组（配汽包锅炉）整体启动

📁【项目描述】

通过本项目的学习，使学习人员掌握亚临界压力机组冷态启动全过程。在机组全冷态下完成机组启动前辅助系统的运行工作，进行锅炉吹扫点火及升温升压操作，当蒸汽参数符合汽轮机冲转要求时进行汽轮机冲转至同步转速，完成发电机的并列操作，机组带负荷，最后按升负荷曲线实施机组的滑参数启动全过程直至机组带满负荷。

👤【教学目标】

一、知识目标

（1）锅炉燃烧方式及燃烧控制系统。

（2）机组旁路控制系统。

（3）汽轮机仪表监视系统 TSI 及汽轮机数字电液调节系统 DEH 的功能。

（4）大型机组励磁系统的方式、特点以及发电机 - 变压器组的保护功能。

（5）机组升负荷过程中的运行控制。

（6）机组负荷控制方式及特点。

二、能力目标

（1）熟练掌握锅炉吹扫、点火操作。

（2）能根据升温升压及升负荷曲线调整锅炉燃烧，正确控制机组的主要参数。

（3）掌握汽轮机冲转、升速操作。

（4）完成发电机并列操作。

（5）掌握升负荷过程中主要操作：

1）主辅设备的切换；

2）厂用电的切换；

3）主燃料的投入。

（6）熟练操作控制系统，完成机组辅助系统各辅机的启停、系统参数调整等操作任务；正确填写机组冷态启动操作票，记录运行参数。

🛠【教学环境】

（1）能容纳一个教学班级的火电机组仿真实训室。

（2）多媒体教学系统。

（3）亚临界压力火电机组仿真系统若干套，以保证能实施小组教学（每组 3 或 4 人）。

（4）主讲教师 1 名，教、学、做一体实训指导教师 1 名。

任务1　锅炉吹扫、点火与升温升压

【教学目标】

一、知识目标

(1) 能够理解滑参数启动曲线。

(2) 熟悉锅炉炉膛安全监控系统任务、功能。

(3) 掌握燃油系统流程、任务和油燃烧器控制逻辑。

(4) 掌握升温升压过程中汽包热应力分析、水冷壁等受热面保护及相应参数控制依据和方法。

(5) 掌握锅炉5%旁路与汽轮机高、低压旁路系统的功能及控制。

二、能力目标

(1) 能完成炉膛吹扫和油泄漏试验，并能针对吹扫中断和试验失败等异常工况进行相应处理。

(2) 掌握锅炉点火允许条件、油点火条件。

(3) 能熟练完成锅炉不同方式的点火操作（燃油或等离子）。

(4) 能运用锅炉5%旁路和高、低压旁路系统配合锅炉燃烧控制实现升温升压过程。

(5) 能正确进行汽轮机暖管、暖阀操作。

【任务描述】

机组辅助系统运行后进行锅炉吹扫、点火及升温升压，为机组冲转做准备。

【任务准备】

一、任务导入

(1) 锅炉点火前吹扫的意义？

(2) 锅炉升温升压曲线的意义？如何控制升温升压过程？

(3) 机组旁路的作用有哪些？

二、任务分析及要求

(1) 能明确锅炉吹扫的意义，正确完成锅炉吹扫前的准备及吹扫。

(2) 能根据锅炉不同的燃烧系统完成锅炉点火操作。

(3) 能正确操控燃烧系统、旁路系统进行锅炉升温升压过程。

【相关知识】

一、锅炉的不同燃烧方式及特点

1. 采用直流燃烧器的切圆燃烧方式

切圆燃烧方式（如图3-1所示）可以实现空气分级供风、燃料分级燃烧，具有炉膛充满度好、扰动大、易燃尽、低负荷稳燃、低 NO_x 排放等一系列优点，是较多采用的一种燃烧方式。其基本原理是将煤粉（一次风）和二次风在炉膛四角与炉膛中心以假想切圆相切的方式喷入炉膛，实现煤粉的切圆燃烧。该类型的主要代表为美国 CE 公司的亚临界压力锅炉，该锅炉的燃烧器布置在炉膛四角，为四角布置切圆燃烧方式。每个角的燃烧器分八层布置。自下而上的 A、B、C、D 和 E 为煤粉层，每层对应有一套磨煤、给煤、送风、监控设备。AA、BC 和 DE 为三层燃油层。此外，还设置了辅助风、燃料风和燃尽风（FF）等。

2. 采用旋流喷燃器的前后墙对冲燃烧方式

前后墙对冲燃烧方式（如图 3-2 所示）是在炉膛的前后墙分别布置多层燃烧器，煤粉通过前后燃烧器喷入炉膛汇合形成对冲火焰，前后火焰相互得到支持，以利于煤粉着火、燃尽，在炉内有较好的充满度。所用的燃烧器一般选用双调风旋流低 NO_x 燃烧器，在燃烧器区域布置开式环行大风箱为燃烧器供风。前后墙对冲燃烧方式具有启动方便、煤种适应性强、良好的抗结焦抗高温腐蚀特性、燃烧稳定、NO_x 排放量低和不受机组容量限制等优点，它既可以用于燃烧优质烟煤的锅炉，也可用于燃烧贫煤、劣质烟煤等一系列燃料的锅炉。

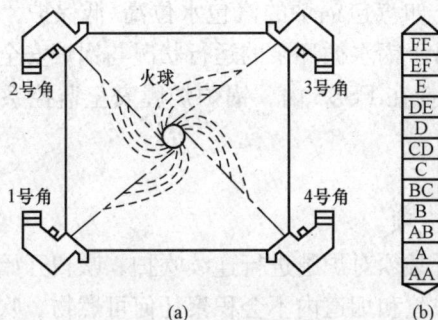

图 3-1 切圆燃烧方式
（a）燃烧器四角布置示意；（b）一个角的层布置示意

图 3-2 前后墙对
冲燃烧方式

对比切圆燃烧，前后墙对冲燃烧锅炉的单个燃烧器具有良好的燃料、空气分布，能够避免燃烧器区域结渣和腐蚀，只要最外排燃烧器距侧墙的距离足够，完全能避免火焰刷墙，而切圆燃烧在炉内形成旋转的火球，炉内气流的扰动极易发生火焰刷墙。

3. 采用旋流喷燃器的 W 形火焰燃烧方式

典型的 W 形火焰锅炉形式由下部的着火炉膛和上部的辐射炉膛构成，一般下部炉膛的深度比上部炉膛大 $80\% \sim 120\%$，前后凸出的炉顶构成炉顶拱，一次风煤粉气流和二次风从炉顶拱的燃烧器向下喷出，直到炉膛下部，然后 $180°$ 转弯向上流动，形成 W 形火焰，燃烧生成的烟气进入辐射炉膛，如图 3-3 所示。

W 形火焰燃烧方式特点：煤粉气流在炉内停留时间长，利于提高燃烧效率，适合低挥发分煤

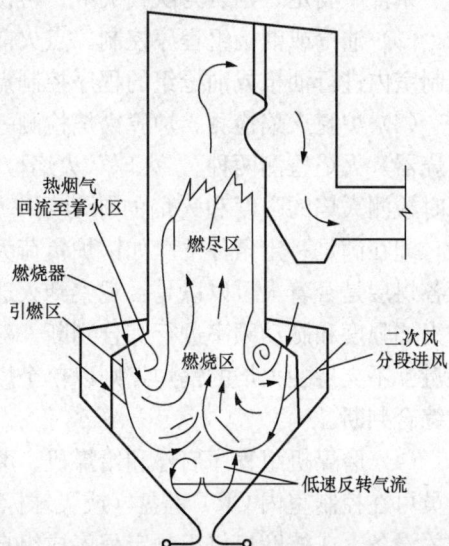

图 3-3 典型的 W 形火焰锅炉的炉内流场

的燃烧；着火区敷设燃烧带，无空气扰动，并有一部分烟气回流，利于燃料及时着火；宜于采用高浓度煤粉燃烧器以实现浓淡煤粉燃烧及分级送入二次风的分级燃烧方式，降低 NO_x 的排放量；燃烧过程只在着火炉膛中高温区完成，上部炉膛主要用于冷却烟气，因此炉膛高度主要由炉膛出口烟气温度决定，炉膛横截面布置比较灵活。火焰流向与水冷壁平行，无烟气冲刷炉墙结渣现象，火焰不旋转，炉膛烟气的速度场和温度场分布比较均匀，利于稳燃和减小过热器和再热器的温度偏差。

W 形火焰锅炉煤种适应性广，尤其适合无烟煤、劣质煤、水煤浆等燃尽时间长的煤种，且可根据燃煤的挥发分调节一次风煤粉浓度、热风温度，调整一、二、三次风的比例，扩大煤种的适应范围。燃用 $V_{daf}=10\%\sim13\%$ 的低挥发分煤时，其燃烧效率比切圆燃烧方式锅炉提高 $2\%\sim3\%$，以 350MW 燃用无烟煤机组计算每年可节约标准煤约 3 万 t。

二、锅炉炉膛安全监控系统

锅炉炉膛安全监控系统（furnace safeguard supervisory system，FSSS）是大型火电机组自动保护和自动控制系统的一个重要组成部分，其主要功能是保护锅炉炉膛的安全，避免发生爆炸事故，以及保护锅炉锅内工况，如汽包锅炉的汽包水位高/低保护、直流锅炉的断水保护等。对于采用强制循环的锅炉，由于锅水循环泵的运行状况与锅炉安全关系极大，所以一般将锅水循环泵的监视与启/停也包括在 FSSS 内。锅炉炉膛安全监控系统还对油、煤燃烧器进行遥控/程序控制等管理。

1. FSSS 的功能

FSSS 的主要功能大致可归纳为下列五项：

（1）炉膛吹扫。锅炉点火前和停炉后必须对炉膛进行连续吹扫。吹扫开始和吹扫过程中必须满足一定的吹扫条件，以保证锅炉炉膛和烟道内不会积聚任何可燃物。吹扫时必须切断进入炉膛的所有燃料源，并最少有 $30\%\sim40\%$ 额定空气量的通风量，吹扫时间应不少于 5min。在有油系统油泄漏检验功能时，计时是在油系统泄漏试验成功后开始的，以保证 5min 的炉膛吹扫是在不存在燃料泄漏的前提下进行的。在吹扫计时时期内，若吹扫条件中任一条件不满足，则认为吹扫失败，再次吹扫时需重新计时。

（2）油枪或油枪组程序控制。点火前吹扫完成后，炉膛具备了点火条件，运行人员可在控制室内进行油枪或油枪组的程序控制点火或停运。

（3）炉膛火焰检测。炉膛火焰检测一般分为"火球"火焰检测和单个燃烧器（油枪或煤燃烧器）火焰检测两种。"火球"火焰检测一般只检测火焰的强度，单个燃烧器火焰检测则同时检测火焰的强度和火焰的脉动频率。对于切圆燃烧锅炉，火球监视只是用于全炉膛监视，即在满足一定条件下（如锅炉负荷大于 20%），可以认为炉膛内的燃烧已形成火球。判断各煤层是否着火可以以是否观察到火球为标准。在点火阶段仍以单个燃烧器为基础，并根据火焰强度和脉动频率进行综合判断。对于旋流燃烧、前后墙对冲、前墙喷燃 W 形火焰等能量互不支持型火焰的锅炉，则以单个燃烧器火焰检测为主，并根据火焰强度和脉动频率进行综合判断。

（4）磨煤机组程序启停和给煤机、磨煤机保护逻辑。锅炉满足投煤粉许可条件时，运行人员可在控制室内 CRT 键盘（或飞球标、光笔、触屏）上按预定程序手动启停磨煤机组各有关设备，或按磨煤机组预定程序成组自动启停。给煤机、磨煤机是锅炉的重要辅机，其自身设备的安全也必须得到保护，因此设计有给煤机、磨煤机的启动、运行许可条件和保护逻辑。有关磨煤机组的启停控制参见任务4。

（5）主燃料跳闸（master fuel trip，MFT）是锅炉安全监控系统的主要组成部分，它连续地监视预先确定的各种安全运行条件是否满足，一旦出现可能危及锅炉安全运行的危险情况，就快速切断进入炉膛的燃料，以避免发生设备损坏事故，或者配合CCS（协调控制系统）的调节功能限制事故的进一步扩大，快速地使锅炉从全负荷或高负荷运行迅速退回到较低负荷运行（run back，RB）。

2. 炉膛吹扫控制

锅炉在点火启动前必须进行吹扫，以稀释或吹尽炉内可能存在的可燃混合物，防止点火时爆燃。吹扫开始和吹扫过程中必须满足一定的吹扫条件，吹扫条件应根据锅炉容量和制粉系统的形式确定。根据DLGJ 116—1993《火力发电厂锅炉炉膛安全监控系统设计技术规定》规定，炉膛吹扫条件见表3-1。

表3-1 锅炉炉膛吹扫条件（DLGJ 116—1993）

序号	吹扫条件	中间储仓式制粉系统（t/h）		直吹式制粉系统（t/h）	
		220～670	1000～2000	220～670	1000～2000
1	主燃料跳闸条件不存在	应	应	应	应
2	锅炉炉膛安全监控系统电源正常	应	应	应	应
3	至少一台送风机运行且相应送风挡板打开	应	应	应	应
4	至少一台引风机运行且相应引风挡板打开	应	应	应	应
5	至少一台回转式空气预热器运行且相应挡板未关	应	应	应	应
6	炉膛通风量在25%～30%额定风量范围内	宜	应	宜	应
7	总燃油（气）关断阀或快关阀关闭	应	应	应	应
8	全部燃油（气）关断阀或快关阀关闭	可	应	可	应
9	全部一次风机停运	应	应	应	应
10	全部排粉机停运	应	应	应	应
11	全部给煤机停运	应	应	应	应
12	汽包水位正常（达到规定的点火水位值）	应	应	应	应
13	"吹扫"手动指令启动	应	应	应	应

注 应—应采用；宜—宜采用；可—可采用。

3. 油枪控制

（1）四角切圆燃烧锅炉油枪程序控制程序。油枪控制可以分为油层控制（ELEV）、油角控制（CORNER）。系统接到该油层启动指令后，按照规定的逻辑进行时间和顺序的排列，向该层所属四个油角控制系统发出控制信号，控制每个油角按单支油枪的启动程序控制顺序完成启动过程。一般油层控制系统每隔15s向一个油角发出启动信号，油角的启动顺序是1号-3号-2号-4号对角启动。停运的顺序相同，但时间间隔比点火时长。

油角控制系统控制单支油枪的启动程序控制顺序为进油枪→吹扫油角阀→延时→进点火器→点火器打火→开油角阀→延时→停打火→退点火器→结束。如果油阀开启若干秒（如30s）内未见火焰，则认为点火失败，关闭油阀，自动进行油枪吹扫并退出油枪。

（2）前后墙对冲燃烧锅炉的油枪程序控制程序。前后墙对冲燃烧锅炉每只（煤）燃烧器都配有一只点火器（包括油枪和高能点火器），与一台磨煤机组有关的点火器分为前后墙对应于两个燃烧器组的两个点火器组。点火器必须以组（可以包含同层部分油枪或全部油枪）为单位进行启停，启动控制程序同油枪启动步骤，在程序执行中只要任一支油枪未检测到火焰，则为点火失败，关闭油阀，自动进行油枪吹扫并退出油枪。

启动点火器组的程序按上述 7 个步骤顺序进行，4 支油枪同步动作，程序每执行一步，需等其反馈信号（4 支油枪插入位置信号、雾化介质阀开关信号、吹扫阀开关信号、油阀开关信号）确认后，方可执行下一步程序，否则等待（延时）报警，点火失败。

4. 主燃料跳闸

（1）主燃料跳闸的条件。主燃料跳闸（MFT）是锅炉安全监控系统的主要组成部分，它连续地监视预先确定的各种安全运行条件是否满足，一旦出现可能危及锅炉安全运行的危险情况，便快速切断进入炉膛的燃料，以防止锅炉熄灭后爆燃，避免发生设备损害和人身伤亡事故，或者限制事故的进一步扩大。DLGJ 116—1993 规定 MFT 至少应满足的条件见表 3 - 2。

表 3 - 2　　　　　　　　　　主燃料跳闸条件（DLGJ 116—1993）

序号	主燃料跳闸条件	中间储仓式制粉系统		直吹式制粉系统	
		全炉膛灭火保护	单燃烧器灭火保护	全炉膛灭火保护	单燃烧器灭火保护
1	全炉膛火焰丧失	应	应	应	应
2	炉膛压力过高	应	应	应	应
3	炉膛压力过低	应	应	应	应
4	汽包水位过高	应	应	应	应
5	汽包水位过低	应	应	应	应
6	全部送风机跳闸	应	应	应	应
7	全部引风机跳闸	应	应	应	应
8	全部一次风机跳闸	应	应	应	应
9	全部锅水循环泵跳闸	应	应	应	应
10	直流锅炉给水丧失	应	应	应	应
11	单元机组汽轮机主汽门关闭或发电机跳闸	应	应	应	应
12	手动停炉指令	应	应	应	应
13	全部磨煤机跳闸且总燃油（气）关断阀或全部燃油（气）关断支阀关闭			应	应
14	全部给煤机跳闸且总燃油（气）关断阀或全部燃油（气）关断支阀关闭			应	应
15	全部给粉机跳闸且总燃油（气）关断阀或全部燃油（气）关断支阀关闭	应	应		
16	全部排粉机跳闸且总燃油（气）关断阀或全部燃油（气）关断支阀关闭	应	应		
17	再热器超温	可	可	可	可
18	风量小于额定风量的 25%～30%	可	宜	可	宜
19	角火焰丧失		可		可

注　应—应采用；宜—宜采用；可—可采用。

（2）主燃料跳闸后的锅炉联锁。MFT 信号产生后，即送往各执行机构，实现锅炉和机组的全面跳闸，具体如下：

1）MFT 信号送往制粉系统。

a. 跳闸全部给煤机；

b. 跳闸磨煤机及其辅助系统；

c. 跳闸两台一次风机；

d. 跳闸密封风机；

e. 关全部一次风关断门，关热风挡板和冷风挡板（冷风挡板关闭一定时间后，如 5min，再开启）。

2）MFT 信号送往燃油系统。

a. 关轻油、重油进油和回油跳闸阀；

b. 关全部油枪的油阀。

3）MFT 信号送往二次风系统。

a. 全部燃料风挡板开至最大（维持 30～60s）；

b. 全部辅助风挡板开至最大（维持 60s 左右），并将辅助风挡板控制切换到手动方式。

4）MFT 信号送往其他系统。

a. 跳闸两台电气除尘器；

b. 跳闸两台汽动给水泵；

c. 跳闸全部锅炉吹灰器；

d. 汽轮机跳闸；

e. 送往 CCS 系统；

f. 送往 DAS（数据采集）系统；

g. 送往辅助蒸汽控制系统。

5）MFT 与引风控制。为了防止内爆，在 MFT 发生同时，送一个超前信号给引风机控制系统，使炉膛熄火后炉膛压力不至于变得太低。引风机控制系统接到 MFT 动作的超前信号后，立即将引风机控制挡板关小到一给定开度，并保持数十秒钟后再释放到自动控制状态。

5. 油燃料跳闸

（1）油燃料跳闸（OFT）条件。

1）主燃料跳闸：MFT 继电器跳闸或任一 MFT 条件成立。

2）操作员手动跳闸：操作员在 CRT 上发出关闭油母管跳闸阀的指令。

3）燃油母管压力低低报警超过一定时间（2s），且仍有角阀处于打开状态。

4）燃油雾化压力低超过一定时间（2s），且仍有雾化阀处于打开状态。

5）油层灭火，油枪运行且油火焰丧失。

6）任一油角阀开，快关阀开关状态失去。

（2）当锅炉 OFT 发生后，联锁以下设备动作：

1）关闭所有油角阀。

2）关闭所有油枪的吹扫阀。

3）关闭燃油进油快关阀及调节阀。

4）关闭燃油回油电动阀。

5）关闭燃油雾化阀。

6）关闭燃油管路泄漏试验阀。

三、锅炉燃烧控制系统

协调控制系统中，主控系统的协调指挥作用由汽轮机、锅炉各子控制系统具体执行，才能最终完成整个系统的控制任务。锅炉侧最主要的子控制系统就是燃烧控制系统。单元机组的能量输入是靠燃料的及时供给和在炉膛内的良好燃烧来保证的。

1. 燃料控制系统

燃料控制系统的主要任务是控制进入锅炉炉膛的燃料量，以满足机组负荷需求。燃煤锅炉燃煤量的直接测量目前还未很好解决，同时煤质如发热量、挥发分、灰分、水分等也是个变量，很难在线检测。目前，常用的办法是采用热量信号间接代表进入炉膛的燃料量（包括油）。

2. 风量控制系统

保证燃料在炉膛中充分燃烧是风量控制系统的基本任务。在单元机组锅炉的送风系统中，一、二次风各用两台风机分别供给。一次风通过制粉系统并带煤粉入炉膛。一次风的控制涉及制粉系统和煤粉喷燃的要求，各台磨煤机的一次风量要根据各自磨煤机的工况分别控制。风量控制主要是二次风控制。

风量控制系统一般设计为串级控制系统，其设计构思是副调节器首先保持一定的风煤比，其次主调节器的氧量校正做精微的细调。为了保证锅炉燃烧的安全性，在机组增、减负荷时，要始终保证有充足的风量，保证一定的过量空气系数。负荷低于 30% 额定负荷时，为了能保证锅炉的安全燃烧，风量维持在 30% 以上。

为保证燃烧的安全和经济，需控制一定的过量空气系数 α，控制烟气含氧量可以达到控制过量空气系数的目的。氧量校正系统采用 PI 无差控制规律，保持氧量为给定值。氧量定值则应是锅炉负荷的函数，可用汽轮机第一级压力、主蒸汽流量或热量信号来代表锅炉负荷，选用适当的函数转换可保证氧量定值与负荷之间的最佳关系。由于燃料（煤量）控制系统和风量控制系统在升降负荷过程中能同步协调动作，氧量只起着细调的作用，所以氧量校正应该整定得较慢。

3. 炉膛压力控制系统

平衡通风式锅炉，通常是由两台引风机保持锅炉炉膛压力略低于外界大气压力（如 −100～−30Pa）。炉膛压力控制系统为带送风前馈的单级控制系统。为了提高炉膛压力控制系统的可靠性和调节品质，通常采用下列措施：

（1）以送风指令（送风机控制挡板位置）为前馈信号，使送风机、引风机协调动作。如参数调整适当，当外界负荷变动时，送风量和引风量按比例动作，基本上维持炉膛压力恒定，炉膛压力本身起细调作用。

（2）炉膛压力低（如小于 −1000Pa）或引风机进入喘振区（失速）时闭锁增；炉膛压力高（如大于 +1000Pa）时闭锁减。

（3）控制器设有一个死区，当炉膛压力偏离给定值的差值不超过死区范围时，控制器输出不变，执行器不动作，这就有效地消除了因炉膛压力经常波动而使执行机构频繁动作，提高了系统的稳定性和执行机构的使用寿命。

（4）对双速引风机，设计有高低速切换逻辑。

（5）防内爆功能。内爆的发生是当锅炉主燃料跳闸（MFT）时，由于熄火引起炉膛压力大幅度下降而引起的。为了防止这种情况的发生，用 MFT 动作信号引发一组逻辑动作，直接前馈到两台引风机的伺服机构，在 MFT 动作后，两台引风机调节挡板先自动向关的方向动作，直至两台引风机调节挡板的开度之和达到原先"记忆"的某一位置或时间已到某一定时（如 6s）；接着两台引风机的调节挡板再自动向开的方向动作，直至两台引风机调节挡板的开度之和达到原先"记忆"的某一位置或时间已到定时（如 20s），则引风机的一组防内爆逻辑动作结束。

4. 磨煤机控制系统

磨煤机控制系统包括磨煤机风量控制系统和磨煤机出口温度控制系统。由于磨煤机冷风、热风门的配置不同，因而有不同的风量和温度控制策略。当每台磨煤机配有冷风、热风调节风门和总风调节门时，用总风调节门控制磨煤机的风量，用冷风调节风门和热风调节风门共同（差动方式）控制磨煤机出口温度。由于冷风、热风调节风门是按比例差动的，因而对整个通风管道系统来说阻力未发生变化，总的风量维持不变。磨煤机风门配置对磨煤机风量和出口温度的控制相互之间是"解耦"的，控制系统易于调整；但对管道系统而言，增加了一个总风调节风门，不仅给管道布置带来一定的困难，还因增加了管道系统的阻力而增加了一次风机的电耗。

5. 一次风压力控制系统

一次风压力控制系统为一单回路调节系统，控制系统的测量值为一次风母管与炉膛的差压，设定值为锅炉负荷的函数。某 600MW 机组一次风母管与炉膛的差压与给煤机转速（最大）的关系曲线如图 3-4 所示。

6. 辅助风控制系统

辅助风控制系统以二次风风箱压力和炉膛压力的压差为被调量，风箱/炉膛压差的定值取为锅炉负荷的函数。辅助风控制系统为一单冲量多输出控制系统，控制系统输出同时控制各层的辅助风挡板。在运行时各层磨煤机的负荷可能各不相同，需要不同的配风，因此每层辅助风门都设有一个操作员偏置站。当油枪程序控制点火时，相应的辅助风门自动到"油枪点火"位置。某 300MW 机组的风箱/炉膛压差与负荷的函数如图 3-5 所示，其目的是为了保证高负荷时有足够的空气量，用较高的差压维持较高的风速，以便更好的燃烧，而在低负荷时炉内燃烧强度低，通过降低风速保证正常燃烧。

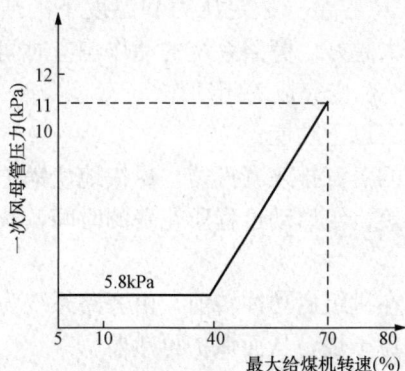

图 3-4　一次风母管与炉膛的差压与给
　　　　煤机转速（最大）的关系曲线

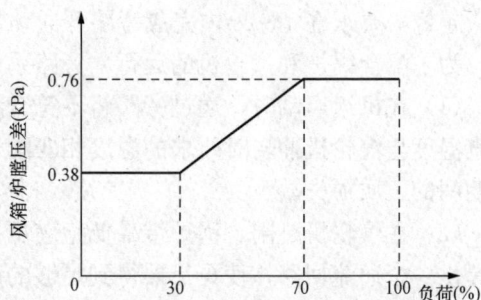

图 3-5　风箱/炉膛压差与负荷的函数

四、主蒸汽、再热蒸汽及旁路控制系统

1. 主蒸汽、再热蒸汽系统

主蒸汽系统是指从锅炉过热器联箱出口至汽轮机主汽门进口的主蒸汽管道、阀门、疏水管等设备、部件组成的工作系统。在主蒸汽管道的最低位置处，设置有疏水止回阀及相应的疏水管道，用于在汽轮机启动前暖管至10％额定负荷以前，以及汽轮机停机后及时进行疏水，避免因管内积水发生水击现象。对于设置有旁路的汽轮机组，其高压旁路管道也由主蒸汽管道（位于电动主汽阀及疏水管道上游）接出。

再热蒸汽系统包括冷段和热段两部分。再热冷段指从高压缸排汽至锅炉再热器进口联箱入口处的管道和阀门。对于采用中压缸启动的汽轮机组，在高压旁路管道至再热冷段的蒸汽管道之间，设置有管径小的（约50mm）连通管，启动时，在高压缸进汽前用来对高压缸排汽管（即再热冷段管道）进行暖管。此时，要特别注意对再热冷段可靠地进行疏水。此外，由于采用中压缸启动，启动过程中高压缸变成了"鼓风机"，有可能造成高压缸过热。为了避免高压缸过热，在其排汽管道与凝汽器之间设有连通管及相应的阀门，在启动过程中该管道开通，高压缸处于高真空状态，尽量减小鼓风损失。再热热段指锅炉再热器出口至中压联门前的蒸汽管道。在该段管道上，也应设有暖管和疏水管道，其疏水管道在20％额定负荷之前，应一直开通。在该段管道的中压联门前，接有通往凝汽器的低压旁路管道及相应的旁路阀门。

2. 旁路系统

在某些情况下，不允许蒸汽进入汽轮机。例如，当锅炉（刚点火不久）提供蒸汽的温度、过热度都比较低时，或运行中的汽轮机意外地失去负荷时，都不允许蒸汽进入汽轮机。在这些情况下，锅炉提供的蒸汽就可以（并非唯一）通过旁路系统加以处理（回收工质）。

大型再热凝汽式机组的旁路系统一般分为两级，即高压旁路和低压旁路。高压旁路（HP）为锅炉过热器出口蒸汽经减温减压后到再热器进口，高压旁路系统设置在进入汽轮机高压缸前的主蒸汽管道上，其容量的选择各不相同，30％、50％、60％、100％的额定负荷蒸汽流量均有；低压旁路（LP）为再热器出口蒸汽经减温减压后去凝汽器，低压旁路系统设置在进入汽轮机中压缸前的再热热段蒸汽管道上，其容量有50％、65％的额定负荷蒸汽流量。对于采用一次中间再热的机组，采用的旁路有一级大旁路系统和高、低压串联的两级旁路系统两种形式。有些机组设计配置有100％BMCR容量（额定压力和温度下的通流能力）的两级串联旁路系统。旁路的通流能力并不是越大越好。旁路系统的动作响应时间则是越快越好，要求在1～2s内完成旁路开通动作，在2～3s内完成关闭动作。

为了配合锅炉和汽轮机的运行，旁路系统一般具有以下功能：

（1）在机组启动时，通过旁路将不符合参数要求的蒸汽排入凝汽器，尽快地使锅炉出口蒸汽温度与汽轮机冲转时要求的温度相匹配，从而缩短机组启动过程所花费的时间，减少启动期间的工质损失。

（2）在汽轮机跳闸、锅炉带最低稳燃负荷运行或在机组启功冲转前，由旁路系统为再热器提供一个通流回路，使再热器得到足够的冷却，避免干烧，从而保护再热器。

（3）锅炉蒸汽压力过高时，减少对空排汽，避免锅炉超压并回收工质。

（4）配合汽轮机实现中压缸启动和带负荷，减小转子在启功过程中的热应力。

（5）在发电机甩负荷时，维持汽轮机空载运行或带厂用电运行，通过旁路将多余蒸汽排

入凝汽器，维持锅炉在最低负荷下稳定运行，以便外界故障消失后能及时带上负荷。

（6）在汽轮机跳闸后，将锅炉产生的多余蒸汽导入凝汽器，锅炉维持在最低负荷下稳定运行，以便汽轮机重新快速启动，实现停机不停炉的运行方式。

旁路控制系统的任务就是在旁路系统实现上述功能时能有效地控制主蒸汽压力、高压旁路出口蒸汽和低压旁路出口蒸汽的压力和温度。概括起来，通过旁路系统机组可以实现启动、溢流、安全三大功能。

3. 旁路控制系统

（1）高压旁路系统在下述情况下必须立即自动完成开通动作：

1）汽轮机组跳闸；

2）汽轮机组甩负荷；

3）锅炉过热器出口蒸汽压力超限；

4）锅炉过热器蒸汽升压率超限；

5）锅炉MFT动作。

（2）当发生下列任一情况时，高压旁路阀快速自动关闭（优先于开启信号）：

1）高压旁路阀后的蒸汽温度超限；

2）按下事故关闭按钮；

3）高压旁路阀的控制、执行机构失电。当高压旁路阀动作时，其减温水隔离阀、控制阀同步动作。

（3）低压旁路系统在下述情况下应立即自动完成开通动作：

1）汽轮机跳闸；

2）汽轮机甩负荷；

3）再热热段蒸汽压力超限。

（4）当发生下列任一情况时，低压旁路系统应立即关闭：

1）旁路阀后蒸汽压力超限；

2）低压旁路系统减温水压力太低；

3）凝汽器压力太高；

4）减温器出口的蒸汽温度太高；

5）按下事故关闭按钮。

当低压旁路阀开启或关闭时，其相应的减温水调节阀也随之开启或关闭（关闭略有延时）。

汽包起压时投入旁路系统。开启高、低压旁路喷水手动截门，将高、低压旁路压力、温度调节投入自动方式，利用高压旁路控制主蒸汽升压率以控制升压率。旁路系统投运时应注意高、低压旁路的排汽温度，当旁路减温水系统不正常时，应将减温水控制切为手动，以免喷水量剧烈波动时造成管道振动并出现水冲击。当凝汽器真空低、凝汽器排汽温度高时，闭锁旁路系统投运。

五、锅炉温差与热应力控制

1. 汽包

（1）上水过程中汽包的温差和热应力。汽包上水之前，汽包壁温度接近于环境温度，一定温度的给水进入汽包后，内壁温度升高，因汽包壁较厚（约100mm），外壁温升较内壁温升慢，从而形成内、外壁温差。机组冷态启动时，汽包进水为未饱和水，只有汽包水位以下部分内壁受热。此时，汽包下半部壁温高于上半部壁温。汽包内、外壁和上、下壁存在着温差，温度高的部位金属膨胀量大，温度低的部位金属膨胀量小，而汽包是一个整体，其各部位间无相对位移的自由，因而汽包内侧和下半部受到压缩热应力，外侧和上半部受到拉伸热应力，且温差越大，所产生的热应力也越大。最大温差与壁厚的平方及温升率成正比，因此，为了减小最大温差，以减小热应力，在设计时应设法减小壁厚；运行中应控制温升率。

锅炉运行规程对上水温度、上水时间都做出了明确要求。如某 1000t/h 亚临界压力自然循环汽包炉运行规程规定，上水温度 50～70℃，如给水温度高于汽包壁温 50℃以上，应控制给水流量为 30～60t/h。上水时，严格控制汽包任意两点间的壁温差不大于33.50℃。

（2）升压过程中汽包的温差和热应力。汽包上半部接触的是饱和蒸汽，其传热方式为凝结放热，表面传热系数要比下半部缓慢的对流传热大几倍，因此上半部壁温升高较快。当压力升高时，上半部壁温很快达到对应压力下的饱和温度，这样就使汽包上半部壁温高于下半部壁温，上半部受到压应力，下半部受到拉应力，使汽包产生拱背变形。上、下壁温差与升压速度有关，升压速度越快，上、下壁温差越大，且压力越低时越明显，主要是由于在低压时，压力升高对应的饱和温度上升较快的缘故。所以在升压过程中应严格控制升压速度，这是防止汽包温差过大的根本措施。由于在升压过程的初始阶段，水冷壁受热较弱，管内工质含汽量很少，所以水循环不正常；投入的油枪或燃烧器数量少，水冷壁受热不均匀性很大。通过正确选用和适当轮换点火油枪或燃烧器，可使水冷壁受热趋于均匀。加强下联箱放水，使受热较弱的水冷壁受热加快。在各水冷壁下联箱内设置邻炉蒸汽加热装置以促进水冷壁正常循环的建立。

（3）停炉时汽包壁温差。由于汽包内锅水压力对应的饱和温度下降，下汽包壁对锅水放热，使汽包壁得到较快的冷却，而上汽包壁与蒸汽接触，因为压力降低汽包内壁向蒸汽放热，在近壁面是一层带有过热度的蒸汽，放热系教小，金属冷却慢，所以仍会出现上壁温度大于下壁温度，形成温差。降压速度越快，温差越大。特别应注意当压力降到低值时将出现较大的温差。因此在低压时，更应注意严格控制降压速度，一般在最初的 4～8h 时间内应关闭锅炉各处挡板，避免大量冷空气进入，此后如有必要，可逐渐打开烟道挡板及炉膛各门、孔进行自然通风冷却，同时进行一次放水，促使内部水的流动，使各部分冷却均匀。在 8～10h 内如有必要加强冷却，可开启引风机通风，并可适当增加进水、放水次数。

2. 水冷壁及省煤器

锅炉正常运行时，水冷壁管外壁受到高温火焰的辐射，内壁被汽水混合物冷却。水冷壁管内、外壁温差与壁厚成正比，壁越厚，温差越大，热应力越大，一般水冷壁壁厚不宜超过6mm，当压力更高时，则不采用增加壁厚的方法而采用强度更高的材料制造水冷壁管。目前，大部分锅炉水冷壁均采用 15CrMo 或 15MnV 等低合金钢。

自然循环汽包锅炉在启动初期间断上水。停止给水时，省煤器内局部可能有水汽化，如蒸汽不流动，可能使局部管壁超温，再继续给水时，该处温度迅速下降，使管壁产生交变热应力。为保护省煤器，在启动初期应注意省煤器再循环的运行。自然循环锅炉绝大多数采用汽包与省煤器进口联箱连通的再循环管，形成经过省煤器的自然循环回路，起着当省煤器上部蛇形管中的水被蒸发产生气泡而连续补充省煤器进水量的作用，通过再循环管在点火期间保护省煤器。但当锅炉进水时，省煤器内水的温度波动较大，特别是点火的后期，由于锅水温度大大高于给水温度，因而波动更大。此种波动将在省煤器管壁内引起交变的热应力，对省煤器焊缝发生有害的影响。再循环门要根据锅炉是否进水来进行开、关操作，即在锅炉进水时，再循环门应关闭，否则给水将经再循环管短路进入汽包，省煤器又会因失去水的流动而得不到冷却。上水完毕后，关闭给水门的同时，应打开再循环门。

控制循环锅炉在点火升压期间依靠锅水循环泵对省煤器进行强迫循环，其循环水量大，省煤器保护可靠性好，再循环门不需要进行频繁的开、关操作。省煤器内的水温由于循环水量大，波动较小，减少了省煤器损坏的可能性。再循环阀在启动时开启，待省煤器连续给水时关闭。

3. 过热器及再热器

过热器、再热器是锅炉中主要部件之一，它的工质温度和管壁金属温度都是锅炉中最高的，在启动过程中过热器、再热器安全工作十分重要。它应满足两个要求：

（1）过热蒸汽温度、再热蒸汽温度应符合汽轮机冲转、升速、并网、升负荷等要求；

（2）过热器、再热器管壁不超过其使用材料的许用温度，联箱、管子等不产生过大的周期性热应力，以增加过热器、再热器使用寿命。

锅炉正常运行时，过热器被高速蒸汽冷却，管壁金属温度与蒸汽温度相差无几。但在启动过程中，部分立式过热器管内一般都有凝结水或水压试验后留下的积水，点火以后，积水将逐渐被蒸发，或被蒸汽流所排除。但在积水全部被蒸发或排除以前，某些管内没有蒸汽流过，管壁金属温度近于烟气温度。即使过热器内已完全没有积水，若蒸汽流量很小，管壁金属温度仍比较接近烟气温度。

为了对过热器进行暖管疏通，在启动开始时，过热器出口集汽联箱疏水阀开启，压力升至一定值时开主汽门前疏水，关过热器出口集汽联箱的疏水，以对主蒸汽管进行暖管。对于壁式过热器如包覆管等，可利用底部联箱上的疏水阀把积水疏尽。对于环形联箱疏水阀、水平烟道包覆下联箱疏水阀、壁式再热器进口疏水阀等都是 100% 开足以利疏水。环形联箱及水平烟道包覆疏水阀在升压至一定压力时可关小，待汽轮机冲转时关至 0。壁式再热器进口疏水门待启压时关闭。

具有中间再热器的锅炉在启动时，再热器的安全主要与旁路系统的形式，再热器受热面所处的烟气温度、启动方式（主要指汽轮机冲转的蒸汽参数）以及再热器所用的钢材性能有关。对于采用串联布置的二级旁路系统的再热机组，在启动期间，有蒸汽通过高压旁路流入再热器，然后经低压旁路流入凝汽器，因而使再热器得到一定的冷却。再热器的安全还与冲转参数有密切关系，若冲转参数较低，则冲转前再热器前的烟气温度较低，对再热器安全有利；若冲转参数高，冲转前再热器前的烟气温度较高，对再热器安全不利。对于采用高、低压两级旁路系统的机组，启动开始时高压旁路开启，用锅炉自身蒸汽对再热器进行冷却。但由于启动初期蒸汽流量小，冷却管壁能力差，部分控制循环锅炉的再热器采用高温布置（布置于炉膛出口），受热强烈。所以在点火及升压初期，仍采用控制炉膛出口烟气温度的方法保证再热器不超温，直至汽轮发电机组并列，通过再热器的流量增加，才考虑退出炉膛出口烟气温度探针。因此一般规定当锅炉蒸发量小于 10% 额定值时，要投入炉膛出口烟气温度探枪自动，限制过热器、再热器入口烟气温度。控制烟气温度的方法主要是限制燃烧率（控制燃料）或调整火焰中心的位置（控制炉膛出口温度）。对于单级大旁路系统或 5% 小旁路，冲转前因高压缸无排汽，再热器内没有蒸汽流过，这时应严格控制再热器前烟气温度。同时，冲转参数也宜选得低些。

【任务实施】

填写"锅炉吹扫、点火及升温升压"任务操作票，并在火电机组仿真机上完成上述任务，为汽轮机冲转做准备。实训过程中及时记录机组运行参数。

一、实训准备

（1）查阅《仿真机组的运行规程》，以运行小组为单位填写锅炉吹扫、点火及升温升压任务操作票，并确认。

（2）熟悉火电机组仿真机 DCS 站、就地站的操作和控制方法。

（3）恢复火电机组仿真机初始条件为"机组辅助系统启动完毕"，确认机组运行状态。

二、实训方案

1. 锅炉点火前的吹扫

锅炉点火前，应打开所有风、烟道挡板及阀门，保持 30%～40% 额定风量进行连续吹扫 5min。只有吹扫完毕，锅炉主燃料跳闸信号才能自动复位，否则锅炉点火允许条件不能建立。

炉膛吹扫完成是锅炉点火的先决条件，如果满足炉膛点火先决条件，即可进行点火。单元机组锅炉点火许可条件如下：

（1）锅炉跳闸信号解除（吹扫完成）。

（2）燃油跳闸阀打开。

（3）燃油压力正常。

（4）燃油温度正常。

（5）雾化蒸汽压力正常。

（6）火焰检测器冷却风系统压力正常。

（7）燃烧器在水平位置。

（8）空气量介于 30%～40% 额定风量。

"允许点火"信号发出之后，锅炉正式进入点火状态，FSSS 开始进行点火控制。

2. 锅炉点火

大容量机组一般采用以下点火方式：

（1）二级点火方式。用高能点火器直接点燃轻油燃烧器，油燃烧器产生的能量点燃煤燃烧器，燃油作为启动到 20% 左右额定负荷的燃料，也作为低负荷助燃稳燃用。

（2）三级点火方式。轻油作为启动和 20% 额定负荷及助燃稳燃的燃料，由于燃油价格较高，使机组启动运行的成本提高。为了得到较好的经济性，可采用高能点火器点燃轻油点火器，由轻油点火器点燃重油点火器，再由重油点火器点燃煤粉燃烧器的方法。

（3）微油点火方式。对于旋流燃烧器前后墙对冲燃烧系统一般使用点火油枪和启动油枪。点火油枪主要用于点燃煤粉燃烧器及启动油枪，当煤粉燃烧器出现燃烧恶化时维持燃烧稳定。在切停启动油枪、煤粉燃烧器和磨煤机时应先投入点火油枪，以利于把吹扫出的残油、残粉燃尽。启动油枪容量比点火油枪大，主要用于暖炉、暖管及维持一定的锅炉负荷。在启动油枪投运过程中，不允许油煤同轴燃烧运行方式，即同一燃烧器不能同时投启动油枪和煤粉。

锅炉点火按自下而上的原则，先投入下层点火油枪，最初投入时不少于2只，以防熄火。对四角布置燃烧器，先点燃对角两支油枪，并定期轮换，使炉内热负荷均匀，减小烟道两侧烟气温差。

轻油或重油投运后，炉温逐渐升高，为防止锅炉尾部受热面烧损，要求锅炉在纯烧油工况下烟气中碳的浓度不大于 $50mg/m^3$，不允许出现油枪漏油、滴油、水冷壁挂油、排渣系统带油等现象。对煤粉炉，为使煤粉能稳定着火燃烧，要求炉内具有一定热负荷（有相应轻油量、重油量），一般要求锅炉具有 $20\%\sim30\%$ 以上的额定负荷、热风温度达到200℃以上，才允许投运煤粉燃烧器。如果发生炉膛熄火或投粉5s不能引燃，应立即切断向炉内供应的一切燃料，并按点火前要求对炉膛进行重新吹扫，以防发生炉内爆燃。

（4）等离子点火。以空气为载体的等离子发生器，在一定输出电流条件下，当阴极缓缓离开阳极时产生电弧，电弧在线圈磁场作用下被拉出喷管外部。压缩空气在电弧的作用下，被电离为高温等离子体，该等离子体在点火燃烧器中形成 $T>4000K$ 的温度梯度极大的局部高温火核，煤粉颗粒通过该等离子体火核时，在千分之一秒内迅速释放出挥发物，并使煤粉颗粒破裂粉碎再造挥发分从而迅速燃烧，这些剧烈燃烧的煤粉又要在瞬间点燃其他煤粉，为使燃烧器内顺利完成持续稳定的点火和燃烧过程，同时又要保证内燃式等离子燃烧器不被烧损，采用逐级点火、分级内燃、气膜冷却技术。由于反应是在气固两相流中进行，高温等离子体混合物发生了一系列物理化学变化，从而使煤粉的燃烧速度加快，达到点火并加速煤粉燃烧的目的，大大减少了促使煤粉燃烧所需的引燃能量，实现无油点火方式。

为了获得煤粉点火的最佳浓度，根据制粉系统一次风煤粉浓度及现场一次风管道的具体情况，可分别采用叶栅、撞击块或导流板等方式浓缩煤粉，使之达到点燃煤粉的最佳煤粉浓度。按煤质的情况，尽可能使煤粉细度、一次风气流速度和一次风温度也在所要求范围之内，满足条件的一次风粉进入点火区，浓煤粉经过高温的等离子体被点燃，在燃烧器内部燃烧。淡煤粉流经高温套筒的外壁，对其起到冷却的作用，在"环形缩口"的作用下被浓缩，并被已燃烧的火炬点燃，进入混合燃烧，完成逐级点火分级燃烧的过程。

等离子发生器启动的允许条件包括：

1）允许DCS操作；

2）等离子冷却水压力满足；

3）等离子器点火风压满足；

4）炉膛吹扫完成；

5）MFT已复位；

6）相对应的磨煤机跳闸锁定已解除。一般FSSS中设计有磨煤机正常点油运行模式与等离子运行模式两种，并可互相切换。正常点油运行模式运行时，磨煤机维持原有的FSSS逻辑。

3. 锅炉升温、升压

锅炉点火以后，燃料燃烧放热，使锅炉各部分逐渐受热。蒸发受热面和炉膛温度也逐渐升高。水开始汽化后，汽压也逐渐升高，从锅炉点火到蒸汽温度、蒸汽压力升至汽轮机冲转温度和冲转压力的过程，称为锅炉升温、升压过程。

由于水和蒸汽在饱和状态下，温度与压力之间存在一定的对应关系；蒸发设备的升压过程也就是升温过程。通常利用旁路系统，通过控制升压速度控制升温速度。为避免温升过快而引起过大的温差热应力，在升压过程中，汽包内水的平均温升速度限制在 $1.5\sim2℃/min$ 以内。升压过程中，应保持蒸汽压力稳定变化，不使蒸汽压力波动太大，蒸汽压力波动时将引起饱和温度的波动，从而引起汽包温差增大。

锅炉升温、升压过程中，严密监视汽包壁温差不大于 40℃，过热器和再热器管壁温度不超温。

若过热器温升不正常或两侧蒸汽温度偏差大，除适当调整并保持油枪对称投用外，还可采用打开启动对空排气阀（或 PCV 阀），消除过热器管内积水的方法处理，但应注意锅炉水位的控制，防止高低水位引发 MFT，锅炉两侧蒸汽温度偏差正常后关闭环形联箱和过热器各疏水门。

锅炉上水一般用经除氧器除氧加热过的热水。向锅炉上水是通过旁路调节阀控制汽包水位的，这样使给水流量易于控制。对于自然循环锅炉，因为在锅炉点火以后，锅水将受热膨胀和汽化，水位逐渐上升，所以最初进水的高度一般只要求到水位表低限附近。对于强制循环锅炉，由于上升管的最高点在汽包标准水位以上很多，所以进水的高度要接近水位的顶部，否则在启动循环泵时，水位可能下降到水位表可见范围以下。锅炉上水后，要关闭过热器和再热器系统的空气门，以利于机组真空的建立。

升温、升压速度不仅受到汽包、水冷壁、过热器、再热器和省煤器热应力的限制，同时由于汽轮机暖机、升速和接带负荷也限制了锅炉的升压速度。为了加快启动速度，减少启动损失，对不同的单元制发电机组应根据具体条件，通过启动试验，绘制出最佳的升压曲线，以指导发电机组的优化启动。具体的升温、升压过程应按规定的启动曲线进行。图 3-6 所示为某 300MW 亚临界参数机组全冷态启动滑参数曲线，图中给出了启动过程中主（再热）蒸汽温度、压力、负荷等对时间的变化关系曲线，作为启动的依据。

4. 疏水系统投入

汽轮机组在启动、停机和变负荷工况下运行时，蒸汽与汽轮机本体和蒸汽管道接触时受热或被冷却，蒸汽被冷却后凝结成水，若不及时排出凝结水，会存积在某些管段和汽缸中。运行中，由于蒸汽和水的密度、流速都不同，管道对它们的阻力也不同，这些积水可能引起管道发生水冲击，轻者使管道振动，产生噪声，污染环境；重者使管道产生裂纹，甚至破裂；更为严重的是，一旦部分积水进入汽轮机，将会使动叶片受到水的冲击而损伤，甚至断裂，使金属部件急剧冷却而造成永久变形甚至使大轴弯曲。

为了有效地防止汽轮机进水事故和管道中积水引起的水击，必须及时地把汽缸和蒸汽管道中存积的凝结水排出，以确保机组安全运行。同时还可回收洁净的凝结水，这对提高机组的经济济性是有利的。为此，汽轮机都设置有本体疏水系统，它包括汽轮机的高、中压自动主汽阀前后、各调节汽阀前后、内外缸及抽汽止回阀前后、轴封供汽母管、阀杆漏汽管及汽缸法兰螺栓加热联箱等的疏水管道、阀门和容器等。

运行中由于上述各疏水点的压力不同，需把各疏水按压力等级通过疏水阀分别疏到各疏水联箱，然后通过疏水扩容器扩容，部分疏水蒸发成为低压蒸汽，输入凝汽器喉部，部分疏水聚集在扩容器的底部，用疏水管接到凝汽器热井。

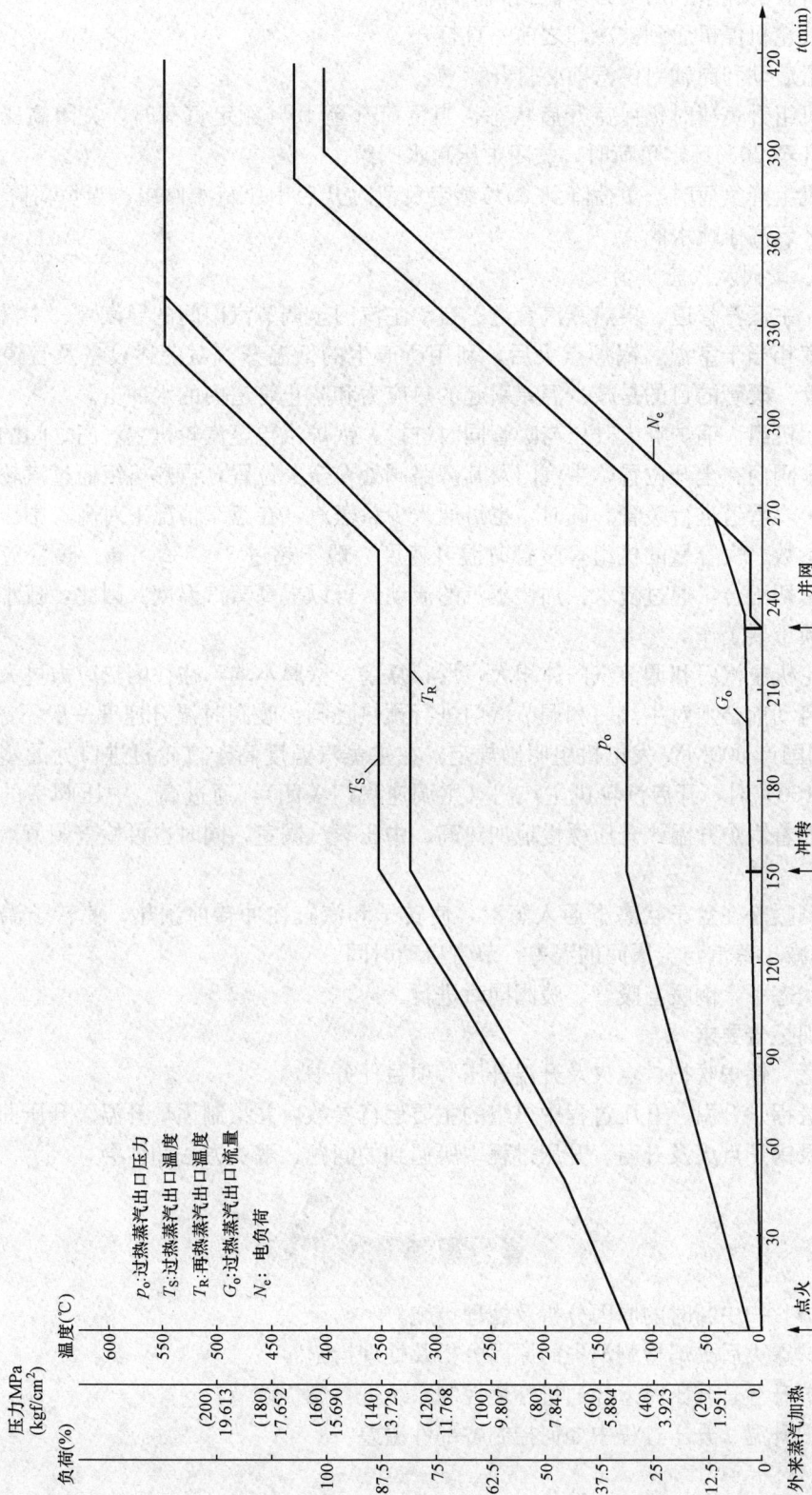

图 3-6　某 300MW 亚临界参数机组全冷态启动滑参数曲线

汽轮机所有的疏水阀启闭必须做到如下几点：

（1）在汽轮机停机后到被冷却之前一直打开。

（2）机组启动和向轴封供汽前必打开。

（3）当机组升负荷时仍保持开启状态，当负荷升至 10％额定负荷时，关闭高压疏水阀组；当负荷升至 20％额定负荷时，关闭中压疏水阀组。

（4）当机组降负荷时，负荷降到 20％额定负荷时开启中压疏水阀组；当负荷降到 10％额定负荷时开启高压疏水阀。

5. 暖管、暖阀及汽轮机倒暖

启动前，主蒸汽管道、再热蒸汽管道、自动主汽门至调节汽门间的导汽管、主汽门、调节汽门的温度相当于室温。锅炉点火后，利用所产生的低温蒸汽对上述设备及管道进行预热，称为暖管。暖管的目的是减少温差引起的热应力和防止管道内的水冲击。

对于单元机组，锅炉点火升压与暖管同时进行。锅炉汽包至汽轮机主汽门之间的主蒸汽管道上的疏水阀门在全开位置，主汽门及其旁路阀处在全关位置，再热机组通过汽轮机旁路系统对再热蒸汽管道进行暖管。同时，也可通入少量蒸汽，在盘车情况下对高、中压缸进行暖缸。对高参数、大容量的机组，暖管时温升速度一般不超过 3～5℃/min。暖管应和管道的疏水操作密切配合，通过疏水，加快蒸汽的流动，可以提高蒸汽温度。因此，疏水是暖管过程中的一项重要工作。

大型汽轮机主汽门和调节汽门体积大、形状复杂、壁厚不均，往往因热应力过大而产生裂纹，因此启动前必须对主汽门和调节汽门进行预热暖阀，暖阀时温升速度一般不超过 4～6℃/min。如国产 600MW 发电机组明确规定：在主蒸汽温度高于汽轮机进口处的蒸汽管金属温度 50～100℃时，开启汽轮机主汽门（主调速汽门关闭），通过高、中压阀室的疏水管排放疏水，随着锅炉升温、升压缓慢地加热高、中压蒸汽阀室，同时也可检查调节汽门的严密性。

汽轮机倒暖是在盘车状态下通入蒸汽，使转子和汽缸在冲转前预热，使转子温度达到 150℃以上，减小蒸汽与金属间的温差，节省启动时间。

在盘车状态下，倒暖与暖管、暖阀同时进行。

三、实训报告要求

（1）填写"锅炉吹扫、点火及升温升压"项目任务书。

（2）记录锅炉升温、升压过程中机组的主要运行参数，并绘制锅炉升温、升压曲线。

（3）记录锅炉点火及升温、升压过程中所遇到的问题、解决方法和体会。

复习思考

（1）锅炉吹扫中断时的原因分析及处理措施？

（2）锅炉点火后火焰检测消失的原因分析及处理措施？

（3）锅炉升温、升压时怎样通过燃烧控制系统进行燃烧调节？

（4）锅炉升温、升压过程中如何控制各部件温差？

任务 2　汽轮机冲转与升速

【教学目标】

一、知识目标

(1) 了解升速过程中的限制因素，理解冲转参数的选择依据。

(2) 了解汽轮机 DEH 的功能及运行方式。

(3) 了解汽轮机主保护项目。

(4) 掌握汽轮机冲转条件的规定以及汽轮机高、中压缸联合冲转步骤及注意事项。

二、能力目标

(1) 能依据汽轮机金属温度水平，合理选择冲转参数。

(2) 能采用汽轮机高、中压缸联合冲转模式完成汽轮机升速、暖机操作。

(3) 能正确进行汽轮机运行监视工作。

(4) 能正确完成冲转过程中的各项辅助操作。

(5) 了解汽轮机超速试验、注油试验。

【任务描述】

汽轮机冲转是机组启动过程中的重要环节，是设备机械状态和热力状态发生巨大变化的过程，掌握好汽轮机冲转操作至关重要。

当锅炉出口蒸汽参数达到汽轮机冲转条件时，即可开启汽轮机控制阀门，蒸汽开始进入汽轮机冲动转子，转子由静止（或盘车）状态升速至额定转速的过程即为汽轮机冲转过程。冲动转子时，汽轮机各金属部件将受到高温蒸汽的加热，由冷态过渡到热态，这标志着汽轮机启动加热过程的开始。

【任务准备】

一、任务导入

(1) 汽轮机必须具备哪些条件才能进行冲转？

(2) 怎样选择冲转参数？

(3) 升速过程中需要监视哪些参数以保证汽轮机各部件热应力、热变形、热膨胀维持在安全范围之内？汽轮机设置了哪些主保护项目？

(4) 怎样通过 DEH 站进行冲转和升速操作？

二、任务分析及要求

在冲转升速过程中，一方面要使汽轮机各部金属温差、转子与汽缸的相对膨胀差都在允许范围内，减少金属的热应力和热变形，以保证机组安全可靠；另一方面，在不发生异常振动、不引起摩擦和不严重影响机组寿命的前提下，尽量缩短启动时间，以提高运行经济性。

【相关知识】

一、汽轮机启停过程的限制因素

汽轮机的启动和停机过程对于汽轮机是一个加热或冷却的过程，启停速度主要受部件的热应力、热变形、热膨胀和材料的低温脆性等因素的限制。具体控制指标有温度变化率、振动、胀差、汽缸金属温差、转子热应力等，启动过程中应该把这些参数限制在合理的范围之内。

1. 汽缸内、外壁温差

汽轮机冲转过程是对汽缸和转子的加热过程。由于金属壁存在热阻，汽缸被加热时，内壁温度高于外壁温度，内壁的热膨胀受到外壁的制约，因而内壁受到压缩，承受压应力；而外壁受到内壁膨胀的拉伸，承受拉应力。汽缸壁所产生的热应力与内外壁温差成正比，温差越大，热应力也就越大。内、外壁温差变化1℃，约能引起2MPa的热应力。为了限制热应力，应该限制汽缸内、外壁温差，一般汽缸内、外壁温差允许在70℃之内。

2. 调节级汽缸内壁温度

冷态启动过程中，随着进入汽轮机蒸汽温度的不断升高和流量的不断增加，转子表面温度迅速上升，但其中心孔温度的上升要明显滞后。温差使得转子表面产生压缩应力，内孔受到拉伸应力。而转子热应力与转子温差成正比，导致转子表面热应力达到最大值。运行中负荷大幅度变化也会造成很大的转子表面热应力。图3-7所示为机组启动过程中转子的温度变化以及转子所承受的热应力的变化。

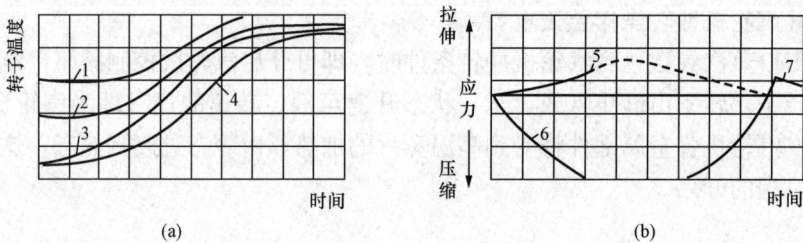

图3-7　冷态启动时转子温度及热应力

(a) 冷态启动时转子温度；(b) 冷态启动时转子热应力

1—新蒸汽温度；2—调节级后蒸汽温度；3—转子表面温度；4—转子中心孔温度；

5—转子中心孔应力；6—转子表面热应力；7—残余应力

在所有承受热应力的汽轮机部件中，工作条件最恶劣的是汽缸进汽部分、高温高压转子、汽缸法兰和螺栓、轴封套等处。随着机组容量的增大，转子的直径也随之加大，如300MW机组高压转子轴径接近600mm，若中心孔直径为100mm，轴壁厚超过了汽缸壁厚的两倍，在机组启动、停止和变参数运行时，转子面临恶劣的工作条件。因此对现代大型机组而言，热应力控制的重点已经由汽缸转移到转子上。运行中对转子的温度或热应力监视比较困难。试验证明，转子表面温度的变化率非常接近调节级汽缸内壁温度的变化，只是稍有落后，因此一般用监视和控制调节级汽缸内壁温度的方法来控制转子热应力。

3. 热膨胀及转子、汽缸的胀差

汽轮机在启动（或停止）过程中，汽缸和转子虽然同样受到蒸汽的加热（或冷却）而产生热膨胀（或收缩），但由于转子和汽缸的结构、尺寸、质量等不同，它们与蒸汽之间的换热面积、换热系数各不相同，并且转子容易膨胀而汽缸的膨胀要受管道、台板的影响，因而导致汽缸和转子的膨胀量不相等，形成胀差。如转子的膨胀快于汽缸膨胀将产生正胀差；反之，转子的收缩快于汽缸将产生负胀差。

胀差的存在会改变汽轮机内部隔板和叶轮之间的轴向间隙，胀差越限可能导致汽轮机设备损坏。胀差限值是以汽缸与转子在工况温度下通流部分的轴向间隙为依据，考虑到最危险工况，再留有适当安全裕量来规定的。

在发电机组启动阶段或正常运行增负荷时，转子的加热先于汽缸，则出现胀差正值增加。在停机或减负荷时，又是转子收缩先于汽缸，出现胀差的负值增加。由于汽轮机各级动叶片的出汽侧轴向间隙大于进汽侧轴向间隙，所以允许的正胀差大于负胀差，在变工况及停机过程中，严禁出现负胀差。

启动过程中暖机不当、增减负荷速度过快、空负荷或低负荷运行时间过长，以及主蒸汽温度、再热蒸汽温度、轴封蒸汽温度、真空突变都会导致汽轮机胀差过大。

随着机组容量和运行参数的增加，汽轮机转子和汽缸的轴向长度也随之增加，在机组启动、停止过程中转子和汽缸的绝对膨胀量也会达到相当大的数值。因此，在运行中除了要严密监视胀差，更要注意汽缸的绝对膨胀。

4. 上、下汽缸温差

上、下汽缸温差的存在是引起汽缸热变形的根本原因。汽轮机停止时下缸散热快、上缸散热慢，上缸温度较下缸温度高；因此上缸膨胀大、下缸膨胀小，这就引起汽缸向上拱起，下缸底部动静间隙减小，严重时会导致汽轮机启动时发生动静部分摩擦。上、下汽缸最大温差通常出现在调节级处，而径向的动静间隙最小处也正好是调节级处。调节上、下汽缸温差每增加1℃，动静径向间隙变化0.1～0.15mm，因此汽轮机启动时上、下汽缸温差一般要求控制在35～50℃。

上、下汽缸温差的存在还是引起转子热弯曲的根本原因。当转子热弯曲大于动静部分间隙时，转子弯曲的高点就会与汽封梳齿发生摩擦，这不仅造成汽封梳齿和轴的磨损，还会使转轴表面局部产生高温，轴表面局部高温加大了转子的弯曲。转子的弯曲使转子的重心偏离旋转中心，机组发生振动，随着转速的升高，振动越来越大。这样，摩擦、弯曲、振动的恶性循环，必然导致大轴永久性弯曲，使设备损坏。要防止大轴弯曲，除了启动前转子偏心率不允许超过原始值0.03mm外，启动时还要严格控制蒸汽流量和温度变化率。

5. 法兰内、外壁温差

现代大型机组在启动过程中，法兰都处于单向加热状态。当法兰内壁温度高于外壁温度时，使法兰在水平面内产生热弯曲，造成汽缸中部横断面由原来的圆形变成立椭圆，该段法兰将出现内张口，使水平方向两侧的径向间隙变小；而汽缸前、后两端的横断面由原来的圆形变成横椭圆，该段法兰将出现外张口，上、下径向间隙也变小。如果法兰热弯曲过大，有可能造成动静部件摩擦。控制法兰内、外壁温差的目的就是限制热应力和热变形在允许范围之内。

6. 机组振动

汽轮机启动时的异常振动是机械状态和热力状态变动的结果。机组的振动值，一般用轴承振动或轴颈振动的振幅大小来衡量。我国现阶段同时规定了轴承和轴的振动标准（见表3-3）。

表 3 - 3 机 组 振 动 标 准

评价		优	良	正常	合格	须找平衡	允许短时运行	立即停机
全振幅 （μm）	轴承	<12.5	<20	<25	<30	30～58	<50	50～63
	轴	<38	<64	<76	<89	102～127	—	260

引起机组异常振动的原因有许多，启动时应严密监视大轴弯曲不超过规定值，且各阶段的暖机要充分，并注意监视油膜自激振荡的发生。

综上所述，汽轮机启动过程中的热应力、热变形、热膨胀以及由此产生的振动等安全问题，大多与汽轮机主要部件上的温差有关，而温差又主要取决于温升率。因此，一定要制定合理的启动曲线，通过升速、暖机以及增、减负荷速度来严格控制蒸汽流量和温度变化率，使整个启动过程安全、经济、快速。

二、冲转的主要操作

1. 冲转方式的选择

大型火电机组通常采用高中压缸联合启动和中压缸启动两种方式。高中压缸联合启动又有主汽门冲转和高压调节汽门冲转两种模式。采用高压调节汽门冲转时，因部分调节汽门开启，易使汽缸受热不均匀，各部件温差较大，优点是启动过程中采用调节汽门控制，操作方便灵活。主汽门冲转时，调节汽门全开，汽轮机全周进汽受热均匀。大型中间再热机组中压主汽门不参与调节，挂闸后全部开启；而中压调节汽门参与调节，调节方式为中压调节汽门开度（或流量）与高压调节汽门的开度（或流量）成 3∶1 的比例关系。

用中压缸冲转时，高压缸暂时不进汽，处于真空状态，以防止高压缸鼓风发热，有的设置高压缸冷却系统，等达到一定转速或带少量负荷后，再逐步向高压缸进汽。有关中压缸启动方式的介绍见学习项目四的任务 2。

2. 冲转参数的选择

冲转参数的选择关系到汽轮机的安全。汽轮机冷态启动时，主汽门前主、再热蒸汽压力和温度应满足制造厂提供的有关启动曲线的要求。

主蒸汽压力的选择应综合汽轮机、锅炉两方面及旁路系统的因素来考虑，要从便于维持启动参数的稳定出发，在锅炉不进行过多调整的情况下，蒸汽量应能满足冲转、升速、顺利通过临界转速，达到定速，并考虑除氧器和其他设备用汽需要，且有一定余量。因此要求主蒸汽压力高一些。另外，为了利于金属均匀加热，增大蒸汽的容积流量，又希望启动主蒸汽压力适当选择低一些。综合两方面因素，300MW 机组冲转压力一般选择 3.5～4MPa。

冲转时主蒸汽、再热蒸汽温度的选择应与汽轮机金属温度相匹配。理想的蒸汽参数应能避免启动时对金属部件造成热冲击，减少寿命损耗，要求汽轮机内的蒸汽温度与金属温差不大于 50℃；同时，还要防止蒸汽过早地进入湿汽区域而造成凝结放热及改善叶栅的工作条件，要求主蒸汽至少有 50℃ 的过热度，但其温度一般不宜大于 426℃。双管道蒸汽温差一般不大于 17℃。

再热蒸汽温度应和中压缸进汽室的金属温度相匹配，为了防止蒸汽带水，再热蒸汽应有一定的过热度，一般规定应大于 50℃。对高中压合缸机组而言，主蒸汽、再热蒸汽温差一般应小于 28℃，短时可达 42℃，最大不大于 80℃。

凝汽式汽轮机的启动都无例外地要求冲转前建立必要的真空，凝汽器真空的高低对启动过程有很大影响。在冲转的瞬间，大量的蒸汽进入汽轮机内，真空会有不同程度的降低。如果真空过低，在冲转的瞬间可能使凝汽器内出现正压，造成低压缸排汽安全门动作。此外，凝汽器真空过低还会使排汽温度大幅度升高，使凝汽器铜管急剧膨胀，造成胀口松弛，以致引起凝汽器铜管泄漏。真空过高，增加了建立真空的时间，并且汽轮机需要的进汽量越小，将达不到良好的暖机效果，从而增加了启动时间，真空一般维持在-88～-85kPa 较为适宜。

3. 升速及暖机

转子冲动后，应及时停止盘车装置。汽轮机转速在 600r/min 左右时进行摩擦检查，关闭汽轮机进汽阀，在不进汽的情况下，倾听汽轮发电机组转动部分声音是否正常，检查有无动静摩擦。

在升速过程中，金属的温度和胀差都要增加，所以必须进行严格控制和监视。启动过程中的升速率是根据汽轮机金属允许的温升率来选择的，升速过快会引起金属过大的热应力；升速过慢又必然延长启动时间。根据蒸汽和金属温度之间的匹配情况，蒸汽和金属温差不同，所选用的升速率也不同。在升速过程中，应严格监视金属温度水平，并按照《火电机组运行规程》正确控制升速率。金属温度的监视点一般选汽轮机启动过程中最大应力发生的部位，通常有高压缸调节级处、再热机组中压缸进汽区、高压转子在调节级前后的汽封处等，这些部位工作温度高，温度变化比较剧烈，能够反映整个汽轮机金属温度水平，作为控制升速过程的依据。冷态启动冲转后一般以 $100r/min^2$ 升速，暖机后通常以 $100～150r/min^2$ 的速度升速到额定转速。

冷态启动时蒸汽和汽缸的温差很大，为防止汽轮机各金属部件受热不均匀，产生过大的热应力和热变形，在达到额定转速前，需要有一定时间的暖机过程。暖机的目的是防止金属材料脆性破坏和避免过大的热应力，提高高、中压转子的中心孔温度，防止低温脆性破坏。

不同类型的机组，可选择不同的转速和暖机时间。国产大型机组均采用中速暖机，即在 $1000～1400r/min$ 下进行暖机，有时还需要在 $2000～2400r/min$ 下进行高速暖机。暖机转速的选择应躲开临界转速。

在整个升速过程中，遇到转子临界转速要快速而稳定地通过，以避免转子振动过大。当转速进入临界转速区域时，有些汽轮机控制系统自动提高升速率，等机组迅速通过临界区后，再恢复升速率。大机组都是由高、中、低压转子组成，轴系长，临界转速比较分散。升速的每个阶段，对各轴承振动值应严格监测，并与以往启动时的振动值加以比较，如有异常应查明原因并处理，有问题时严禁硬闯临界转速。轴承振动超过规定值，应立即打闸停机，待查明原因并进行处理后才允许重新启动。

在升速和暖机过程中应特别注意胀差的变化，检查汽轮机缸胀、轴承油温、瓦温，轴向位移、振动、上下缸温差、蒸汽温度等是否正常，还要检查其他各转动机械声音正常，振动良好，各系统运行正常，各参数符合要求。一般转速升至 2700r/min 以上时，就要注意主油泵是否投入工作，当主油泵工作正常后，即可停下润滑油泵和高压启动油泵。

4. 阀切换、定速及试验

采用主汽门冲转的机组一般在定速前要进行阀切换，即由主汽门控制切换到调节汽门控制。为了避免对蒸汽室的热冲击，阀切换之前，应检查并保证蒸汽室金属温度达到当前主蒸汽压力所对应的饱和温度之上，才能进行阀切换过程。国产引进型机组在 2900r/min 左右进行阀切换，切换过程中先将调节汽门全关，再全开主汽门，随后调节汽门开启，参与转速调节。这样操作可以防止汽轮机超速和主汽门卡涩，整个切换过程采用程序控制，在规定时间内切换不成功，应立即打闸。

汽轮机升速至额定转速后，应根据要求做手动打闸试验、主汽门严密性试验、危机保安器注油试验等，以检查汽轮机安全设备是否正常。如果危急遮断器已工作过或已被调整过，应先做注油试验，再做超速试验。机组首次启动或大修后的启动，还必须做电气试验，注意发电机风温及内冷水温度；做发电机短路试验时，必须及时投用发电机氢冷器、励磁机空冷器冷却水。

在冲转及低负荷期间，低压缸蒸汽基本不做功，汽缸中的低压汽流很难带走鼓风摩擦所产生的热量，导致低压缸蒸汽温度增加；尤其在高转速、低负荷下，低压缸排汽温度可能急剧增加，这时要特别注意检查低压缸喷水是否开启、低压缸排汽温度是否正常。

三、汽轮机数字电液调节系统

汽轮机数字电液调节系统（DEH）是集调节、程序控制、数据处理与监视、保护、试验等多种功能于一体的综合控制系统。DEH 接受转速、发电机功率、调节级压力和其他设备状态信息，经计算机处理后，输出汽轮机各控制阀门位置的设定值信号，通过电液伺服回路控制汽轮机高、中压主汽门和调节汽门，以控制进入汽轮机高、中压缸的蒸汽流量，实现汽轮发电机组的转速控制和负荷控制。

1. DEH 的功能

（1）控制功能。从汽轮机挂闸、冲转、暖机、进汽阀切换、同期并列、带初负荷到带全负荷的整个启动过程中，DEH 通过调节主汽门（TV）、高压调节汽门（GV）、中压主汽门（RSV）和中压调节汽门（IV）以实现汽轮机转速和负荷控制。汽轮机的闭环自动调节系统包括转速调节、负荷调节、压力调节系统（如汽轮机前压力调节和再热汽压力调节）等。闭环调节是 DEH 的主要功能，调节品质的优劣将直接影响机组的供电参数和质量，并且直接影响单元机组的安全运行。

（2）保护功能。保护系统的作用是当电网或汽轮机本身出现故障时，保护装置根据实际情况迅速动作，使汽轮机退出工作，或者采取一定措施进行保护，以防止事故扩大或造成设备损坏。大容量汽轮机的保护有超速保护、低油压保护、位移保护、胀差保护、低真空保护、振动保护等。

（3）监视功能。监视系统是保证汽轮机安全运行的必不可少的设备，它能连续监测汽轮机运行中各参数的变化。属于机械量的有汽轮机转速、轴振动、轴承振动、转子轴位移、转子与汽缸的相对胀差、汽缸热膨胀、主轴晃度、油动机行程等。属于热工量的有主蒸汽压力、主蒸汽温度、凝汽器真空、调节级压力、再热蒸汽压力和温度、汽缸温度、润滑油压、调节油压、轴承温度及回油温度等。

汽轮机本体的监视通常由汽轮机监测仪表系统（TSI）实现。TSI 装置对汽轮机运行时出现的异常或故障及时发出信号，引起运行人员注意，测量结果同时送往调节系统作限制条件，送往保护系统作保护条件，送往顺序控制系统作控制条件，以便及时采取相应措施避免发生事故或防止事故进一步扩大。安全监视项目有偏心、轴向位移、胀差、热膨胀、轴振动、轴承盖振动、转速等。

（4）汽轮机自动控制功能。汽轮机自动控制（ATC）是以转子热应力计算为基础，控制并监视汽轮机从盘车、升速、并网、带负荷、带满负荷以及甩负荷和停机的全部过程。原则上讲，实现汽轮机自动启动、停止的前提条件是各个必要的控制系统应配备齐全，并且可以正常投运。这些系统为自动调节系统、监视系统、热应力计算系统以及旁路控制系统等。

转子应力监视是大型汽轮发电机组启动、停止控制中不可缺少的重要组成部分。汽轮机是在高温、高压蒸汽作用下的旋转机械，汽轮机运行工况的改变必然引起转子和汽缸热应力的变化。由于转子在高速旋转下已经承受了比较大的机械应力，所以热应力的变化对转子的影响更大，运行中监视转子热应力不超过允许应力显得尤为重要。转子热应力无法直接测量，通常用建立模型的方法通过测取汽轮机某些特定点的温度值来间接计算热应力。热应力计算结果除用于监视外，还可以对汽轮机升速率和变负荷率进行校正。

（5）试验功能。汽轮机运行中，由于阀杆上有可能积聚大量的氧化物，导致阀门活动不稳定或晃动，表现为阀门位移速度的不均衡、有突变等现象。因此在运行中通常都要进行阀门试验，以检验各进汽阀是否动作灵活。阀门试验包括阀门活动试验和严密性试验。进行阀门活动试验时，根据汽轮机制造厂推荐的阀门试验曲线，将负荷调整到一定范围内，在负荷、汽压稳定的前提下，操作员操作试验按钮发出试验指令，以避免试验中工况的变化影响机组的安全运行。在进行高压主汽门或中压主汽门全关试验时，其相应一侧的调节汽门会自动关闭。为了防止两侧进汽阀同时进行试验，DEH应具有联锁功能，并且在其余阀门可调整的负荷范围内，保证在阀门试验时功率维持不变。

2. DEH 的运行方式

DEH 提供的运行方式有操作员自动（OA）、汽轮机自动控制（ATC）、自同期运行（AUTO SYNC）、遥控运行（REMOTE）和手动控制（TURBINE MANUAL，TM）方式。

（1）操作员自动（OA）。操作员自动是电厂运行人员对汽轮发电机组的主要控制方式。在 OA 方式中，运行人员可得到 DEH 控制器所有的功能：

1）在升速期间，可以确定或修改机组的升速率和转速目标值。

2）可进行从中压缸启动到主汽门控制的阀切换。

3）可进行从主汽门控制到高压调节汽门控制的阀切换。

4）当机组到达同步转速时，可投入自动同步控制。

5）在机组并网运行后，可随时修改机组的负荷目标值及变负荷率。

6）可进行单阀/多阀控制的切换。

7）可投入或切除功率反馈回路或调节级压力反馈回路。

8）机组并网后，可投入转速回路（一次调频）。

9）可切换为汽轮机自动控制（ATC）或遥控方式。

（2）汽轮机自动控制（ATC）。ATC 控制方式将不用操作员操作，系统根据汽轮机应力及临界转速等自动设定升速率、确定暖机时间、自动进行阀切换，将机组从盘车转速带到同步转速；由操作员完成并网，条件允许时可自动投入自动同步和并网；并网后，由热应力及机组的其他状况，确定升负荷率或进行负荷保持、报警等。

（3）遥控运行（REMOTE）。在这一控制方式下，DEH 的目标值（TARGET）和设定值（SETPOINT）通过遥控系统输入信号来调整，输入信号从 CCS 处接收而来。

（4）自同期运行（AUTO SYNC）。在这种方式下，DEH 接受来自自动同步器的升高和下降信号，调整设定值，使汽轮发电机机组达到同步转速，以便机组并网。

（5）手动控制。手动运行方式是一种后备操作手段，是在基本控制、冗余 DPU 均发生故障或 VCC 站控板发生故障时的备用运行方式。在该控制方式下，可由操作人员直接通过增、减按钮的操作，来控制汽轮机。建议尽可能不要采用这种控制方式，它只可作为自动方式的后备。其控制的速率可由操作人员给定。

四、汽轮机主保护系统

汽轮机主保护系统又称危急遮断系统（emergency trip system，ETS）。在发现危及机组安全的异常情况下，例如严重超速、油压过低、真空急剧恶化、汽轮机进水、剧烈振动或大轴弯曲等时，保护系统能及时动作，迅速停机，避免事故的扩大和设备损坏。

1. 汽轮机保护装置

汽轮机保护系统由危急遮断控制块、隔膜阀、超速遮断机构和综合安全装置等组成，为系统提供超速保护及危急停机等功能，如图 3-8 所示。

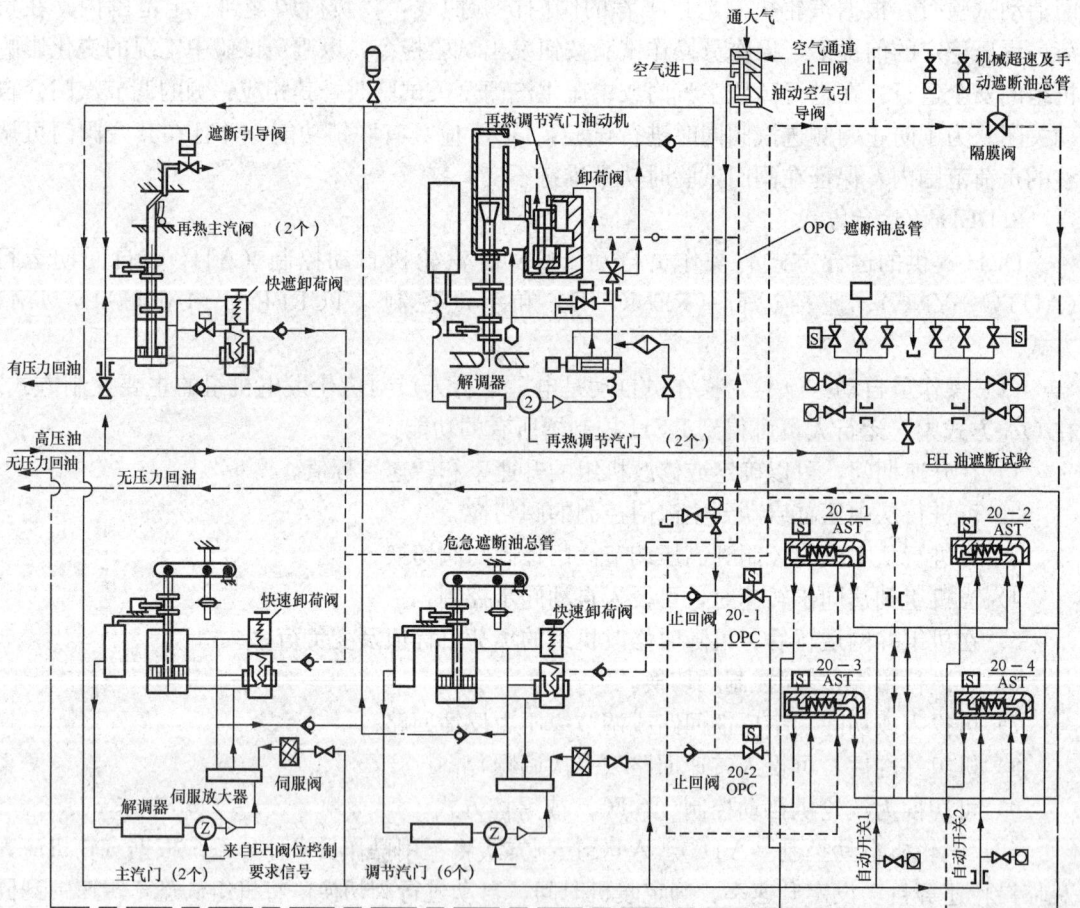

图 3-8　汽轮机保护系统组成原理

汽轮机保护包含两类。

（1）自动停机危急遮断系统（AST），对汽轮机安全运行的主要参数（转速、振动、轴向位移等）进行连续监视，当被监视的参数超过规定界限时发出紧急停机信号，打开所有的

AST 电磁阀，泄放 AST 油，迫使所有主汽门、调节汽门快速关闭，紧急停机。

（2）机械超速和手动停机部分，它属于就地操作，当其动作时（例如，当机组超速达到额定转速的 110％时，危急遮断器飞锤击出），通过泄放薄膜阀上的低压安全油，打开薄膜阀，使 AST 油路泄油，从而使所有进汽阀关闭，实现紧急停机。

2. 汽轮机保护项目

汽轮机主要保护有汽轮机超速、低真空、油压低、轴向位移大、机组振动大、润滑油温度高、推力瓦及支持轴瓦温度高、胀差大、偏心大、发电机断水、锅炉燃料跳闸等保护。表3-4 给出了某 300MW 机组汽轮机自动跳闸保护项目。

表 3-4　　　　　　　　　　　　汽轮机自动跳闸保护项目

序号	项目	单位	数值
1	机械超速 110％	r/min	3300
2	汽轮机 TSI 电超速 110％	r/min	3300
3	DEH 失电		
4	轴向位移大	mm	$-1.65mm/+1.2mm$
5	轴振大	mm	0.25
6	汽轮机瓦振大	mm	0.08
7	MFT		
8	手动跳机按钮		
9	润滑油压低	MPa	0.039
10	EH 油压低	MPa	7.83
11	凝汽器真空低	kPa	−78.3
12	发电机主保护		

3. 汽轮机跳闸动作对象

汽轮机跳闸动作对象有关高压排汽止回阀，关各段抽汽电动门，关各段抽汽止回阀，关抽汽至除氧器电动门，开各段抽汽止回阀前、后疏水门和管道疏水门，开高压缸导汽管疏水总电动门，开汽轮机本体疏水电动门。

五、汽轮机超速试验

超速保护是防止汽轮机严重超速的重要保护，要求工作可靠、动作准确。超速试验是用提升转速的方法进行危急保安器的跳闸和试验，检验超速保护动作转速是否正常，活动飞锤，防卡涩、拒动。

1. 汽轮机做超速试验的情况

（1）汽轮机安装完毕，首次启动时。

（2）汽轮机经大修后，首次启动时。

（3）进行过任何有可能影响超速保护动作值的检修后。

（4）停机一个月以上，再次启动时。

（5）甩负荷试验前。

2. 汽轮机严禁做超速试验的情况

（1）汽轮机经过长期运行后停机，其健康状况不明时，严禁做超速试验。

（2）严禁在大修前做超速试验。

（3）严禁在额定蒸汽参数或接近额定蒸汽参数下做超速试验；在满足试验条件的情况下，蒸汽参数尽量取低值。

（4）控制系统、主汽门或调节汽门存在问题时，严禁做超速试验。

（5）主汽门、调节汽门严密性试验不合格时，严禁做超速试验。

（6）危急保安器喷油试验不合格时，严禁做超速试验。

3. 机械超速试验步骤

机械超速和手动遮断系统的组成结构如图 3-9 所示。危急遮断器的飞锤由弹簧和弹簧定位圈将其保持在转子延伸轴的横向孔中，其重心与转子的几何中心偏置。机组正常运行时，飞锤受到离心力 F_c 和弹簧的约束力 F_v，两者方向相反，且有 $F_c < F_v$。当规定了飞锤的动作转速，则可以求出相应的离心力 F_{c0}，然后设计压弹簧，使其约束力等于 F_{c0}。当汽轮机转速大于动作转速时，飞锤的离心力就会克服弹簧的约束，向外击出，即危急遮断器动作。飞锤击出后撞击碰钩 5，引起碰钩绕轴旋转，推动遮断滑阀向右移动，蝶阀离开阀座，将"机械超速和手动遮断总管"中的油（即低压安全油）经过阀座中的孔排出泄压。手动

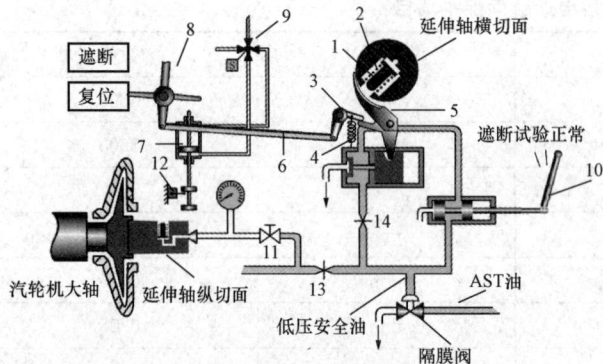

图 3-9　机械超速和手动遮断系统的组成结构图
1—飞锤式传感器；2—压缩弹簧；3—复位连杆；4—复位弹簧；
5—碰钩；6—遮断与复位连杆；7—复位汽缸；8—手动遮断与
复位手柄；9—四通电磁阀；10—手动超速试验手柄；
11—喷油试验阀；12—限位开关；13—一级节流孔；
14—二级节流孔

遮断与复位杠杆 8 移到"遮断"位置。当低压安全油压力消失时，隔膜阀打开，AST 油压随之消失，汽轮机遮断。另外，将手动遮断与复位手柄 8 推至"遮断"位置，也可以泄去低压安全油，从而使隔膜阀打开，泄去 AST 油压，遮断汽轮机。在做试验时，必须先用手将手动超速试验手柄 10 拉到"试验"位置，使试验滑阀移动并切断机械超速和手动遮断总管中脱扣油去危急遮断滑阀的主通道。这样在试验期间，若危急遮断滑阀右移后，由于主通道被切断，机械超速和手动遮断总管中的脱扣油只有从节流孔中被泄出，且泄油量较小。在这种情况下，低压安全油压只是稍有降低，不会引起隔膜阀的开启及危急遮断（AST）油路的泄压，因而不会导致机组停机，保证试验正常进行。

在试验超速遮断机构时，应有一个主操站在手动遮断杠杆旁边，当转速缓慢地升到遮断值（3300～3330r/min）时，应密切注视汽轮机转速，如转速上升到超过额定转速 12% 仍未自动遮断，则应立即手动遮断。如果超速遮断机构动作性能不符合要求，应立即停机，并对机构作全面检查，以确认飞锤没有卡死。检查后，再次做超速试验，如果飞锤仍不能击出，则必须调整飞锤弹簧的压缩量，飞锤弹簧定位螺圈移过 1 个缺口，将改变动作转速约40r/min。调整后必须重新进行超速试验，直到动作正确为止。

六、充油试验

充油试验是在机组正常运行的情况下，验证飞锤动作是否正常。下面两种情况下应做充

油试验：①机组运行2000h；②机组做超速试验前。同样，试验前需先将手动超速试验手柄10拉至"试验"位置。

试验应由值长下令，在单元长监护下进行。充油试验可在就地或远方进行。

充油试验是将主油泵出口的压力油，经过装在汽轮机前轴承箱前端的喷油试验阀，由一油管向正对转子中心的喷嘴供油，将油喷入转子端部的中心孔内，经油道通到飞锤内并建立起油压。在机组处于额定转速（3000r/min）时，推动飞锤飞出，直至撞击碰钩，带动危急遮断滑阀右移，此时手动遮断和复位手柄自动转到"遮断"位置。在确信遮断机构正确后，关闭充油试验阀。当充油试验阀关闭后，飞锤中的油流逐渐泄去，油压消失后飞锤便能复位。由于复位转速较正常转速高，因而油压消失后飞锤很快可以复位。此时，可将手动遮断及复位手柄推至"复位"位置，待碰钩和危急遮断阀等复位后，且机械超速和手动遮断母管中油压已建立，则可放开试验杠杆，该杠杆在弹簧拉力作用下转到"正常"位置，充油试验结束。

在做充油试验时，喷嘴前油压大小决定了飞锤的动作，而喷嘴前的油压可由充油试验阀调节，并用压力表指明使飞锤动作时所需的油压，把这些压力与以前压力比较可以判定危急遮断器动作是否正常。为了使结果有可比性，在做充油试验时，转子转速必须严格保持在额定转速（3000r/min），转子的端面与喷嘴之间的距离必须一定。

【任务实施】

填写"汽轮机冲转与升速"任务的操作票，并在火电机组仿真机上完成汽轮机挂闸、升速、暖机、转速升至额定转速3000r/min等整个过程，为发电机并列做准备。实训过程中及时记录机组运行参数。

一、实训准备

（1）查阅《仿真机组的运行规程》，以运行小组为单位填写"汽轮机冲转与升速"任务操作票，并确认。

（2）熟悉火电机组仿真机DCS站、DEH站和就地站的操作与控制方法。

（3）恢复火电机组仿真机初始条件为"汽轮机冲转前"，确认机组运行状态。

二、实训案例

案例：某300MW火电机组，采用亚临界一次中间再热、单轴、高中压合缸、双缸双排汽、凝汽式汽轮机，型号为N300－16.7/537/537。采用高中压缸联合冲转方式，利用高压调节汽门进行冲转。

1. 汽轮机冲转前的准备及主要参数

（1）主汽压力为3.0～3.45MPa、温度为290～320℃，再热蒸汽温度在250℃以上，主蒸汽、再热蒸汽至少应有50℃的过热度，再热蒸汽压力为0.1～0.2 MPa。

（2）主蒸汽、再热蒸汽温差小于或等于60℃。

（3）凝汽器真空为－88～－85kPa，用真空破坏门进行调整。

（4）润滑油压及轴承油流正常，冷油器出口油温为38～45℃。

（5）检查EH油压正常，EH油温为（40±5)℃。

（6）转子弯曲值为0.03mm。

（7）连续盘车运行4h以上。

2. DEH 盘面检查

(1) 1号、2号高压主汽门,1号~4号高压调节汽门,1号、2号中压主汽门,1号、2号中压调节汽门关。

(2) 脱扣指示灯亮。

(3) 转速指示窗口 0000、功率指示窗口 0000。

(4) 自动/手动钥匙开关在"自动"位置。

(5) 超速保护钥匙开关在"投入"位置。

(6) "功率投入"退出、"转速投入"退出。

(7) 事故脱扣试验盘(1号、2号):"OVERSPEED TRIP"开关在"IN SERVICE","TEST ♯1""TEST ♯2"开关在"OFF"位。

(8) 事故脱扣试验盘(3号、4号):无任何报警,各信号指示正常。

3. 汽轮机挂闸、复位

(1) 打开 ETS 画面,除发电机跳闸及低真空保护不投外,其他保护全部投入。

(2) 进入 DEH 系统,点击"挂闸"按钮,确认"挂闸"灯亮,"跳闸"灯灭。确认低压保安油压在 1.96MPa 左右。

(3) 确认机组处于"高中压缸联合启动"状态,确认机组处于"单阀"模式。

(4) 按下"运行"按钮,并进行确认,检查运行状态为"是",两个高压主汽门及两个中压主汽门全开。

4. 冲动转子并做摩擦检查

(1) 在 DEH 的"自动控制"画面上设置目标转速为 500r/min、升速率 100r/min^2。

(2) 按"进行/保持"按钮,选择"进行",检查1号、2号、3号、4号高压调节汽门及中压调节汽门缓慢开启,汽轮机冲转。

(3) 开启高压缸排汽止回阀、抽汽止回阀及高、低压加热器进汽电动门,投入"自动"位。

(4) 转子冲动后盘车自动脱扣,否则应人工停下盘车,关闭盘车进油门。

(5) 转子冲动后 5 min 内升速至 500r/min 时进行摩擦检查。在 DEH 的"自动控制"画面上按"摩擦检查"按钮,选择"进行",检查1号、2号、3号、4号高压调节汽门及中压调节汽门关闭,转速开始下降。汽轮机组各部听音检查应正常,各轴承油压、油温、油流、振动应正常。

5. 升速、暖机至定速 3000r/min

(1) 设定转速目标值至 1200r/min,升速率为 100r/min^2,升速至 1200r/min,保持 30min,检查并确认:

1) 顶轴油泵自停。

2) 高压内缸内上壁金属温度大于 200℃。

3) 高中压缸绝对膨胀大于 5mm。

(2) 设定转速目标值至 2000r/min,升速率为 100r/min^2,升速至 2000r/min,保持 60min,检查并确认:

1) 汽轮机转速至 1250r/min 时,自动提速,按 400r/min 平稳加快,使机组通过临界转速。

2）高压内缸内上壁金属温度大于 250℃。

3）高中压缸绝对膨胀大于 7mm。

4）高中压缸胀差小于 3.5mm，并趋于稳定。

5）提升真空到正常值，投入低真空保护。

（3）设定转速目标值至 3000r/min，按"进行"，在 10min 内升速至 3000r/min，转速保持 30min，检查并确认：

1）转速为 3000r/min，主油泵投入工作，系统油压正常后，可停止高压启动油泵与交流润滑油泵运行，并将其投"自动""备用"。

2）检查机组各参数正常。

三、实训注意事项

（1）升速过程中，注意检查汽缸膨胀、轴向位移、胀差、转子偏心等正常。根据高压内、外缸、法兰温差及温升情况，及时调整高压缸夹层加热和法兰螺栓加热。

（2）测量各轴承振动应正常，在中速暖机前轴承振动不超过 30μm，如超过应立即打闸停机。过临界转速时轴承振动超过 100μm 或轴振超过 250μm，应立即打闸停机，严禁强行通过临界转速或降速暖机。

（3）检查润滑油压、润滑油温、EH（抗燃）油压、EH 油温、汽轮机油箱油位、EH 油箱油位、各轴承油流、轴承温度正常，及时调整主油泵出口疏油门，保持汽轮机冷油器出口油温为 40～42℃，EH 油温为（40±5）℃。

（4）根据冷态启动暖机曲线决定中速暖机时间，任何情况下不得减少。

（5）注意调整发电机氢、油、水冷却器进水，使各项温度不超限。

（6）启动过程中，应严密监视密封油系统工作正常，保证密封油压始终大于氢压（0.05±0.02）MPa。

（7）注意凝汽器、各加热器、除氧器水位正常并及时调整。

（8）注意蒸汽温升速度、汽缸各部温升速度及温差正常，温升率不应超过表 3-5 的限值规定，汽缸各部温差不应超过表 3-6 的限值规定。

表 3-5　　　　　　　　　　　　　各部温升率限值规定

名称	单位	限值	
		升温时	降温时
主蒸汽温度	℃/min	1.5	1.0
再热蒸汽温度	℃/min	2	1.0
主蒸汽、再热蒸汽管道外壁温度	℃/min	8	
高压自动主汽门、调节汽门及中压联合汽门壁温	℃/min	6	
汽缸、法兰壁温	℃/min	1.5	1.0

四、实训报告要求

（1）填写"汽轮机冲转"项目任务书。

（2）记录汽轮机冲转过程中机组的主要运行参数，并绘制本过程的启动曲线。

（3）记录汽轮机保护定值。

（4）记录汽轮机冲转过程中所遇到的问题、解决方法和体会。

表 3 - 6 启、停机时汽缸各部温差限值规定

名称	单位	启、停机温差限值
高压外缸、内缸和中压缸内、外壁温差	℃	50
高压外缸、中压缸外壁上、下温差	℃	50
高压内缸外壁上、下温差	℃	50
高压内缸外壁与高压外缸内壁温差	℃	50
高压主汽阀壳内外壁温差	℃	55
高压外缸、中压缸法兰内、外壁温差	℃	80
高压外缸、中压缸左、右法兰壁温差	℃	10
高压外缸、中压缸上、下半法兰壁温差	℃	10

复习思考

（1）汽轮机冲转过程中发生保护动作的原因分析及处理措施？
（2）DEH 系统具有哪些功能？
（3）汽轮机冲转主要有哪些操作步骤？
（4）汽轮机通过临界转速时需要注意哪些事项？

任务3 机组并列带初负荷

【教学目标】

一、知识目标
（1）了解大型机组发电机 - 变压器组的相关保护功能与相关操作。
（2）了解大型机组励磁系统的构成、特点与相关操作。
（3）掌握自动同期系统及其操作。
（4）理解初负荷暖机的意义。

二、能力目标
（1）正确熟练完成发电机升压、并列操作。
（2）正确控制、调整机组的无功功率。

【任务描述】

当汽轮发电机冲转至 3000r/min 定速后，发电机 - 变压器组系统及励磁系统恢复备用状态，根据并网条件，进行发电机并网操作，机组带初负荷暖机，为后续升负荷做准备。

【任务准备】

一、任务导入
（1）发电机励磁系统的作用？

（2）发电机并网的条件？

（3）发电机、变压器的保护有哪些？

二、任务分析及要求

（1）正确理解发电机并网的意义，准确完成发电机并网前的准备及操作步骤。

（2）能根据励磁系统的不同接线方式进行正确的操作。

（3）能正确进行发电机升压操作、调整励磁维持发电机端电压。

（4）能正确操作、维持机组带初负荷运行。

【相关知识】

一、励磁系统的基本要求及作用

1. 对励磁系统的性能要求

机组励磁系统的基本要求如下：

（1）励磁系统应能保证发电机各种运行状态下所需要的励磁容量，并适当留有裕度。

（2）能迅速反映本系统故障，并有必要的励磁限制、灭磁及保护功能。

（3）具有足够的励磁顶值电压、励磁顶值电流及电压上升速度。

（4）应具有调节过程稳定、调节平滑及有足够的电压调节精度，反应灵敏、迅速。

2. 励磁系统的作用

（1）在系统正常运行条件下，供给同步发电机励磁电流，并根据发电机所带负荷的情况，相应地调整励磁电流，以维持发电机端电压在给定水平上。

（2）调差单元能使并列运行的各发电机所带的无功功率得到稳定而合理的分配，因此对调节系统的调节特性应有一定的要求。

（3）在正常运行及事故情况下，能提高电力系统静态稳定性及暂态稳定性。

（4）在发电机内部发生短路故障时，进行快速灭磁，将励磁电流迅速减到零值以减小故障损坏程度。

（5）在同步发电机突然解列、甩负荷时，进行强减，将励磁电流迅速降到安全数值，以防止发电机电压的过分升高。

（6）在不同运行工况下，根据要求对发电机实行过励磁限制和欠励磁限制，以确保同步发电机组的安全稳定运行。

（7）能显著改善电力系统的运行条件。

二、同步发电机的主要励磁方式

大型火电机组多采用自并励励磁方式和他励交流励磁机（三机励磁）励磁方式。

1. 自并励励磁系统

自并励励磁（如图 3-10 所示）工作方式：先由外部提供初始励磁电源给发电机转子回路励磁，当发电机电压升到额定值的 20%～30% 时，初始励磁电源自动退出，此后励磁电源取自发电机自身，经静止的励磁变压器 EXT 及静止的可控硅整流器 SCR 获得的励磁功率直接经过电刷和滑环供给发电机转子绕组励磁，以获得励磁功率。

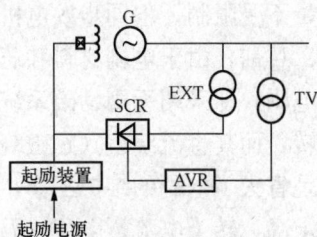

图 3-10　自并励励磁系统

　　自并励励磁方式的基本特点是没有旋转部件，减小了机组轴系长度，具有结构简单、价格低、可靠性高、运行维护方便和响应速度快等优点。其存在的最大问题是当发电机端短路时，励磁电压将严重下降，不能满足强励的要求。但近年来随着继电保护的完善和发展，在自并励励磁方式与继电保护的配合方面除发电机后备保护需改进外，已不影响继电保护的正确动作；短路时间短、发电机端电压恢复较快，以及电力系统稳定器（PSS）的广泛应用，使得自并励励磁系统的暂态、静态稳定性已相当于或高于强励倍数相同的他励交流励磁机励磁系统。

　　2. 他励交流励磁机励磁系统

　　他励交流励磁机励磁系统励磁功率电源取自发电机以外的独立的并与其同轴旋转的交流励磁机，故称之为他励。他励交流励磁机励磁系统按功率整流器是静止还是旋转可分为他励交流励磁机静止整流器励磁方式（有刷，如图 3-11 所示）和他励交流励磁机旋转整流器励磁方式（无刷，如图 3-12 所示），他励交流励磁机静止整流器励磁方式为常见方式。

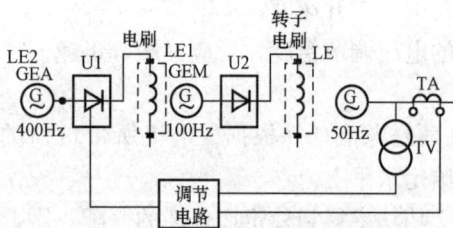

图 3-11　他励交流励磁机静止
整流器励磁方式原理

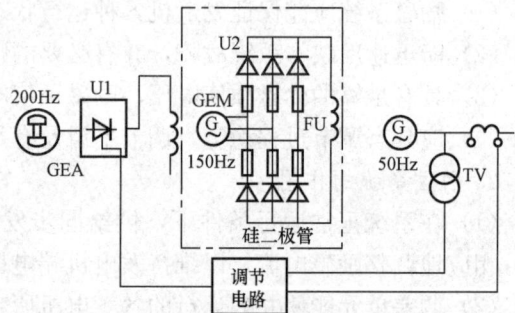

图 3-12　他励交流励磁机旋转
整流器励磁方式原理

　　在他励交流励磁机静止整流器励磁方式中，交流副励磁机（永磁机）输出电压经可控硅整流后给主励磁机励磁，而交流主励磁机输出电压经静止的硅整桥整流后通过电刷和滑环给发电机励磁。随着发电机运行参数的变化，励磁调节器（AVR）自动地改变交流励磁机励磁回路中晶闸管的控制角，以改变交流励磁机的磁场电流、改变交流励磁机的输出电压，达到调节发电机电压的目的。为了减少励磁系统时间常数、加快系统的响应，通常将交流励磁机和副励磁机的频率设计得高些，以减小其励磁绕组的电感及时间常数，交流励磁机频率一般为 100Hz，副励磁机的频率一般为 400～500Hz，因为有三个转机在转轴上，称为三机励磁方式。该励磁方式励磁电源可靠，不受电力系统和发电机端短路故障的影响，且励磁机的容量不受限制。但同步发电机的励磁电流必须通过转子滑环和电刷引入转子励磁绕组。

　　目前，由于电刷材料和压力的影响，当励磁电流超过 8000～10 000A 时，就要取消滑环和电刷，即采用无刷励磁系统。无刷励磁系统中交流励磁机的交流绕组和整流设备随同主轴旋转，而其直流绕组（励磁绕组）则是静止的，即他励交流励磁机旋转整流器励磁系统的优点是省去了电刷的维护工作，适用于不同容量的发电机，但也存在旋转部分整流器设备强度要求高，转子电流、电压、温度和绝缘不便测量，控制以及灭磁不便的缺点。

　　三、大型机组发电机-变压器组的相关保护

　　组成电力系统的各电气元件在运行过程中，可能会出现各种故障和不正常运行状态，影响电力系统的安全可靠运行，甚至造成人身伤亡、设备损坏和大面积停电事故。继电保护装置能反应电力系统中电气元件发生的故障或不正常运行状态，并动作于断路器跳闸或发出信号。被保护元件发生故障时，某些物理量将发生变化，如电流增大、电压降低、电压和电流的比值或相位变化等，继电保护能够反映这些物理量的变化，当突变达到一定值时，发出跳闸脉冲或信号。

发电机和变压器是发电厂十分重要和贵重的电气设备，它们发生故障将对系统的正常运行和供电可靠性造成严重的影响，因此必须根据其故障和异常的情况，装设完善的保护功能。

1. 电力变压器的保护

电力变压器是电力系统中非常普遍和重要的设备，由于各种原因变压器可能出现故障和异常运行状态。变压器的故障分为油箱内故障和油箱外故障。油箱内故障主要包括绕组的相间短路、匝间短路、中性点直接接地绕组的接地短路、铁芯故障、内部引线故障等；油箱外故障主要包括外部套管和引出线上发生的相间短路和中性点直接接地侧的接地短路等。变压器的不正常运行状态主要有过负荷、油位降低、外部短路等引起的过电流、过电压或低频率引起的过励磁、油温升高和冷却系统故障等。

为了反应变压器的各种故障和不正常运行状态，必须根据变压器的容量和重要程度装设完善的保护装置。变压器常装设的保护有以下几种：

（1）纵差保护。纵差保护是电力变压器的主保护，保护范围为各侧电流互感器所包括的区域，可以反应在该区域内发生的各种短路故障，动作后瞬时跳开变压器各侧断路器。

纵差保护适用于容量为 6300kVA 以上的并列运行的变压器、发电厂厂用工作变压器，容量为 10 000kVA 以上的单独运行的变压器。对于上述容量以下的变压器且其后备保护的动作时限大于 0.5s 时，可用电流速断保护代替纵差保护。对 2000kVA 以上的变压器，当电流速断保护的灵敏度不能满足要求时，也应装设纵差保护。对某些高压大容量的变压器纵差保护可双重化配置，以提高可靠性。

超高压大容量的变压器可采用分侧纵差保护，即把变压器的每个绕组作为独立的保护对象而分别采用纵差保护。分侧纵差保护不受励磁涌流、有载调压引起的变比变化等因素的影响，灵敏度高，但只有每一绕组都有两个引出端子时才能采用此种保护方式。针对 YNd 接线的变压器高压绕组单相接地时，普通纵差保护灵敏度不高甚至拒动的问题，对单相接地故障可采用零序差动保护方式，即将高压侧三相电流互感器接成零序接线，再与中性点的电流互感器组成差动接线。零序差动保护也不受励磁涌流的影响。

（2）瓦斯保护。为了反应变压器油箱内的各种故障以及油面的降低，应装设瓦斯保护。它包括轻瓦斯和重瓦斯两种，其中轻瓦斯保护动作于信号，重瓦斯保护动作于各侧断路器跳闸。

气体继电器是构成瓦斯保护的主要元件，它安装在油箱与储油柜之间的连接管道上。当变压器油箱内部发生故障时，由于故障电流和电弧的作用，使变压器油及其他绝缘材料受热分解而产生气体，故障越严重。产生气体越多，流速越快，因气体较轻，它将从油箱流向储油柜的上部，瓦斯保护就是反映上述气体异常而动作的。

瓦斯保护能灵敏地反应油箱内部的各种故障，尤其是在变压器发生铁芯故障、匝间短路等情况下，反应电气量的保护有时灵敏度不够，此时主要靠瓦斯保护来切除故障，因此纵差保护不能代替瓦斯保护。因为瓦斯保护不能反映油箱以外的套管及引出线等处发生的故障，所以瓦斯保护也不能代替纵差保护。只有瓦斯保护和纵差保护相互配合，才能快速而灵敏地切除变压器油箱内外以及引出线等处发生的各种故障。

对于 800kVA 及以上的油浸式变压器、400kVA 及以上的车间内油浸式变压器应装设瓦斯保护，有载调压的油浸式变压器的调压装置也应装设瓦斯保护。

（3）过负荷保护。变压器过负荷使绕组等温升过高，从而引起绝缘老化、寿命降低。对 400kVA 以上的变压器，当数台并列运行或单独运行，并作为其他负荷的备用电源时，应装设过负荷保护。根据变压器的作用、电源数量和实际运行情况，过负荷保护可配置在变压器的一侧或几侧，如对于双绕组升压变压器，过负荷保护一般装设在主电源侧；两侧电源的三绕组降压变压器，三侧一般均装设过负荷保护。过负荷保护反应变压器对称过负荷引起的过电流，经延时动作于信号。变压器的过负荷电流在大多数情况下都是三相对称的，因此只需装设单相过负荷保护。对于无经常值班人员的变电站，必要时过负荷保护可动作于自动减负荷或跳闸。

（4）过励磁保护。对于高压大型变压器，由于其额定工作时的磁通密度接近于铁芯的饱和磁通密度，当频率降低或电压升高时，工作磁通密度增大，铁芯将饱和，使变压器励磁电流增大，造成铁芯、绝缘介质等过热，因此应装设过励磁保护。过励磁保护的动作特性应与变压器的过励磁倍数曲线相配合。过励磁保护通常分两段，在变压器允许的过励磁范围内，保护作用于信号；当过励磁超过允许值时，可动作于跳闸。

（5）其他辅助保护。

1）变压器绕组温度过高，超过允许值时，动作于信号或跳闸。

2）冷却系统故障、油温升高超过允许值时，动作于信号或跳闸。

3）变压器油箱的压力释放装置动作，动作于信号或跳闸。

4）有载调压变压器的调压装置故障时，动作于信号或跳闸。

5）当出口断路器为分相操作时，还需装设非全相保护。

2. 发电机的保护

发电机既要承受机械振动，又要承受电流、电压的冲击，因此在运行中可能会发生各种故障和不正常的运行状态。发电机常见的故障有定子绕组相间短路、定子绕组匝间短路、定子绕组单相接地、励磁回路一点接地或两点接地及失磁等。发电机常见的异常运行状态有定子绕组过负荷、励磁回路过负荷、外部短路等引起的定子绕组过电流、逆功率运行、转子表层过热、失步、定子绕组过电压等。针对各种故障和不正常运行状态，发电机应装设完备的保护装置。为了减少机组全停次数、缩短恢复正常供电的时间，根据故障及异常运行的性质，其保护的出口动作方式有停机、解列灭磁、解列、减出力、发出声光信号和程序跳闸等几种。

容量、结构和重要程度等不同的发电机，其保护配置也略有不同。发电机常装设的保护有以下几种：

（1）发电机纵差保护。容量为 1MW 以上的发电机应装设纵差保护，它是发电机定子及引出线相间短路的主保护，瞬时动作于全停。由于发电机纵差保护两侧可以选用同电压等级、同型号、同变比的性能非常相近的电流互感器，而且不受励磁涌流等的影响，因此正常运行和外部短路时，流过差动继电器的不平衡电流比变压器纵差保护小，较容易实现，正确动作率也高。

发电机的纵差保护不能反映定子绕组的匝间短路，而变压器绕组发生匝间短路时，通过磁路耦合，改变了各侧电流的大小和相位，使得变压器的纵差保护具有一定反映其匝间短路的能力。由于变压器各侧纵差保护的思路是借鉴发电机纵差保护而来的，也不能反应匝间短路。为了能同时反应定子绕组的相间短路、匝间短路和定子绕组开焊故障，可采用不完全纵差保护。该保护用于每相定子绕组具有多分支结构的发电机，中性点引出 4 个或 6 个端子，保护每相所用的电流互感器，一个接于发电机端相电流回路，另一个接在发电机中性点侧的每相的一个分支电流回路中，此时引入该差动保护各相的电流为发电机中性点电流的一部分及发电机端电流的全部，所以称为不完全纵差保护。

（2）定子绕组匝间短路保护。发电机定子绕组的匝间短路，包括同一分支匝间和同一相不同分支间的短路。发生匝间短路时，短路环中的电流可能很大，若不及时处理可能发展成相间短路或接地短路。发电机尤其是大型发电机，应装设瞬时动作于全停的匝间短路保护。

定子绕组为双星形接线且中性点引出 6 个端子的发电机，通常装设单继电器式横差保护作为匝间短路保护，因为它把定子绕组分成几部分，比较不同部分分支绕组电流，所以称为横差保护，而纵差保护比较的是定子绕组首、末两端的电流。横差保护还可以反应定子绕组开焊故障。对于中性点只有三个引出端子的大容量发电机的匝间短路保护，一般采用带负序功率方向闭锁的转子二次谐波电流式或零序电压式匝间保护。

（3）定子绕组单相接地保护。为了安全，发电机的外壳、铁芯是接地的，若定子绕组与铁芯间绝缘在某一处损坏，就会发生单相接地故障。由于发电机中性点一般都不直接接地，单相接地时的短路电流很小，纵差保护不能动作。虽然单相接地瞬时电流不大，但接地电流会引起电弧灼伤铁芯，破坏绝缘，若不能及时发现，可能发展为匝间短路或相间短路。单相接地时定子绕组绝缘损坏及铁芯烧伤程度与接地电流大小及持续时间有关。为确保发电机的安全，需采取措施减小单相接地故障电流。

可以利用接地时产生的零序电流、零序电压、三次谐波电压等构成定子接地保护。当发电机直接与母线相连时，发电机单相接地时流过发电机端的零序电流较大，可采用反应零序电流的接地保护。利用三次谐波电压构成的接地保护可以反应发电机绕组中性点侧的单相接地故障，且故障点越接近中性点，保护的灵敏度越高。利用基波零序电压构成的接地保护，当故障点越接近于发电机出线端时，保护的灵敏度越高，但在中性点附近灵敏度差，有一定的死区。因此，将基波零序电压式和三次谐波电压式两种保护相组合可构成 100% 的定子接地保护，称为双频式定子接地保护。除此外，还可利用外加电源（非工频）的方式构成100% 的定子接地保护，如附加一个低频电源，正常运行时，定子回路对地绝缘完好，外加电源只产生很小的电流；发生接地故障后，定子回路对地绝缘受破坏，外加电源通过故障点产生较大的电流，使保护动作。

对于 100MW 及以上的与变压器组成单元接线的发电机，由于其地位重要、价格昂贵、结构复杂、损坏后修复困难、停机时间长，尤其是水内冷机组，中性点附近定子绕组漏水造成单相接地可能性大，所以对其定子单相接地保护的性能提出了严格的要求，需要装设保护范围为 100% 的定子单相接地保护。

（4）发电机失磁保护。发电机失磁是指发电机的励磁突然全部或部分消失。发电机失磁将对电力系统的运行造成危害，如失磁发电机要从电网中吸收很大的无功功率以建立发电机的磁场，如果系统无功储备不足，将引起系统电压下降，甚至可能造成电压崩溃；由于此时其他发电机会增大无功输出，可能使某些发电机、变压器等过电流，甚至使后备保护误动作；由于有功功率的摆动和电压的降低，还可能引起系统振荡。失磁对发电机本身也会产生不良影响，如失磁后发电机转入异步运行，在转子回路中将感应出一定频率的交流电流，其损耗会使转子过热；失磁特别是在重负载下失磁，发电机将吸收大量的无功功率，会使定子绕组过电流，为了防止定子绕组过电流，发电机所发出的有功功率与同步时相比将会有所降低；失磁还将使端部部件过热，机组振动加剧。因此，发电机尤其是大型发电机，应装设失磁保护。

失磁的危害不像发电机内部短路那样迅速地表现出来，而汽轮发电机突然跳闸，会给机组本身及其辅机造成很大的冲击，并对电力系统造成扰动。因此，对于汽轮发电机，如果失磁危及系统安全，例如高压母线电压严重下降可能使电压发生崩溃时，失磁保护动作迅速断开发电机；如果失磁不危及系统安全，则失磁保护动作于断开灭磁开关、投入异步电阻、将有功负荷减少到允许值及切换厂用电源（厂用电源取自失磁发电机时），尽量保持低负荷异步运行，如果不能在允许的异步运行时间内消除造成失磁的原因，保护再动作于跳闸。

（5）发电机的负序过电流保护（转子表层负序过负荷保护）。电力系统发生不对称短路或三相负荷不平衡时，在发电机定子绕组中将会出现负序电流，负序电流在发电机气隙中建立与转子运动方向相反的负序旋转磁场，将在转子上感应出频率为 100Hz 的电流，由于倍频电流的集肤效应，该电流主要在转子表面流过，可能使转子某些部分产生危险的局部过热，甚至使护环受热、松脱，导致发电机重大事故。为防止发电机的转子遭受负序电流的损伤，发电机尤其是大型发电机，需要装设负序过电流保护，它实际上是对定子绕组电流不平衡而引起转子过热的一种保护。

发电机负序过电流保护的动作电流和动作时限取决于发电机转子表层的负序发热情况和发电机承受负序电流的能力。一般 50MW 及以上的发电机应装设定时限负序过电流保护，可设两段，动作于信号或跳闸。对于承受负序电流能力较差的大型发电机，如 100MW 及以上的汽轮发电机，应装设定时限和反时限负序过电流保护，动作于信号或跳闸，反时限特性的负序过电流保护能与发电机的负序过热曲线较好地配合。

（6）发电机定子绕组过负荷保护。发电机尤其是大型发电机，由于定子材料利用率很高，其热容量和铜损的比值较小，热时间常数也较小，容易因过负荷而使温升过高，影响机组正常寿命。因此，应装设反应绕组发热状况的定子绕组过负荷保护。

对于非直接冷却方式的中、小型发电机，定子绕组过负荷保护采用单相式定时限电流保护，经延时动作于信号或减出力。对于热容量裕度较小的直接冷却方式的大型发电机，定子绕组的过负荷保护一般由定时限和反时限两部分组成，定时限部分一般动作于信号或减出力；反时限部分动作于解列或程序跳闸等方式。

（7）逆功率保护。逆功率保护用于保护汽轮机，其核心元件是逆功率继电器。当主汽门误关闭或汽轮机、锅炉保护动作关闭主汽门而出口断路器未跳闸时，发电机从电力系统吸收有功功率。这种逆功率工况，对发电机并无太大危险，但由于残留在汽轮机尾部的蒸汽与叶片产生摩擦，尾部叶片有可能过热受损，造成汽轮机事故。因此，不允许在这种状态下长期运行，一般只允许运行几分钟。我国一般在 200MW 及以上汽轮发电机上装设逆功率保护，其延时通常分两段，短延时发信号、长延时跳闸。

除了逆功率保护用的逆功率继电器外，还可再设一个逆功率继电器，用于实现发电机过负荷保护、过励磁保护、失磁保护和远后备保护等动作后的程序跳闸，即首先关闭汽轮机主汽门，待逆功率动作后，再断开断路器并灭磁，避免因主汽门未关而断路器先断开时引起的飞车事故。

（8）失步保护。对于中小型发电机，通常不装设失步保护，当失步时由运行人员通过增加励磁电流、增加或减少原动机出力、局部解列等方法来处理。对于大型发电机-变压器组和超高压电力系统，发电机和变压器的阻抗值增加，而系统的等效阻抗值下降，因此振荡中心常落在发电机端或升压变压器的范围内，使发电机端电压随振荡而周期性地下降，厂用设备难以稳定运行，甚至处于制动状态，可能造成停机、停炉或炉膛爆炸，失步后果严重。一般要求300MW及以上的大型发电机需要装设失步保护。

失步保护动作后的行为由系统安全稳定运行的要求决定，一般不要求立即动作于跳闸，应视发电机的具体情况采用不同的措施，如对于加速状态的发电机，应减少原动机的出力，必要时切除发电机；对于减速状态的发电机，在不致过负荷的条件下，应增加原动机的出力，必要时切除部分负荷。当失步振荡次数或持续时间超过规定时，失步保护在振荡电流较小时使发电机跳闸。

（9）转子绕组过负荷保护。由于励磁回路故障或强励时间过长等原因，会造成转子绕组过负荷，引起发热。对于100MW及以上的采用半导体励磁装置的发电机，装设转子绕组过负荷保护，一般接于转子回路的直流电压侧。300MW以下的发电机，通常只装设定时限转子绕组过负荷保护；300MW及以上的发电机，转子绕组过负荷保护一般由定时限和反时限两部分组成。

四、发电机并网的基本步骤

1. 发电机升压

当汽轮发电机升速至额定转速且定子绕组已通水的情况下，就可以加励磁升高发电机定子绕组电压，称为发电机升压。发电机电压的升高速度一般不做规定，可以立即升至规定值，但在接近额定值时，调整不可过急，以免超过额定值。

升压时还应注意：三相定子电流表的指示均应等于或接近于零；如果发现定子电流有指示，说明定子绕组上有短路，这时应减励磁至零，拉开灭磁开关进行检查。三相电压应平衡；同时也以此检查一次回路和电压互感器有无开路。当发电机定子电压达到额定值，转子电流应达到空载值，每次检查励磁电流值可以检查转子绕组是否有匝间短路；如果有匝间短路时，要达到定子额定电压，转子的励磁电流必须增大。

当发电机电压升到额定值后，可准备对电网并列。并列是一项非常重要的操作，必须小心谨慎，操作不当将产生很大的冲击电流，严重时会使发电机遭到损坏。

2. 并网

达到额定转速后，经检查确认设备正常，完成规定试验项目，即可进行发电机的并网操作。汽轮发电机组并网操作都采用准同期法，要严格防止非同期并列。准同期并列即准确同期并列的方式，发电机与系统并网时的要求有：主断路器合闸时没有冲击电流；并网后能保持稳定的同步运行。为满足上述要求，准同期并网必须满足三个条件：即待并发电机与系统的电压相等，误差在5%以内；待并发电机电压相位角与系统一致；待并发电机频率与系统相等，误差在2%~3%以内。

准同期法又分自动准同期、半自动准同期和手动准同期三种。调频率、调电压及合主断路器全由运行人员手动操作的称手动准同期；三项操作全由自动装置来完成的，称自动准同期；三项操作中有一项或两项为自动的，即为半自动准同期。现代大型机组一般都采用自动准同期的方法并网。自动准同期装置能够根据系统的频率调机组的转速，当 DEH 投入"自动同期"方式后，自动准同期装置获得对转速的控制权，发出脉冲去调节待并发电机的转速，使机组的转速达到比系统高出一个预先整定的数值。然后，检查同期的回路开始工作，当待并发电机以微小的转速差向同期点接近，且待并发电机与系统的电压差在±5% 以内时，提前一个预先整定好的时间发出合闸脉冲，主断路器自动合上，实现与系统的并列。

3. 初负荷暖机

汽轮发电机并网后，随即可增加发电机的励磁电流和有功负荷，确认发电机已带上 5% 的负荷，切断同期表开关和同期开关。此时，发电机可立即接带部分无功负荷以改善系统电压水平。内冷式发电机由于转子绕组与铁芯发热时间常数差别较大（转子绕组的发热时间常数为 3～5min，铁芯为 40min），冷态启动时立即给转子加很大励磁电流，将在两者之间形成较稳态运行时大得多的温差，这样多次启停引起的多次热应力循环将加速转子绝缘损坏。因此，内冷式发电机并网后，电流的增长速度不应超过正常有功负荷的增长速度，但电力系统发生事故，要求输出无功功率时例外。

大型汽轮机在额定转速时的蒸汽流量为额定时的 4%～5%，同额定转速时相比，机组并网后蒸汽流量增加，调节级后蒸汽压力上升，蒸汽对通流部分金属的放热系数比定速暖机时增加很多，使汽缸内、外温差剧烈增加，这时最容易出现较大的金属温差及胀差。因此，机组并网后要进行低负荷暖机。暖机的负荷值和暖机时间根据蒸汽和金属温度的匹配情况决定，如失配越大，负荷值越小，暖机时间越长。暖机期间，除必须严格控制蒸汽温升率和金属温差外，还需监视胀差变化，如发现胀差过大，应延长暖机时间；同时也必须严格监视振动情况，发现振动增大，也要延长暖机时间。

为防止汽轮机转子发生脆性断裂事故，一般规定负荷在 20% 额定负荷运行 4h 后，待转子内中心孔温度达 150℃ 以上时，再解列进行超速试验。

【任务实施】

填写"发电机并列"任务操作票，并在火电机组仿真机上完成发电机并列、机组初负荷暖机的任务，为后续机组升负荷做准备。实训过程中及时记录机组运行参数。

一、实训准备

（1）查阅《仿真机组的运行规程》，以运行小组为单位填写"发电机并列"任务操作票，并确认。

（2）熟悉火电机组仿真机 DCS 站、DEH 站和就地站的操作与控制方法。

（3）恢复火电机组仿真机初始条件为"汽轮机定速 3000r/min"，确认机组运行状态。

二、"发电机并列"实训案例

某 335MW 火电机组，发电机为上海电机厂生产的型号 QFS - 335 - 2 型双水内冷发电机。配有 1 台主变压器，将发电机电压由 18kV 升至 220kV 向外供电。励磁系统采用计算机自动励磁系统，有 1 台 150Hz 的主励磁机和 1 台 350Hz 的副励磁机，副励磁机采用永磁机结构，由 3 台整流柜进行整流后供给发电机转子电流。另有 1 套手动 50Hz 励磁装置作为备用。同期装置采用计算机自动准同期并列装置，也可采用手动准同期进行并列。

1. 发电机并列准备

汽轮机转速维持在 2985～3015r/min，升速率为 60r/min²，接到"同期请求"信号后，在 DEH 的"自动控制"画面上投入"自动同期"，此后汽轮机转速由电气控制，注意转速变化。

2. 发电机采用调节器自动励磁方式升压与系统并列操作

（1）点击发电机 - 变压器组主断路器图标，进入开机操作画面。

（2）选择"开机并网""自动开机"方式。

（3）检查整流柜投入正常。

（4）检查 MK（灭磁开关）合好。

（5）检查励磁系统投入正常。

（6）发电机电压已升至额定值。

（7）核对发电机空载参数正常。

（8）检查发电机定子、转子回路绝缘良好。

（9）检查发电机同期装置投入正常。

（10）检查发电机 - 变压器组主断路器确已合好。

3. 30MW 初负荷暖机

（1）发电机并列后，自动带初负荷至 9MW。

（2）在 DEH 的"自动控制"画面设置负荷率为 1.3MW/min，继续带负荷至 30MW 暖机。同时相应地调整发电机无功功率以控制发电机功率因数。

（3）发电机并网后，在电气就地系统中，将 6kV 工作电源开关恢复备用，将其远方/就地小开关置于"远方"位置。

（4）在此负荷下，暖机 30min。检查汽缸温升、温差、胀差等正常。

（5）投入低真空保护及电跳机保护。

（6）调整发电机风温及发电机内冷水温度。

（7）关闭高压段疏水（电动主闸门前后疏水、高压导汽管疏水、高压联络管疏水、高压内外缸疏水、一抽止回阀前后底部疏水）。

三、实训注意事项

（1）机组并列时一般采用自动准同期并列方式。

（2）无论采用什么方式并列，均不允许解除同期闭锁，应检查同期检定继电器动作正确，并注意同期装置或 DEH 调整发电机转速正常，使同步表指针顺时针方向缓慢旋转（4～10r/min），当同步表转动太快、跳动、停滞时，不允许进行并列操作。

（3）并列后及时投入发电机绝缘过热监测装置。

（4）并列后应检查主变压器冷却装置投入运行。

（5）发电机并入系统后按汽轮机、锅炉要求带有功负荷，电气人员相应调节发电机无功功率以控制发电机功率因数。

四、实训报告要求

（1）填写"发电机并列"项目任务书。

（2）记录初负荷暖机过程中机组的主要运行参数。

（3）记录发电机并列过程中所遇到的问题、解决方法和体会。

复习思考

（1）发动机励磁系统有哪些作用？

（2）发动机并网有几种方式？

（3）发动机升压、并网有哪些注意事项？

（4）如何调整发动机励磁，维持发电机额定电压？

任务4 机组升负荷至满负荷

【教学目标】

一、知识目标

（1）掌握汽轮机 DEH 负荷控制功能。

（2）掌握锅炉制粉系统运行方法。

（3）掌握锅炉燃烧控制方法。

（4）掌握单元机组厂用电切换功能。

（5）掌握单元机组主要系统设备的切换。

二、能力目标

（1）正确进行单元机组升负荷操作。

（2）能进行单元机组运行维护及主要监控参数的调整。

【任务描述】

单元机组所有辅助系统启动后，锅炉点火、升温、升压至汽轮机冲转参数，汽轮机冲转定速，发电机并列及初负荷暖机，在此基础上进行单元机组升负荷至额定负荷。

【任务准备】

一、任务导入

（1）发电机并列完成后怎么将机组负荷带到额定负荷？

（2）DEH 如何进行升负荷操作？

（3）如何保证所有设备均处于良好状态？

二、任务分析及要求

（1）掌握机组升负荷过程中 DEH 的操作控制方法。

（2）掌握制粉系统的启动及系统的主要参数控制方法。

（3）掌握厂用电切换方法。

（4）掌握汽动给水泵启动及并泵方法，并能正确调整汽包水位。

（5）能在实训仿真机组上合作完成机组升负荷操作，并将主要参数控制正确。

【相关知识】

一、机组升负荷主要操作

机组升负荷，实质就是增加汽轮机的进汽量，主要靠加强锅炉燃烧增大锅炉蒸发量。随着蒸发量的增加，主蒸汽压力也相应提高。在低负荷阶段，要求将主蒸汽压力变化率控制在 20～30kPa/min 范围内。这样既可以确保稳定的升负荷，也可以防止通流部分蒸汽流量增加过快，造成高压外汽缸及其法兰跟不上转子的加热，引起正胀差超过允许值。由于蒸汽压力和温度随着负荷的增加而提高，汽轮机金属温度也随着升高。通常汽轮机金属温度的升高速度与负荷增加的速度成正比。因此在升负荷过程中，控制金属的温升率也就是要控制汽轮机升负荷的速度。允许升负荷的速度取决于最危险区域（一般在调节级附近）金属温度的允许升温速度。

在升负荷过程中增加燃油投入的同时，要注意二次风温，且条件具备，及时投入制粉系统和一次风机运行。当锅炉煤点火能量允许（汽包压力和二次风温许可）、满足投粉条件时及时投粉运行。升负荷过程中，应确认调节系统动作正常，调节阀门无卡涩；应监视发电机冷氢温度、定子冷却水温度、铁芯温度、绕组温度、绕组出口风温。当机组负荷到达80%额定负荷左右时，主蒸汽压力达到额定值后机组定压运行至机组带上额定负荷。机组额定负荷运行后应进行一次全面检查，并且尽可能将自动调节系统全部投用。

二、制粉系统的启停

1. 投粉条件

制粉系统是煤粉锅炉的重要辅助系统，它的启停、运行的好坏，直接影响锅炉的安全性与经济性。对制粉系统启停、运行的基本要求如下：

（1）磨制满足锅炉出力所需要的煤粉量。

（2）保证煤粉的质量合格，以满足锅炉燃烧的要求。

（3）降低制粉电耗和其他损耗，提高经济性。

（4）防止发生煤粉自燃和爆炸等事故。

一般亚临界压力锅炉，热风温度达到150℃时，可启动制粉系统进行制粉，做好投粉准备。采用直吹式制粉系统时，应达到锅炉启动时投粉所具备的条件后方可投粉。断油负荷要视燃用煤种来定。一般机组负荷升至60%BMCR，燃烧正常后，可停用全部油枪，全烧煤粉，燃油系统打循环；停油后，对燃油系统进行全面检查，确认油枪及油系统不漏油。

2. 带筒式钢球磨煤机的中间仓储式热风送粉系统

（1）启动前的检查。制粉系统无论是检修后的首次启动或运行中备用磨煤机的启动，都必须对所属设备和管道进行全面检查，确认具备启动条件后方可进行启动。

1）转动机械的检查。转动机械的转动部件和传动装置应完整、正常，无卡涩现象，并处于能立即启动的状态；磨煤机内应有足够的钢球，磨煤机、排粉机内无着火自燃现象。各轴承冷却水应开启，并畅通无阻。原煤斗应上足煤。制粉系统油站油箱油位、油温正常，各冷却水投入运行。

2）做制粉系统联锁试验。停止排粉机，联跳相应的磨煤机和给煤机；开启冷风门，关闭热风门，跳闸的转机指示颜色变化且闪动、报警，将跳闸的转机复位；当磨煤机润滑油压降至Ⅰ值或运行的油泵事故跳闸，备用油泵不启动，油压降至Ⅱ值时，自动停止磨煤机、给煤机，开启冷风门，关闭热风门，跳闸设备颜色变化并闪动、报警。

（2）启动。

1）断开制粉系统联锁开关（联锁开关由电气控制）。

2）检查排粉机油站运行正常，润滑油压大于或等于 0.1MPa，排粉机出口风门全开，入口风门全关。

3）启动排粉机，画面排粉机变红色逐渐开大排粉机入口挡板。

4）开启磨煤机入口隔离门；开启磨煤机入口热风门、磨煤机入口冷风门，投入磨煤机温度调节 SPⅠ值（60℃）；润滑油压大于或等于 0.05MPa，工作油压 $p>27$MPa、油温 30℃$<T<55$℃。

5）启动磨煤机运行，画面磨煤机变红色，参数变化正常。

6）当磨煤机出口温度大于 60℃时，SCS 启动给煤机运行，调整给煤机的振动频率。

7）磨煤机运行正常后投入再循环自动，投磨煤机出口温度 SPⅡ值（90℃）调节自动，投给煤机的振动频率自动。

启动完毕后，应进行一次全面检查。至此，制粉系统转入正常运行状态。随着给煤机给煤量的增加，逐步加大磨煤机进口的热风调节门和再循环风门（如有压力冷风系统，也可用压力冷风调节），以增加系统的通风量（即增加出力）。并按不同的煤种，控制磨煤机出口温度，以及控制磨煤机入口负压和进、出口差压。磨煤机出口（或粗粉分离器后）干燥剂的温度，根据防爆规程选取，国内推荐值见表 3 - 7。

表 3 - 7   **磨煤机出口气粉混合物温度**   ℃

燃料种类	储仓式		直吹式	
	$M_{ar}\leqslant25\%$	$M_{ar}>25\%$	非竖井式	竖井式
页岩	70	80	80	80
褐煤	70	80	80	100
烟煤	70	80	80	130
贫煤	130		130	—
无烟煤	不限制		不限制	—

注 在不采用竖井磨煤机的直吹式系统中磨煤机出口温度可提高到 100℃（褐煤）、130℃（烟煤）、150℃（贫煤）。

（3）停止。在停止制粉系统运行之前，应根据锅炉停炉的具体情况，决定是将煤粉仓内的煤粉用尽或是将煤粉仓内的存粉量降低到现场规定的粉位。对于停炉进行大、小修和较长时间备用的锅炉，在停止制粉系统之前，一般应将煤粉仓内的煤粉用完（并将原煤斗内的煤也尽量用尽）。

1）将磨煤机温度调节自动切为手动。

2）将排粉机入口挡板关小到 50%。

3）停止给煤机运行。

4）停止磨煤机，检查入口热风门关，磨煤机入口冷风门开，关闭入口隔离门。

5）停止排粉机，将排粉机入口挡板关闭，检查排粉机出口风门关、冷却风门开。

6）就地停止油站运行。

（4）注意事项。

1）给煤机停止运行，但应保持排粉风机、磨煤机运行。其目的是对磨煤机及其制粉系统进行排粉抽粉，使制粉系统内没有残留煤粉，以避免制粉系统积粉爆炸。吹扫延时过程，一般持续 5～10min。当磨煤机进、出口压差下降到某一值（一般为 500～1000Pa），且粗粉分离器回粉管无回粉时（回粉管锁气器不动作），表明磨煤机及其系统内存粉已基本抽尽，可以停止磨煤机运转。

2）磨煤机停转后，润滑油泵继续运行 10min，待磨煤机、减速装置等轴承瓦块完全冷却以后，再停油泵。如果磨煤机停运后作备用，润滑油泵应继续运行，而且对停运的磨煤机应定时启动，进行短时间的空转，保持各部温度均匀。

3）停止排粉风机。在停磨后，排粉风机还需要运转一段时间，其目的是继续通风，把系统中的残余煤粉抽尽，以防止积粉自燃或爆炸。同时，还可以对磨煤机及制粉系统的其他设备、管道进行冷却，使其温度逐渐降低。当排粉风机进口温度小于规定值时，可关闭抽风门，停止排粉风机运转，随后关闭磨煤机进口热风总门。对于中间储仓式热风送粉的制粉系统，排粉风机出口的乏气作为三次风送入炉膛，因此在停运排粉风机的同时，还应开启三次风喷嘴冷却风冷却喷嘴。

制粉系统在启停过程中，磨煤机出口温度不易控制，容易因超温而发生煤粉爆炸事故。另外在停止时，当系统中煤粉没有抽尽时，煤粉会发生缓慢氧化，在下次启动通风时就会疏松和扬起引燃的煤粉，也容易引起制粉系统爆炸。因此，制粉系统的启停操作，必须特别注意防止煤粉爆炸：启动前必须全面检查，确保系统内无积粉和无引燃现象；启动中，当磨煤机出口温度达到规定值时，启动钢球磨煤机，并立即启动给煤机向磨煤机给煤；在停运过程中，给煤量是逐渐减少的，应严格控制磨煤机出口温度，防止磨煤机出口超温现象出现。

3. 直吹式制粉系统的启动

直吹式制粉系统首台磨煤机启动投粉的条件——投运煤粉燃烧器条件：锅炉炉膛内燃油或燃气形成稳定燃烧火焰；锅炉负荷达到 20％BMCR 以上；空气预热器出口热空气温度大于 150℃（或某规定值）；首台磨煤机才能启动投粉。这是考虑炉膛温度水平已经达到煤粉着火条件，热风温度达到干燥剂的要求，低浓度煤粉已能稳定着火燃烧等问题。

对于煤粉燃烧器设置相应点火装置的锅炉，当启动磨煤机时，必须将其相应的煤粉点火装置投入，以保证在每个煤粉燃烧器投运时，煤粉能迅速稳定地着火，防止因燃烧器射流周围高温回流而发生局部爆燃的现象。

磨煤机的给煤量是通过调节给煤机电动机转速来控制的。一次风的作用是向磨煤机提供适量温度的热风，以干燥研磨过程中的燃煤，并将磨制好的煤粉输送至燃烧器，进入磨煤机的一次风温可以由冷、热一次风管道上的风门挡板调节。由于一次风机布置在空气预热器进口之前，整个制粉系统处于正压下工作，所以磨煤机和煤粉管道必须进行严密密封，否则向外冒粉影响环境和设备安全。密封风的作用是向磨煤机磨辊、磨煤机轴承、磨煤机出粉管阀门等提供密封空气。磨煤机磨辊、磨煤机轴承、磨煤机出粉管阀门密封风来源于冷一次风经密封风机升压，给煤机密封风未经密封风机升压由一次风机冷一次风母管直接提供。

直吹式制粉系统启动程序（以中速磨煤机正压直吹式制粉系统为例）。

（1）启动前检查准备。无论是检修后的首次启动或运行中备用启动，都必须认真、仔细地对有关系统和设备（排粉机、一次风机、密封风机、磨煤机、给煤机等）、保护装置（防爆门、充氮装置、蒸汽灭火、CO_2 灭火）、电气联锁、热工保护进行全面检查。系统内无积粉的自燃现象。润滑油量充足且油质合格，原煤仓中有合适的煤量。粗粉分离器折向挡板开度适当，风门挡板及锁气器动作灵活，磨煤机室内无杂物，动静间隙合格，碾磨部件的加载装置正确，保持预定加载值（即弹簧紧力）。确认其石子煤箱进口挡板已开启，出口挡板关闭严密，挡板开关灵活。密封空气管道及附件完好且具备启动条件。

（2）启动润滑油系统，建立所需的油压，投入油温电加热控制自动（20～40℃）；启动液压油系统，检查振动不超过 0.085mm。

（3）启动一次风机，打开风机的出口挡板，维持一次风的风箱压力，对所有煤管和燃烧器吹扫冷却至少 5min；启动密封风机，投入密封空气。使密封风压和一次风压差值达到要求值。

（4）开启磨煤机进、出口风门及冷热风隔绝门。调整冷热风门开度，控制磨煤机出口风温和风压，进行磨煤机暖机。对于碾磨件为非接触式的磨煤机（如 RP 磨），应在磨煤机启动后进行暖磨，对于碾磨件为接触式磨煤机（如 MPS 磨），磨煤机启动前应加适量的煤，以免空磨启动损坏设备。

（5）投入该层煤粉燃烧器引燃油枪火焰正常，检查系统各部件工作正常且磨煤机出口风温达到要求（65～100℃），风量大于 30%，检查磨辊在提升位，确认磨煤机启动的允许条件，启动磨煤机。

（6）设置给煤机给煤量为 20t/h，启动给煤机，检查磨辊下降并加载运行正常。

（7）调整磨煤机出力和出口风温，使系统各参数达到要求。

（8）将磨煤机风量、风温、煤量等投入自动，制粉系统运行给煤量为 20t/h 后停止对应的点火油枪。

三、制粉系统的运行调节

1. 中间储仓式制粉系统的运行调节

中间储仓式制粉系统的运行特点是可以相对独立地进行制粉和调节，与锅炉的负荷变化没有直接的关系。因此，这种系统的监视与调节比较方便，且可始终保持在最佳的工况下（通常为最大出力）运行。在正常运行过程中，主要监视的项目为磨煤机出口温度，磨煤机进、出口压差及进口负压，磨煤机、排粉机、给煤机及给粉机等的工作电流等。而需要调节的，除了磨煤机出力与煤粉细度外，在运行参数方面，则是磨煤机出口温度，磨煤机进、出口压差以及入口负压。

（1）系统的出力及风量调节。由于筒式钢球磨煤机的单位磨煤电耗是随着出力的增加而降低的（筒式钢球磨煤机电耗几乎等于它的空载损耗，即筒内有煤或无煤，其电耗几乎相同），所以为了提高筒式钢球磨煤机的运行经济性，应宜在最大出力下运行。调节制粉系统的出力总是要相应调节给煤量、通风量以及磨煤机进口冷、热风量。

当需要增加出力时，应增加给煤量和通风量（有时还需要提高磨煤机进口风温），反之，降低出力时，而相应减少给煤量和通风量（有时也需降低磨煤机进口风温）。因此制粉系统出力调节是通过对给煤量、通风量及磨煤机进口风温的调节来实现的。

磨煤机风量对磨煤机出力及煤粉细度有很大影响，通过磨煤机的风量大，则磨煤机出力大，带出去的煤粉变粗；反之，风量小、磨煤机出力小，煤粉变细。在运行中，一般都将煤粉细度调节在经济细度值上，如果风量过小，则使合格煤粉吹不走而在磨煤机内反复磨制成极细煤粉，会造成磨煤机出力不足和磨煤电耗增加，这是不经济的，若风量过大时，会使过粗的煤粉从磨煤机内吹出，又经粗粉分离器分离后返回磨煤机做无益的循环。同时为了保证煤粉细度，粗粉分离器将关小折向门挡板，增加了阻力，而且煤粉流速加快，磨煤机及管道的通风阻力也增加，因而通风电耗增加，这也是不经济的。应通过实际试验，找到一个合适的通风量，在这个通风量下，能保证磨煤出力、经济细度以及最小的磨煤电耗（磨煤电耗与通风电耗之和的最小值）。

干燥风量决定于原煤的水分和干燥剂的初始温度。而磨煤机出口温度受煤粉防爆要求的限制，水分高的煤需要干燥热量大，煤干燥热量是由磨煤机进口的干燥剂（热风、再循环风等）提供的，它决定了干燥剂的量和温度。

一次风量的大小决定于煤种，煤的挥发物含量越高，一次风率也越大。但是磨煤风量、干燥风量和一次风量的需要数值往往不相等，有时相差甚远。为此，必须根据不同的煤种，采用不同措施和系统，使三者都能达到要求，此即为风量协调。

对于水分少、挥发分也少的燃煤（如无烟煤或贫煤），一般都选用仓储式制粉系统热风送粉，用热风作为一次风，磨煤通风量和干燥风量的矛盾可以利用乏气再循环进行处理，将排粉机后干燥剂部分引入磨煤机的进口，由于乏气的温度较低，使进入磨煤机干燥剂的温度降低，从而达到干燥风量与磨煤通风量相配合的目的。

对于水分少而挥发分高的燃煤（如烟煤），挥发分高，则需要一次风量大。同时，因为煤粉的经济细度 R_{90} 可以较大，即煤粉可允许粗些，所以磨煤通风量也较大，但由于水分少，因而干燥风量要求小些。对于中间储仓式制粉乏气送粉系统，首先应满足乏气送粉对一次风量的要求，磨煤机的磨煤通风量与干燥风量的协调，则采用热风加乏气再循环或加部分冷风来解决。而对于直吹式制粉系统用加冷风降低干燥剂温度及提高干燥剂量的方法来解决。

对于水分高、挥发分也高的燃煤（如褐煤），则其磨煤通风量和一次风量都大，褐煤水分很大，因而需要的干燥风量特别大。较好的办法是提高干燥剂的温度（提高热量），相应地可降低干燥风量。为此，可从炉膛上部抽部分烟气作为干燥剂（用炉烟加热风）。有的锅炉采用热烟气（炉膛出口烟气）和冷烟气（省煤器出口烟气）作为干燥剂。干燥剂中掺入炉烟对挥发分高褐煤的防爆有利。

（2）系统主要参数运行监视。

1）磨煤机进、出口压差。筒式钢球磨煤机筒内应维持最佳存煤量，而存煤量的多少可通过磨煤机进、出口压差的大小来反映。当系统在最大出力下运行时，由于相应的通风量也为最佳通风量值，则磨煤机的进、出口压差也具有相应的数值，这个数值需通过制粉系统的调整试验来确定。当磨煤机进、出口压差过大时，表明筒内存煤量过多，此时应适当减少给煤量，以便磨煤机进、出口压差恢复到正常数值；反之，压差过小，表明筒内存煤量过少，应增加给煤量。在监视和调节磨煤机进、出口压差过程中，必须注意防止发生满煤和堵塞事故。

2）磨煤机入口处负压。对于中间储仓式制粉系统，从磨煤机入口至排粉机入口的所有设备及系统管道均处在负压下工作。为了减少漏风和避免冒粉，磨煤机入口处的负压应控制在 $-400\sim-200$Pa。负压的下限定得比较大的原因是：因给煤不稳定或筒内工况多变导致磨煤机入口处负压波动较大而需留有余度，以防止磨煤机冒粉，损坏磨煤机两端的轴瓦。当磨煤机入口负压发生变化，且超过规定范围时，其具体的调节方法将视不同情况而异。从原则上讲，当磨煤机入口负压过小时，应开大排粉机的抽风门。如果此时磨煤机的进、出口差压变大，则可通过适当减少给煤量的方法来调整（实际上，有时入口负压变化往往就是由给煤量的变化而造成筒内存煤量变化所引起的）。如果此时磨煤机出口温度过高，则可通过关小热风门的办法来调节入口负压和磨煤机出口温度；反之，按上述方法进行反向调节。

3）磨煤机、排粉机、给煤机和给粉机的电流监视。低速筒式钢球磨煤机电流的变化，表明磨煤机内部运行工况，如电流表指示值减少，说明筒内钢球量或载煤量减少；反之，电流增大，则是钢球量或存煤量过多。由于钢球的磨损是缓慢的，而定期添加的钢球量也不是很多，所以电流的变化主要反映筒内存煤量的变化。为了使运行人员能了解磨煤机的空载特性，在磨煤机的调整试验中，必须绘制钢球装载量与电流之间的关系曲线，以利运行调整。

排粉机的工作电流是随系统通风量和气粉混合物浓度变化而改变的，因而它能直观地反映出系统出力的大小及风煤的配比。当磨煤机内载煤量增多时，由于筒内阻力增加而使通风量减小，因而进入排粉机的风量也相应减小，且此时从筒内携带出的煤粉变细，出力也相应降低，排粉机电流会因负荷的减少而降低。当磨煤机满煤时，由于通风量、通风阻力增加及煤粉量的大大减少而使排粉机电流明显下降；反之，当给煤量减少时，排粉机电流上升。如果在运行中大幅度地调节给煤量，就会使排粉机的电流变化十分明显。此外，当细粉分离器的下部堵塞时，分离器效率急剧降低，乏气的含粉量明显增多，大量煤粉将通过排粉机或部分回至磨煤机（乏气再循环），使流入排粉机的煤粉浓度大大增加，于是排粉机的工作电流会明显增大，甚至会过负荷（电流超限）。

给煤机和给粉机的电流是随着出力的增加而增加的，而给粉机的出力与电流之间应呈线性关系，但目前国内部分给粉机调节特性呈非线性关系，即在某转速范围内，出力随电流变化较大，而在某转速范围内，出力随电流变化较小，这种特性对给粉量调节极为不利。当给粉机因过载而发生安全销被切断情况时，首先反映出的现象是相关的给粉机电流突然降低至零（此时给粉机的电动机为空载运转）。

2. 直吹式制粉系统的运行调节

中速磨煤机直吹式制粉系统的正确运行，是通过稳定磨煤机的通风量（一次风量）和给煤量，并使风煤比（风量与煤量的比例）控制在合适的范围来实现的。而通过磨煤机的一次风量是用装在一次风机进口的孔板或皮托管等装置测量的，风量与测得的动压（全压与静压之差）的平方根成正比，该动压可以反映磨煤机的通风量。同时，在中速磨煤机直吹式制粉系统中，磨煤机进、出口的静压差（即磨煤机的通风阻力）在通风量一定的情况下只随磨煤机的给煤量变化而变化，因此该静压差也反映出给煤量的多少。由此可见，只要控制一次风动压与磨煤机静压差之比在规定范围，实际上就是控制了风煤比。

（1）风煤比选定的因素。对于给定的中速磨煤机直吹式制粉系统，风煤比值的选定对制粉系统本身的运行工况和锅炉运行状况均有着明显的影响。风煤比选定应考虑以下几种因素：

1）满足磨煤机本身的空气动力特性要求。

2）满足原煤的干燥要求。

3）保持送粉管道内有一定的流速，以确保煤粉气力输送的可靠性和经济性。

4）适应锅炉煤粉燃烧器的设计要求。

磨煤机和一次风机的电动机电流表的指示值，不仅直接显示设备的出力状况，而且还能显示这些设备的运转状况。因此，当制粉系统为人工控制时，运行人员需要监视和控制这些设备的电流大小，还应监视和控制磨煤机出口温度。在磨煤机的变动工况下，如启动、停止、出力改变及煤质变化时，磨煤机出口温度则将列为主要的监视控制参数。在人工控制时，要稳定磨煤机的压差，首先必须保证给煤在各种运行条件下均能畅通，其次应根据锅炉负荷，及时准确地调节给煤量。当磨煤机的通风量一定时，磨煤机的磨煤出力在一定的范围内与磨煤机内的煤量成函数关系。但对按照碾磨原理工作的中速磨煤机，最经济有效的碾磨，只有在保证煤与磨辊间摩擦力的条件下，才能在落煤层上达到。过量的给煤以期提高磨煤出力弊多益少，有时不仅降低磨煤机的经济性，甚至可能导致磨煤机堵塞、石子煤排放量增多等异常现象发生。当采用空气预热器出口的热风和送风机出口的冷风（或炉烟）作干燥剂时，不仅干燥剂的总量要适应磨煤机的要求，还必须进行混合物干燥剂各组分比例的调节、使磨煤机出口温度在规定值范围内。这些调节与中间储仓式制粉系统的磨煤机调节相似。

当中速磨煤机直吹式制粉系统实行自动控制时，常采用包括由给煤量调节及磨煤机出口温度调节的自动调节系统。在该系统中，锅炉负荷调节器根据锅炉负荷来调整给煤机的转速，从而改变给煤量。热风量则是根据孔板测得的数据并经过温度修正的结果，用热风挡板作相应的调整。而冷风挡板则根据磨煤机出口温度的高限值进行调整，以改变冷风的掺加量。在这个系统中，用给煤机的转速值作为给煤量的信号，如果实际煤量与给煤机转速值不符，或者转速信号不变而实际煤量有波动，将激起整个制粉系统工况的波动，从而对锅炉燃烧工况造成不利的后果。

（2）控制制粉系统运行的原则。中速磨煤机直吹式制粉系统的风煤比一般保持为 1.8～2.2（按重量计）。磨煤机出口温度的高限值应由煤种的挥发分大小来决定，也即由防爆条件来定。上述控制系统如用人工控制方式，当制粉系统投运的组数一定时，随锅炉负荷变化控制制粉系统运行的原则如下：

1）锅炉增加负荷时，首先增加炉膛负压，提高通过磨煤机的一次风量，再增加给煤量，增加送风量，恢复炉膛负压至预定值。

2）锅炉降低负荷时，首先减少给煤量，再减少通过磨煤机的一次风量，相应减少送风量和引风量，保持炉膛负压不变。

3）当投运的磨煤机的出力已达最大或最小允许值时，锅炉负荷变动幅度又较大，则应以启动或停止磨煤机的方法来适应锅炉的需要。

中速磨煤机直吹式制粉系统运行实践证明，用于磨煤机的功率和用于通风的功率大致相同，并随着磨煤出力的增大几乎呈线性上升关系。辊式磨煤机负压直吹式制粉系统，通风功率占制粉系统总功率消耗的比例往往会更高，达 50% 或以上，E 型磨煤机则有着较大的空载电耗，可达满载电耗的 20%。煤粉细度的特性曲线也有着与此相类似的规律。中速磨煤机提高磨煤出力可以降低制粉单位电耗。随着磨煤出力 E_M 的增加，磨煤功率和通风功率都是上升的，煤粉细度也随之变粗，而制粉单位电耗是随 E_M 的增加而有所降低。因此，使中速磨煤机经常处于额定出力或高出力工况运行，应当是中速磨煤机直吹式制粉系统运行控制的原则要求，这不仅是降低制粉系统电耗的十分重要的途径，而且也是保证锅炉经济燃烧和减轻磨煤机碾磨部件磨损所必需的。

四、给水泵组的运行与切换

1. 给水泵汽轮机电液控制系统

大型机组为了提高机组的热效率、节省能源、减少厂用电，采用汽轮机代替电动机驱动锅炉给水泵。汽动给水泵的启动和运行与电动给水泵相比要复杂得多，为提高机组的安全可靠性、减少误操作、进一步提高自动化水平，锅炉给水泵汽轮机也采用数字式电液控制系统，一般只具有转速控制功能。锅炉给水泵汽轮机（数字式）电液控制系统简称 MEH。

驱动汽轮机的蒸汽通常有两路，一路是来自锅炉的主蒸汽（高压汽源），另一路是汽轮机的抽汽，即低压汽源。在每路汽源管道上设有主汽阀和调节汽阀。汽轮机在低负荷工况时（25%～30%），由于抽汽压力太低，故全部用高压汽源，由高压调节阀（HPGV）来控制进入汽轮机的蒸汽流量，从而改变汽轮机的转速，以控制给水泵出水流量，满足锅炉给水量的需求。汽轮机负荷升高到一定范围时（40%），由高压汽源和抽汽同时供汽，主要由高压调节阀控制，低压调节阀（LPGV）基本上全开；在汽轮机负荷高于一定数值后（如 40%负荷以上），全部用抽汽，由低压调节阀控制汽轮机的转速。

当发生下列任一情况时，MEH 驱动汽动给水泵的给水泵汽轮机跳闸停运，并发出报警信号：

（1）除氧器水箱的水位低至低-低水位。

（2）汽动给水泵的进口阀或出口阀未全开。

（3）汽动给水泵的振动幅值达到 0.9mm。

（4）汽动给水泵轴向位移达 0.6mm。

（5）对应的汽动给水泵前置泵跳闸。

（6）当转速高于 2000r/min 时，流量小于 200t/h，延时 10s。

（7）汽动给水泵的轴承温度高达 90℃时报警，达 95℃时手动跳闸。

（8）汽动给水泵进口水压低于 0.8MPa，延时 5s。

（9）汽动给水泵密封水进、出口压差低至 0.06MPa。

2. 汽动给水泵的启动

下面以 300MW 机组配备的给水泵为例加以说明。

（1）启动前的准备工作：检查机组负荷至（30%～40%）MCR，四段抽汽压力为 0.25～0.30MPa；启动给水泵汽轮机盘车装置，投入轴封抽真空；稍开进汽门暖管 30min 后，全开进汽门。

（2）在 MEH 盘上给水泵汽轮机冲转至 3000r/min：挂闸启动前置泵运行正常；全开主汽门；连续两次按"启动"键，调节汽门开启，升速至 600r/min 低速暖机 20min；按"目标 3000r/min"灯亮，给水泵机升速至 3000r/min；当"允许遥控""遥控""转速＞3000r/min"灯亮，在 MEH 盘上按"遥控"键灯亮，系统由 SCS 控制。

（3）SCS 遥控提升给水泵汽轮机转速，监视汽动给水泵出口压力，开启汽动给水泵出口门，将汽动给水泵并入给水系统运行，根据需要投入给水调节自动或手动。

给水泵汽轮机首次暖缸应使汽缸金属温度达到 100℃后，才允许冲转汽轮机。在给水泵汽轮机启动、升速过程中，应注意监视如下参数：蒸汽温度，主汽阀金属温度，上、下汽缸温差（小于 50℃）和升温速度（小于 2.5℃/min）、轴承金属温度，转子振动值。

3. 汽动给水泵组的运行监视

给水泵汽轮机运行中应监视如下项目：

（1）润滑油系统的油箱油位、滤网上游的油温、滤网前后压差、润滑油泵出口油压、润滑油母管压力、盘车电动机绕组温度等。

（2）压力油系统的油箱油位、滤网上游的油温、滤网前后压差、滑阀组进口处滤网的前后压差、液压油泵出口油压、液压油母管压力、再生油泵出口油压等。

（3）给水泵汽轮机的排汽压力、转子振动值、转速、轴承金属温度、推力轴承磨损量、转子偏心。

4. 给水泵组的运行及切换

启动初期，给水经给水泵最小流量再循环管道返回除氧器水箱。给水泵出口电动门与锅炉给水旁路调节门同时投入。逐步开大旁路调节门，向锅炉上水。当锅炉给水流量大于给水泵所需要的最小流量时，再循环门自动关小直至关闭。电动给水泵运行一段时间后，锅炉点火，当负荷逐渐增加至 30％BMCR 左右时，可以启动一台汽动给水泵，汽动给水泵出口压力达到电动给水泵出口压力时，开启汽动给水泵的出口电动门，再适当提高汽动给水泵转速，使其带负荷运行。此后逐渐增加汽动给水泵的转速，增大汽动给水泵流量，同时减少电动给水泵的流量。这时电动给水泵仍继续运行直至汽轮机负荷大于 50％BMCR 第二台汽动给水泵投入运行为止。当汽轮机的负荷增加，抽汽压力和流量能够驱动给水泵汽轮机时，给水泵汽轮机的低压主汽门自动开启，逐步切换到四段抽汽供汽；高压汽源处于热备用状态。高压加热器根据机组运行情况投运。在不影响凝汽器真空的前提下，高压加热器可在汽轮机挂闸后随机启动。

在正常运行期间，要求两台汽动给水泵和 3 台高压加热器全部投入运行。给水泵汽轮机转速投入自动调节，电动给水泵自动备用。给水流量通过改变给水泵汽轮机转速来进行调节。

当机组负荷大于 60％BMCR 时，任何一台汽动给水泵或其前置泵解列，电动给水泵立即投入运行。电动给水泵与另一台汽动给水泵并列运行时，机组可带 80％额定负荷。当机组负荷小于 60％BMCR 时，一台汽动给水泵或其前置泵解列，则可以不必启动备用电动给水泵。若抽汽参数较低，没有足够的能量驱动一台汽动给水泵满出力运行，可将汽源切换至高压汽源（如再热汽冷段），驱动一台汽动给水泵单独运行，可满足锅炉给水量的要求。机组甩负荷时，电动给水泵投入运行。随着给水需求量的下降，电动给水泵通过给水再循环管道运行，直至给水需求量为零，停止电动给水泵。

【任务实施】

填写"机组升负荷至额定负荷"任务操作票，并在火电机组仿真机上完成上述任务。实训过程中及时记录机组运行参数。

一、实训准备

（1）查阅《仿真机组的运行规程》，以运行小组为单位填写"机组升负荷至额定负荷"任务操作票，并确认。

（2）熟悉火电机组仿真机 DCS 站、DEH 站和就地站的操作与控制方法。

（3）恢复火电机组仿真机初始条件为"机组带初负荷运行"，确认机组运行状态。

二、实训案例

某 300MW 亚临界压力机组升负荷操作：初负荷暖机后，选定目标值和升负荷率进行升负荷操作，将机组负荷升至额定负荷。按规程要求，升至各预定的负荷点时，进行的操作主要包括以下内容：

(1) 机组负荷为 10％额定负荷时，检查中压调节阀前所有疏水门关闭。

(2) 机组负荷为 20％额定负荷时，检查中压调节阀门后的所有疏水门关闭，停止除氧器再循环泵运行，检查省煤器再循环门关闭。给水大于 15％额定蒸发量，给水由启动旁路切至主路控制，由节流调节转为变速调节。

(3) 机组负荷为 30％额定负荷时，将厂用电由启动/备用变压器供电切换到由高压厂用变压器供电，检查主蒸汽压力、主蒸汽温度、再热蒸汽温度与机组负荷匹配，四段抽汽压力大于 0.147MPa，除氧器汽源切换为四段抽汽用汽由定压运行转为滑压运行。高压加热器投入汽侧运行。

(4) 机组负荷为 35％～40％额定负荷时，启动一台汽动给水泵。

(5) 机组负荷为 50％额定负荷时，启动第二台汽动给水泵并联运行，再热冷段蒸汽压力达到辅助蒸汽母管压力时辅助蒸汽汽源切换。

(6) 机组负荷为 80％额定负荷时，阀门由单阀控制转换为多阀控制，机组转入定压运行。当机组负荷达到断油稳定燃烧水平时，应逐步切除油层运行。油枪全部退出后，投入电除尘运行。当负荷增至 80％额定负荷后，汽缸金属的温度水平接近于额定工况下的金属温度水平，锅炉滑参数增加负荷的过程即告结束。此后，随着锅炉蒸汽参数的提高，保持汽轮机负荷不变而逐渐关小调节汽门，待蒸汽参数达到额定值后，再逐渐开大调节汽门增负荷至额定值。

三、实训过程注意事项

因为升负荷过程也就是锅炉增加燃烧、增加蒸发量和汽轮机增加进汽、增加输出功率的过程，所以升负荷过程除了要继续控制好金属的升温率外，锅炉要做好给水、蒸汽温度和燃烧调节，尤其是控制好炉内燃烧过程，主要应注意以下几个问题：

1. 严格控制好各点温度

机组并列前，锅炉蒸发量小，易出现受热面流量不均，要控制炉膛出口烟气温度不大于规定数值（有的机组规定为 538℃），尤其是采用 5％小旁路启动时更应注意。启动过程中应严密监视过热器、再热器壁温，防止超温。严格按启动曲线升温、升压，控制主蒸汽、再热蒸汽两侧温差小于 20℃，过热蒸汽与再热蒸汽温差小于 50℃。

2. 合理控制燃料量

对于采用中间仓储式制粉系统的机组，负荷变化较小时，可采用调整给粉机转速的方法来调节；较大的负荷变化，应采用投/停燃烧器来解决。投入燃烧器前，先要调整好一次风，吹管后再启动给粉机，并开启相应的二次风；观察火焰是否正常。停给粉机后要对二次风管进行吹扫，并将二次风门保持微小的开度，以冷却燃烧器。应注意给粉机保持合理的转速，转速过高，煤粉浓度过高可能产生燃烧不完全；转速太低（尤其是低负荷下炉膛温度不高时）可能着火不稳，发生炉膛灭火。此外，给粉机在太高的转速下给粉量反而会下降，也需要注意。调整转速应平稳，任何短时的过量或给粉中断都可能导致灭火。对于直吹式制粉系统机组，负荷响应比中间仓储式系统慢，增加负荷时，可先适当增加磨煤机的通风量，先吹出磨中存粉以适应负荷需要。不管哪种系统，投入燃烧器应尽量保持对称，以防止火焰偏斜，炉内温度场不均匀，引起受热面热偏差，出现局部超温、结渣，甚至爆管。

3. 控制好风量、风速和风率，保持合理的风煤比

合理的一、二、三次风出口风速和风率，是保证正常着火和经济燃烧的必要条件。例如，一次风速过高会推迟着火，过低可能会烧坏喷口，或者引起一次风管积粉；二次风速过高、过低都会影响火焰的稳定性。一次风率增大着火延迟，对低挥发分燃料的燃烧不利，应根据机组的特性经燃烧试验确定合理的风速和风率。改变燃烧器的配风，还可调整火焰中心位置，例如，减少上排二次风量，增加下排二次风量，可使火焰中心上移。风煤比的确定以满足一定的过量空气系数为前提，应参考氧量指示和火焰颜色进行调整。

4. 控制好燃烧器的运行方式

为保持正确的火焰中心位置，避免火焰偏斜，应使燃烧器尽量分配均匀、对称。在能维持着火和燃烧过程稳定性的前提下，宜尽可能减少每个燃烧器的燃料供给量，采用多燃烧器对称运行方式。燃用挥发分较低的煤粉时，应考虑调整配风率，增加煤粉浓度的运行方式。低负荷时炉内热负荷低，首先要注意燃烧的稳定性，调整燃料和风量要均匀，避免风速波动大，必要时投油助燃；高负荷时，着火和燃烧比较稳定，应考虑燃烧经济性和避免因高温结渣。火焰中心的调整应考虑有利于燃料燃尽和降低蒸汽温度，停、投或切换燃烧器必须全面考虑对燃烧和蒸汽温度的影响。

四、实训报告要求

(1) 填写"机组升负荷至额定负荷"项目任务书。

(2) 记录升负荷过程中机组的主要运行参数，并绘制滑参数启动曲线。

(3) 记录升负荷过程中所遇到的问题、解决方法和体会。

复习思考

(1) 简述制粉系统操作方法和参数控制范围。

(2) 如何完成汽动给水泵组的启动和切换？

(3) 简述 DEH 和负荷管理中心的升负荷方法。

任务 5　热　态　启　动

【教学目标】

一、知识目标

(1) 理解热态启动方式的划分。

(2) 掌握热态滑参数启动的特点及启动曲线。

(3) 掌握热态启动中应注意的问题。

二、能力目标

(1) 能以小组为单位制定机组热态启动操作票。

(2) 能在仿真机上完成机组热态启动过程。

（3）会记录热态启动曲线。

【任务描述】

当机组停运时间不久，机组部件尚处于较高温度水平时，再次进行的机组启动称为热态启动。一般规定，调节级后汽缸的金属温度超过 150℃ 以上为热态启动。

热态启动时，汽轮机金属温度水平较高，汽轮机、锅炉要密切配合，严格控制蒸汽参数和金属温度相匹配，满足汽轮机热应力、热变形、胀差和振动的安全要求，防止汽缸温度降低过多、增加寿命损耗。

【任务准备】

一、任务导入

（1）热态启动前机组处于什么状态？

（2）热态启动与冷态启动的根本区别在哪里？

二、任务分析及要求

（1）能说明实训机组热态启动的划分标准。

（2）能说明机组热态启动的特点。

（3）能在实训仿真机组上完成机组热态启动操作，并将主要参数控制正确。

【相关知识】

一、热态启动分类及特点

冷态与热态划分的原则主要是考虑汽轮机转子材料的性能。试验研究表明，转子金属材料的冲击韧性随温度的降低而显著下降，呈现出冷脆性。这时即使在较低的应力作用下，转子也有可能发生脆性断裂破坏。因为热态启动时的金属温度超过了转子材料的脆性转变温度（FATT），所以可以避免产生转子的脆性损坏事故。

热态启动的特点主要表现为启动前机组金属温度水平较高、冲转参数高、启动时间短等几个方面。

有些机组按照调节级后汽缸的金属温度水平的高低又把热态启动分为温态、热态、极热态三种（见表 3-8），这三种方式没有原则上的区别，只是更加强调它们要求的启动蒸汽参数、升速时间、升负荷快慢各不相同。为了避免启动中金属的剧烈冷却，应根据金属温度，采用不同的启动主蒸汽参数、升速时间和升负荷时间。

表 3-8　　　　　汽轮机热态启动划分及推荐冲转参数（300MW 亚临界压力机组）

状态	停机时间（h）	调速级后内缸内上半壁温（℃）	冲转参数				升速率（r/min²）	升负荷率（MW/min）
			主蒸汽		再热蒸汽			
			压力（MPa）	温度（℃）	压力（MPa）	温度（℃）		
温态	10～72	150～300	≤7.84	320～380	1～2	300	150	3
热态	≤10	300～400	≤9.81	380～450	2～3	380～450	200	4
极热态	≤1	>400	≤11.76	480～510	3.2	450～510	300	6

二、冲转参数的选择

热态启动时，根据汽缸温度按制造厂提供的启动曲线确定冲转参数。对于没有启动曲线的机组，一般规定热态启动时，采用正温差启动，即蒸汽温度高于金属温度。主蒸汽温度应高于调节级上缸内壁金属温度 $50 \sim 100℃$，最高不超过额定值，且蒸汽过热度不应低于 $50℃$。

极热态启动时，因停机时间很短，汽轮机金属温度还很高（调节级处汽缸和转子温度在 $400℃$ 以上），要求正温差启动有很大困难。为了满足电网需要，不得不采用负温差启动（即蒸汽温度低于金属温度）。负温差启动的初始阶段，汽轮机暂时受到冷却。这种冷却在较大程度都发生在转子上，结果造成轴封段的转子收缩，胀差负值增大。而后随着蒸汽参数的升高而转子被加热，转子经受一次交变热应力循环，如图 3-13 曲线 5 和 6 所示，增加了寿命损耗。因此，为保证机组的安全，在极热态启动中要密切监视机组的膨胀、相对膨胀差、振动等情况，尽快提升汽轮机的进汽温度，尽快升速、并网、带负荷，减小胀差负向变化时间。

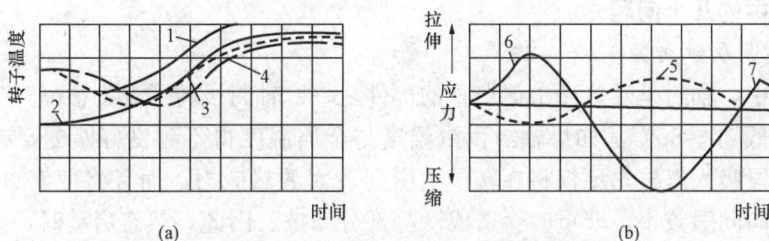

图 3-13　热态启动时转子温度及热应力
(a) 热态启动时转子温度；(b) 热态启动时转子热应力
1—新蒸汽温度；2—调节级后蒸汽温度；3—转子表面温度；4—转子中心孔温度；
5—转子中心孔应力；6—转子表面热应力；7—残余应力

近年来，大容量机组一般根据汽轮机寿命管理曲线来确定启动冲转参数和控制指标。首先根据汽缸第一级处内缸金属温度和选定的蒸汽温度——缸温失配值，以及选定的冲转蒸汽压力，可得出冲转的蒸汽温度、升速率，并可以确定并列前是否需要定速暖机；在并列前根据再热蒸汽温度和中压缸金属温度的失配情况，确定起始负荷以及起始负荷下的暖机时间；再根据启动过程所需要达到的转子金属温升量和选定的转子寿命损耗率，查得初负荷以后升负荷过程中应保持的金属温升率。此方法的实质是根据蒸汽与金属的温差和选定的转子寿命损耗来决定加热速度，使热应力值控制在材料疲劳强度下。

三、热态启动过程

热态启动时，锅炉开始供出的蒸汽温度往往过低，故先将汽轮机、锅炉之间隔绝起来。点火后锅炉产生的蒸汽可经旁路系统送入凝汽器或对空排汽，直到蒸汽的参数满足要求时才能冲转。锅炉以较快的速度调整燃烧，避免因锅炉通风吹扫等原因使汽包压力有较大幅度降低。在这个过程中，锅炉出口蒸汽温度应在安全的前提下较快升高，而压力则相对上升得慢一些。冲转前须先投入制粉系统，以满足汽轮机较高冲转参数的要求。

汽轮机冲转时，利用机组本身的启动曲线来确定冲转参数、升速率等控制指标。目前有不少机组按照冷态滑参数启动曲线进行热态滑参数启动。首先，根据汽缸金属温度在冷态滑参数启动曲线上找出对应的工况点，查出该点对应的蒸汽参数和起始负荷，该蒸汽参数即作为热态启动的冲转参数。在新蒸汽压力和温度达到要求时，使用调节汽门冲动转子。起始负荷之前的升速和升负荷过程应该尽可能地快，减少在这一工况点之前的一切不必要的停留时间。一般在满足低速全面检查要求基础上须稍作停留，然后快速地以 $200\sim300r/min^2$ 的速度把转速提升到额定转速及时并列。迅速并列后即以每分钟 $5\%\sim10\%$ 的额定负荷加到起始负荷点，这样做可避免汽轮机金属的冷却。达到起始负荷以后，按照冷态滑参数启动曲线开始新蒸汽参数的滑升，以后的工作与冷态滑参数启动时相同。

热态启动在起始负荷之后，蒸汽才开始对汽轮机金属进行加热。加热后，汽缸和转子的膨胀差值可能逐步由负值变为正值。法兰与螺栓加热装置的使用，应根据当时汽缸温度水平灵活掌握。因为同样是热态启动，其温度差别是比较大的。机组在汽缸温度为 150℃ 时启动，与汽缸温度为 300℃ 或 400℃ 时的启动，其启动参数与启动时间均有所区别。胀差的变化也不一样，当汽缸温度为 150～300℃ 时，要防止胀差正值过大，需投入法兰螺栓加热装置，以便适当地提高汽缸温度，控制胀差的正值增长。当汽缸金属温度高于 300℃ 时，就不需要投入法兰螺栓加热装置。

四、启动中的几个问题

1. 轴封供汽及建立真空

热态启动中，轴封是受热冲击最严重的部件之一。轴封段转子温度很高，一般只比调节级处汽缸温度低 30～50℃。如果轴封供汽温度与金属温度得不到良好匹配，或大量的低温蒸汽通过汽封段吸入汽缸，不仅将在转子上引起较大的热应力，而且将使汽封段转子收缩，引起前几级轴向间隙减小，严重时会造成动静部分摩擦。因此，热态启动时，要先送轴封供汽，再抽真空，以防冷空气通过汽封进入汽缸内，对金属造成急速冷却。

另外，对盘动中的转子提供轴封蒸汽时，必须注意轴封供汽温度与金属温度匹配的问题。大型机组备有高低温两个轴封汽源，启动时可根据汽缸温度选择温度适宜的轴封汽源，使轴封供汽温度尽量与金属温度相匹配，并有一定的过热度。例如，某 300MW 机组轴封蒸汽系统，其高、低压轴封供汽均由主蒸汽提供，同时还备有辅助蒸汽作为低温汽源。汽缸金属温度在 150～300℃ 以内时，轴封用低温汽源供汽；如果汽缸金属温度高于 300℃，轴封供汽应投入高温汽源。具有高、低温两个轴封汽源的机组，在汽源切换时必须谨慎，切换太快不仅引起相对膨胀的显著变化，而且可能产生轴封处不均匀的热变形，从而产生摩擦、振动。在轴封供汽前应充分暖管、疏水。

2. 上、下缸温差

上、下缸温差是汽轮机热态启动时常见的问题，也是必须正确处理的问题。金属在从高温状态逐渐冷却的过程中，下缸比上缸冷却得快，使汽轮机出现猫拱背状变形。这将使调节级段下部动静部分的径向间隙减小甚至消失。因此热态启动时明确规定：调节级处上、下汽缸温差不得超过 50℃，汽轮机才允许启动。

3. 转子热弯曲

热态冲转前消除转子热弯曲是机组热态启动的关键条件。当转子还存在弹性热弯曲时，启动汽轮机高速转动将产生很大的离心力，使转子弯曲增大，造成恶性循环，导致汽轮机大轴永久性弯曲。

一般通过延长连续盘车的时间来消除转子的热弯曲。热态冲转前连续盘车不应少于 4h，在连续盘车时间内，应尽量避免盘车中断。如果中断，则应按规定延长盘车时间。整个盘车期间不可停止供油，经过盘车确认大轴挠度达到要求后方可冲转。盘车投入后，要在盘车状态仔细听音，检查在轴封处有无金属摩擦声，同时也可以根据盘车电动机电流摆动情况，分析、判断动静部分有无摩擦现象。如果有摩擦，则应采取措施消除后再启动。

4. 胀差的控制

热态启动必须密切监视胀差的变化，注意胀差变化的速度和大小，以调整机组冲转速度、升负荷速度，以及决定初始负荷的大小；遇到胀差异常变化还要及时调整真空、轴封蒸汽等。

热态启动时，一般金属温度比较高。在启动的初期，汽缸和转子均要受到不同程度的冷却，其中转子冷却较快，因此常常出现负胀差或胀差持续缩小的现象。因此，热态启动时为了防止胀差负值过大，转子进一步冷却收缩，要尽快升速、并网带负荷，并使之达到与汽缸温度相对应的负荷水平。

但是对于不同的汽缸金属温度、不同的冲转参数，胀差的变化规律也是不同的。如果汽缸金属温度较低或冲转参数较高，汽缸胀差会增加较快，此时应注意控制升速率，并在适当情况下进行低负荷暖机。

5. 汽轮机、锅炉、电气的配合

由于升速和接带负荷速度较快，且不准在起始负荷点之前长时间停留，所以锅炉和电气必须在冲转之前做好相应的准备工作，以免延误时间，造成金属冷却。

【任务实施】

填写"机组热态启动"操作票，并在火电机组仿真机上完成上述任务，及时记录机组运行参数。

一、实训准备

（1）查阅《仿真机组的运行规程》，以运行小组为单位填写"热态启动"任务操作票，并确认。

（2）熟悉火电机组仿真机 DCS 站、DEH 站和就地站的操作与控制方法。

（3）恢复火电机组仿真机初始条件为"机组热态启动前"，确认机组运行状态。

二、实训案例——以 300MW 亚临界压力机组热态启动为例

1. 启动前准备

（1）确认汽轮机润滑油系统运行正常。

（2）确认发电机氢气系统、密封油系统运行正常。

（3）确认压缩空气系统在运行。

（4）确认工业水系统在运行。

（5）确认辅助蒸汽系统运行。

（6）确认机组控制系统在运行。

（7）启动循环水泵。

（8）启动开、闭式循环冷却水泵。

（9）启动凝结水泵。

（10）确认发电机定子冷却水系统运行。

（11）汽轮机投盘车。

（12）送轴封、抽真空。

（13）启动 EH 油泵。

（14）启动电（或汽）动给水泵，锅炉上水。若锅炉此时也为热态，则锅炉上水可在点火前 0.5h 进行。

（15）启动火焰检测冷却风机。

（16）启动暖炉油系统。

（17）启动炉水循环泵。

（18）启动空气预热器。

（19）启动引风机、送风机。

2. 锅炉点火、升温、升压

（1）锅炉的启动步骤仍按冷态启动进行，升温、升压按"锅炉热态启动曲线"进行。

（2）点火后，利用过热器疏水阀配合控制锅炉升温、升压。旁路投入后关闭过热器疏水阀。

（3）汽轮机抽真空后，视蒸汽温度情况投入高、低压旁路运行，并适当增加燃料量，加强燃烧调整以提高蒸汽温度，满足汽轮机冲转参数要求。

（4）再热器内无蒸汽流动时，应控制炉膛出口烟气温度不大于 540℃。

（5）点火后视情况启动制粉系统。

3. 汽轮机冲转前条件准备

（1）凝汽器真空为 −88～−85kPa。

（2）蒸汽参数符合与缸温匹配的要求：主蒸汽温度必须高于高压缸调节级处最高金属温度 50℃ 以上，再热蒸汽温度应高于中压缸进汽口处最高金属温度 50℃ 以上，保证蒸汽过热度在 50℃ 以上，但不超过额定蒸汽温度。

（3）冷油器出口油温为 40～42℃。

（4）满足冷态启动的其他条件。

4. 汽轮机冲转、并网

（1）汽轮机高压内缸内壁温度为 150～200℃ 时，应在 1200r/min 将缸温提升至 200℃。

（2）机组冲转后在 500r/min 左右全面检查一次，确认良好后平稳升至 3000 r/min，缸温在 200～300℃，冲转后，1200r/min 是否停留暖机，由缸温和胀差变化确定。缸温下降速率大于 1℃/min 或胀差变化较快，达到 −0.8mm 时，应直接进行升速，否则应适当暖机。

（3）检查无异常后及时并网，定速后空转时间应小于 15min，高压内下缸外壁温度低于 320℃、胀差大于 3mm 投入夹层加热。

（4）在冲转期间，应维持蒸汽温度、蒸汽压力尽量平稳。

5. 并网带负荷

机组并网后直接将负荷升至与高压内缸调节级后下半内壁金属温度相对应的起始负荷，并注意胀差正常。

机组升负荷过程中的其他操作及检查见项目 3 的任务 4 的冷态启动步骤。

三、热态启动注意事项

（1）在盘车状态下先送轴封后抽真空，极热态启动轴封汽源采用主蒸汽供汽，应尽量缩短抽真空与冲转的时间间隔，并严格监视胀差。

（2）温态以上停机期间，连续盘车不得中断。

（3）高、中压主汽门、调节汽门因为停机后冷却较快，所以在启动时应注意这些部件的温升速度。

（4）机组冲转前应注意充分疏水，冲转后主蒸汽、再热蒸汽温度不应下降。

（5）冲转时，维持真空为－90～－85kPa，转速高出临界区以后必须提升真空到正常值。

（6）带旁路冲转时，高旁开度不大于 20%，低压旁路开度要能控制高压缸排汽温度在360℃以内，升速过程中不允许调整高、低压旁路开度。

（7）并网后平稳地加负荷直到目标负荷，加负荷时应注意汽缸温升、温差、胀差、轴向位移，并密切注意各道轴承、轴振及瓦振的变化。

四、实训报告要求

（1）填写"热态启动"项目任务书。

（2）记录热态启动过程中机组的主要运行参数，并绘制热态启动曲线。

（3）记录热态启动过程中所遇到的问题、解决方法和体会。

复习思考

（1）什么是热态启动的起始负荷点？怎样通过机组冷态启动曲线确定热态启动起始负荷点？

（2）热态启动与冷态启动过程时的操作主要有哪些区别？

项目 4

超临界压力机组整体启动

【项目描述】

通过任务的学习，使学习人员熟悉超临界参数火电机组启动系统的功能及常见类型，能针对现场对锅炉水质的要求，正确进行锅炉冷、热态冲洗操作；明确汽轮机中压缸启动的特点，能完成机组中压缸启动的冲转、并网及切缸操作；能顺利完成超临界压力机组湿态转干态运行，能根据机组负荷要求进行汽温调节、给水调节、燃料调节，完成超临界参数火电机组全冷态滑参数启动过程。

【教学目标】

一、知识目标

(1) 超临界参数火电机组锅炉的启动系统。

(2) 超临界参数火电机组锅炉的水质要求及控制措施。

(3) 超临界参数火电机组汽轮机的启动方式。

(4) 超临界参数火电机组锅炉的运行控制特点。

二、能力目标

(1) 严格执行安全规程，规范操作设备，确保安全生产。

(2) 正确熟练掌握超临界参数火电机组锅炉的启动操作。

(3) 能根据升温、升压及升负荷曲线调整、控制锅炉燃烧，正确控制锅炉的水质。

(4) 正确掌握汽轮机不同的冲转方式操作。

(5) 完成超临界参数火电机组锅炉的转直流运行操作。

(6) 能正确熟练控制超临界参数火电机组锅炉的主蒸汽温度、主蒸汽压力、给水流量及锅炉负荷。

【教学环境】

(1) 能容纳一个教学班级的火电机组仿真实训室。

(2) 多媒体教学系统。

(3) 超临界参数火电机组仿真系统若干套，以保证能实施小组教学（每组 3 或 4 人）。

(4) 主讲教师 1 名，教学做一体的实训指导教师 1 名。

任务 1　锅炉启动系统及冷、热态冲洗

【教学目标】

一、知识目标

（1）熟悉超临界参数火电机组锅炉的启动特点。

（2）掌握超临界压力机组启动旁路系统的任务及常见形式。

（3）掌握机组启动前冷、热态清洗的目的、重要性、方法及要求。

二、能力目标

（1）严格执行安全规程，规范操作设备，确保安全生产。

（2）会识别不同类型的启动系统。

（3）能完成超临界参数火电机组锅炉启动过程中的水质冲洗。

【任务描述】

本节任务是使学习人员熟悉锅炉启动旁路系统组成及设备性能，明确锅炉的水质要求及控制措施，并通过在仿真实训室进行实际操作，掌握超临界参数锅炉启动系统的运行调节及操作控制，完成超临界压力机组锅炉启动过程中的冲洗操作，保证锅炉给水水质符合规程要求。

【任务准备】

（1）与亚临界压力汽包锅炉机组相比，超临界压力机组的启动过程有什么区别和特点？

（2）超临界压力机组锅炉为什么要进行水质冲洗？

（3）完成超临界参数火电机组锅炉启动前相关辅助系统的运行检查工作。

【相关知识】

一、超临界压力锅炉的启动特点

1. 超临界压力锅炉启动流量和启动压力

当超临界直流锅炉没有采用辅助循环泵时，在全负荷范围内水冷壁工质质量流速是靠给水流量来实现的。启动时的最低给水流量称为启动流量，它由水冷壁安全质量流速来决定；启动流量一般为 25%～35%BMCR 给水流量，点火前由给水泵建立启动流量。有的直流锅炉配有辅助循环泵，则启动流量由给水泵和辅助循环泵共同控制。

锅炉启动时的压力称为启动压力，不同类型的直流锅炉建立启动压力的方法是不同的。对于螺旋管圈＋垂直水冷壁、内置汽水分离器的直流锅炉，一般采用锅内零压下点火，燃烧加热水冷壁逐渐产汽升压的方法，点火后主蒸汽压力逐渐上升，同时通过机组的高、低压旁路对再热器通汽；对于一次上升型直流锅炉，一般采用给水泵建立启动压力。

2. 升温速度

直流锅炉没有汽包，水冷壁并联管流量分配合理、工质流速较快，允许升温速度比自然

循环汽包锅炉高。但由于超临界大容量直流锅炉的联箱、汽水分离器等部件的壁面较厚，所以升温速度也受到一定的限制；直流锅炉热态冲洗到建立汽轮机冲转参数过程中，汽水分离器入口升温速度不应超过 2℃/min。

3. 水质控制

直流锅炉对水质的要求比汽包锅炉高得多。汽包锅炉可通过磷酸盐处理和锅炉排污改善水质，直流锅炉没有汽包对循环的炉水进行处理。直流锅炉中随着给水进入系统的各种杂质，或被蒸汽带往汽轮机沉积在汽轮机通流部分，或沉积在锅炉受热面管内，少量进入凝汽器。为了防止给水中杂质在直流锅炉内沉积和被蒸汽带往汽轮机中，影响锅炉、汽轮机的安全、经济运行，直流锅炉对给水水质和蒸汽品质有非常严格的要求。

锅水中杂质除来自给水，还有管道系统及锅炉本体内的沉积物和氧化物被溶入锅水。因此，每次启动要对管道系统和锅炉本体进行冷、热态循环清洗。

超超临界压力直流锅炉给水按 CWT 工况设计，即联合水处理工况设计。给水由循环水和补给水组成。各受热面处水质标准见表 4-1。

表 4-1　　　　　　　　超临界压力锅炉给水水质标准

序号	类别	项目	单位	标准值
1	给水	总硬度	$\mu mol/L$	约 0
2	给水	溶解氧	$\mu g/L$	30～200
3	给水（化水处理后）	铁	$\mu g/L$	≤10
4	给水（化水处理后）	铜	$\mu g/L$	≤5
5	给水（化水处理后）	氧化硅	$\mu g/L$	≤15
6	给水（化水处理后）	油	mg/L	约 0
7	给水（化水处理后）	pH 值		8.0～9.0
8	给水（化水处理后）	电导率	$\mu S/cm$	25℃时≤0.15
9	给水（化水处理后）	钠	$\mu g/L$	≤5

炉前给水系统管道中杂质对水造成污染，使省煤器进口的水品质下降。因此启动前首先要对炉前给水系统进行循环清洗。同时锅炉本体氧化铁杂质也会污染水质，因此启动时还要对锅炉本体进行循环清洗。一般当省煤器入口和分离器底部水的电导率小于 $1\mu S/cm$ 或含铁量小于 100mg/kg 时，清洗完成。

锅炉点火后水温逐渐升高，锅内氧化铁等杂质也会进一步溶解于水中，因此点火后还要进行热态循环清洗。

4. 受热面区段变化与工质膨胀

汽包锅炉的汽包是各受热面的分界点。而直流锅炉的三大受热面（过热器、省煤器、水冷壁）串联连接，虽然在结构上是分清的，但是工质状态没有固定的分界，随着工况而变化。

直流锅炉启动过程中，水的加热、蒸发及汽的过热三个受热面段是逐渐形成的。整个过程历经三个阶段，如图 4-1 所示。

汽水膨胀现象是指直流锅炉在启动过程中，直流锅炉水冷壁内工质温度逐渐升高而达到饱和温度，水变成蒸汽时比体积急剧增大，工质开始膨胀，大量工质进入汽水分离器。

启动初期，全部受热面用于加热水。特点为工质相态没有发生变化，锅炉出水流量等于给水流量。启动过程中，随着燃料量的增加直流锅炉水冷壁内工质温度逐渐升高，达到饱和温度，水变成蒸汽时比体积急剧增大，工质开始膨胀，大量工质进入汽水分离器，锅炉排出的汽水混合物的量在一段时间内大大超过给水量，局部压力升高，出现汽水膨胀现象。当出口温度也达到其压力下饱和温度时，膨胀高峰已过，当该出口工质温度开始过热时，锅炉受热面形成水加热、水汽化及蒸汽过热的三个区段，工质膨胀结束。

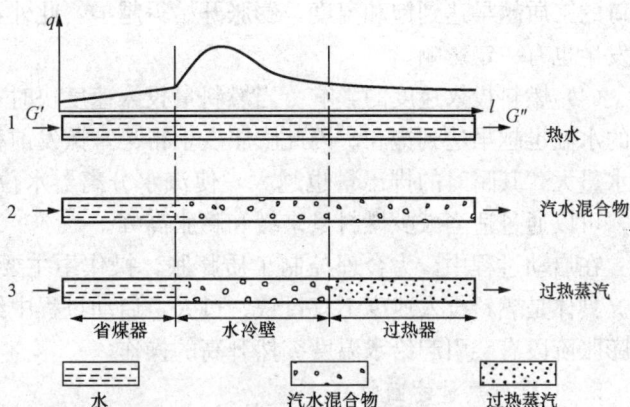

图4-1　直流锅炉受热面区段的变化
1—第一阶段；2—第二阶段；3—第三阶段
G'—给水流量；G''—锅炉排出流量；l—受热面长；q—受热面负荷

　　直流锅炉工质膨胀现象是个复杂的问题，同时也是直流锅炉启动过程必然存在的现象。膨胀现象可以从分离器疏水量和水位的变化中观察到。当膨胀出现时，分离器疏水量将明显增加。此时应控制燃料投入速度不宜过快、过大，调节分离器储水箱各排放通道的排放量，以防止启动分离器水位失控。当进入启动分离器前的受热面出口温度达到其压力下的饱和温度时，膨胀高峰已过；当工质开始过热时，膨胀结束。由于汽水分离器储水罐的疏水能力显著提高，汽水膨胀对分离器储水箱水位的影响已明显减小。

　　膨胀过程中要注意防止水冷壁及分离器超压，在运行操作中需要合理控制燃料投入速度及分离器的疏水排放量。这里必须指出，炉内辐射受热面（水冷壁）中首先达到饱和温度的"位置"，实际上是不可能精确知道的。因为水冷壁中压力、温度的测点和表计是不可能沿受热面的高度连续装设的。所以一般只能近似地以某一辐射区出口温度达到饱和温度来判定膨胀的开始。并且由于每台锅炉的燃烧室结构及燃烧器布置不同，其膨胀开始点也不相同。

　　了解工质膨胀特性，为直流锅炉拟定启动曲线以使锅炉安全渡过膨胀期及锅炉启动系统设计提供了依据。影响膨胀开始时刻、膨胀量和膨胀持续时间等汽水膨胀的因素有启动分离器位置、启动压力、给水温度、燃料投入速度（燃烧率）等。

　　（1）启动分离器位置的影响。膨胀发生时，汽水混合物的排出量以及膨胀持续的时间都与汽水分离器前的蓄水量有关。汽水分离器越靠近锅炉水冷壁出口，即参与膨胀的受热面越少，也就是分离器前的蓄水量越少，总的膨胀量就小，膨胀持续时间就越短。汽水分离器距离锅炉水冷壁出口越远，膨胀量越大。

　　（2）启动压力的影响。汽水比体积不同是引起工质膨胀的物理原因。压力越低，汽水的比体积差越大；压力越高，汽水比体积差越小。因此启动压力的高低直接影响膨胀量的多少。压力越高，膨胀量越小，而且由于压力高，相应的水饱和温度也高，则膨胀开始时间较晚。

　　（3）给水温度的影响。在启动过程中，给水温度是逐渐升高的，而给水温度的高低影响膨胀到来的迟早。因为给水温度越高，越接近饱和温度，因而辐射省煤器（实际是水冷壁）

出口的工质越早达到饱和温度，膨胀开始得越早。此外，给水温度升高的时间和速度对膨胀的发生也有一定影响。

（4）燃料投入速度的影响。当燃料量投入速度快时，工质的升温也越快，辐射省煤器出口的水温也越早达到饱和。因此膨胀发生得早，蒸发前移，蒸发点前移又标志着其后受热面蓄水量大，其瞬时的排出量也越大，使汽水分离器水位波动大。为了减少瞬时的最大排出量，可以通过适当减少燃料量来缓和膨胀高峰。

在启动过程中，为合理控制工质膨胀，操作中主要是控制好燃料的投入速度和给水温度。具体是燃料投入速度不宜过快、过大，启动过程中给水温度逐渐上升是正常的，应避免在膨胀阶段有会引起给水温度突然升高的操作。

5. 工质与热量的回收

直流锅炉点火前要进行冷态清洗，点火后要进行热态清洗，启动过程给水流量不能低于启动流量，汽轮机冲转后还要排放汽轮机多余的蒸汽量。可见，启动过程中锅炉排放水、汽量是很大的，造成工质与热量的损失。因此，应考虑采取一定的措施对排放工质与热量进行回收；排放水一般直接回收至凝汽器，排放汽一般通过减温、减压后回收至凝汽器。

二、超临界压力锅炉的启动旁路系统

严格来说，超临界直流锅炉启动旁路系统主要由过热器旁路和汽轮机旁路两大部分组成。过热器旁路是针对直流锅炉单元机组的启动特点而设置的，为直流锅炉单元机组特有的系统。汽轮机旁路系统不但用于直流锅炉单元机组还用于汽包锅炉单元机组上。

汽轮机旁路系统指机组的启动旁路系统，绝大多数采用高、低压两级旁路串联的方式，高压旁路为汽轮机高压缸的旁路，低压旁路为汽轮机中、低压缸的旁路。高、低压旁路的容量各有不同，目前上海锅炉厂的锅炉多采用100%容量的旁路，而东方锅炉厂的锅炉多采用40%容量的旁路。

锅炉启动旁路系统主要为过热器旁路系统。

1. 启动旁路系统的功能

直流锅炉单元机组的启动旁路系统主要有以下功能：

（1）辅助锅炉启动。辅助锅炉建立冷态和热态循环清洗工况；建立启动压力与启动流量，或建立水冷壁质量流速；辅助工质膨胀；辅助管道系统暖管。

（2）协调汽轮机、锅炉工况。满足直流锅炉启动过程自身要求的工质流量与工质压力；满足汽轮机启动过程需要的蒸汽流量、蒸汽压力与蒸汽温度。

（3）热量与工质回收。借助启动旁路系统回收启动过程锅炉排放的热量与工质。

（4）安全保护。启动旁路系统能辅助锅炉、汽轮机安全启动。有的旁路系统还能用于汽轮机甩负荷保护、带厂用电运行或停机不停炉等。

直流锅炉单元机组的启动旁路系统，不应该是功能越全面越好，要根据机组容量、参数及承担电网负荷的性质等合理选定。此外，启动旁路系统在运行中的效果还与锅炉、汽轮机、辅机的性能有关，汽轮机、辅机与系统的性能的统一才能获得预想的功能。总之，启动系统的选型要综合考虑其技术特点、系统投资及电厂运行模式等因素。

2. 直流锅炉典型的启动系统

直流锅炉启动系统（特指过热器旁路系统）按分离器正常运行时是否参与系统工作分为内置式分离器启动系统和外置式分离器启动系统两大类型。内置式分离器在启动过程完成后，并不从系统中切除而是串联在锅炉汽水流程内，因此它的工作参数压力和温度要求比较高，但控制阀门可以简化。外置式分离器在锅炉启动过程完成后从系统中切除，工作参数压力和温度的要求可以比较低，但控制阀门要求较高。目前，采用内置式汽水分离器的启动系统应用比较广泛。

（1）内置式分离器启动系统的分类及技术特点。内置式分离器启动系统是指在正常运行时，从水冷壁出来的微过热蒸汽经过分离器，进入过热器，此时分离器仅起一连接通道作用。汽水分离器为内置式的，布置在蒸发受热面与过热器之间，是启动系统中的一个关键部件。在启动过程中和低于直流负荷运行（一般不超过 35%BMCR）时，启动分离器就相当于汽包锅炉的汽包作用，起汽水分离作用，分离出来的疏水进入疏水扩容器或除氧器加以回收。在高于直流负荷运行时，汽水分离器为干态运行，起到一个蒸汽联箱作用。与外置式分离器的最大不同点是内置式汽水分离器在运行时为全压，与锅炉的运行压力相同。汽水分离器是厚壁部件，它既要实现从亚临界压力到超临界压力的启动，又要适应快速负荷变动和各种状态启动。因此采用高强度的耐高温钢材，并装置了许多温度测点，对其进行热应力的控制。

内置式分离器启动系统大致可分为扩容器式（大气式、非大气式两种）、启动疏水热交换器式、再循环泵式（并联和串联两种）。

1）带扩容器的启动系统。这种启动系统主要由除氧器、给水泵、高压加热器、启动分离器、大气式扩容器、疏水回收箱、疏水回收泵、冷凝器等组成。图 4 - 2 所示为石洞口二电厂600MW 超临界压力机组直流锅炉大气式扩容器启动系统简图。其锅炉为超临界一次再热、螺旋管圈、变压运行直流锅炉，受压部件和启动系统由 Sulzer 公司设计并供货。

冷态、温态启动过程中当水质不合格，可将进入启动分离器的疏水通过 AA 阀排至大气式疏水扩容器。AA 阀控制启动分离器的水位使之不超过最高水位，以防止启动分离器满水以致水冲入过热器，危及过热器甚至汽轮机的安全。AN 阀辅助 AA 阀排放启动分离器的疏水；当 AA 阀关闭后，由 AN 和ANB 阀共同排除启动分离器疏水，并控制启动分离器水位。利用 ANB 阀回收工质和热量，即使在冷态启动工况下，只要水质合格和满足 ANB 阀的开

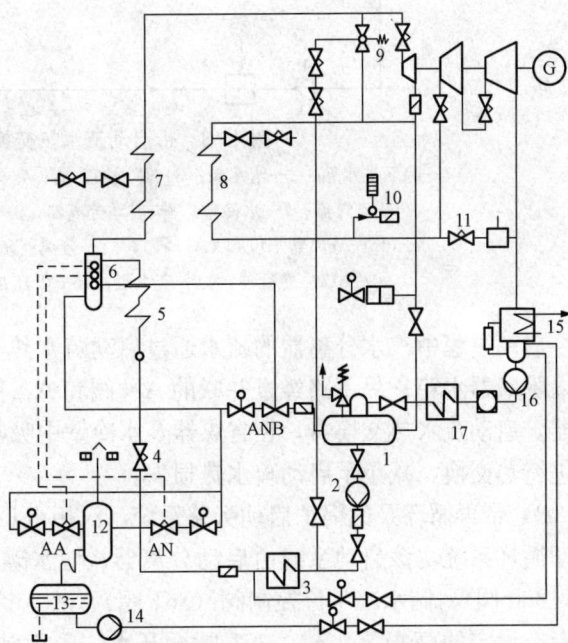

图 4 - 2　石洞口二电厂 600MW 超临界压力机组直流锅炉
大气式扩容器启动系统简图

1—除氧器水箱；2—给水泵；3—高压加热器；4—给水调节阀；
5—省煤器、水冷壁；6—启动分离器；7—过热器；8—再热器；
9—高压旁路阀；10—再热器安全阀；11—低压旁路阀；
12—大气扩容器；13——疏水箱；14—疏水泵；
15—冷凝器；16—凝结水泵；17—低压加热器

启条件，即可通过 ANB 阀疏水进入除氧器水箱。ANB 阀保持启动分离器的最低水位。

带扩容器的启动系统适用于带基本负荷、允许辅机故障带部分负荷和电网故障带厂用电运行。由于采用大气扩容器，如果经常频繁启停及长期极低负荷运行，将有较大的热损失和凝结水损失。另外，此系统只能回收经 ANB 阀排出的疏水热，而通过 AN 及 AA 阀的疏水热却无法回收，故工质热损失大也是其缺点之一。

2）带启动疏水热交换器的启动系统。河南姚孟电厂所引进的由 Sulzer 公司设计、比利时制造的直流锅炉，就是采用带启动疏水热交换器的启动系统，如图 4-3 所示。

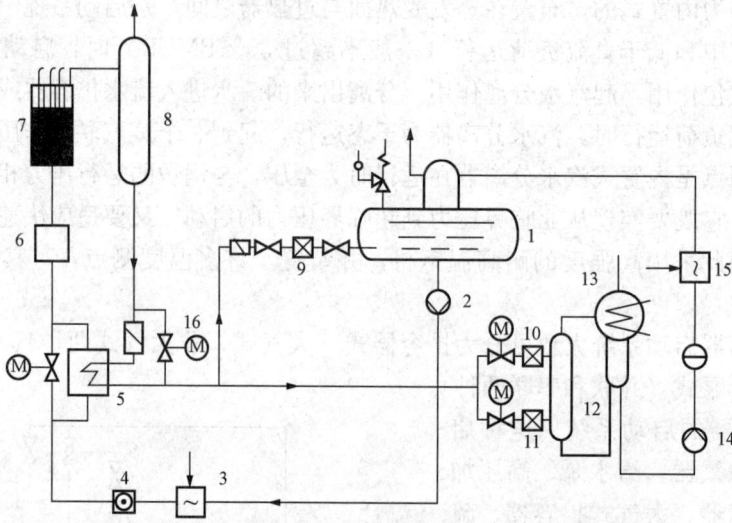

图 4-3 带启动疏水热交换器的启动系统
1—除氧器水箱；2—给水泵；3—高压加热器；4—给水调节阀；5—启动疏水热交换器；
6—省煤器；7—水冷壁；8—启动分离器；9—分离器水位控制阀（ANB 阀）；
10—分离器水位阀（AN 阀）；11—分离器疏水阀（AA 阀）；12—疏水箱；
13—冷凝器；14—疏水泵；15—低压加热器；16—旁路隔绝阀

启动过程中汽水分离器的疏水通过启动疏水热交换器后分为两路，其中一路经 ANB 阀流入除氧器水箱；另一路经过并联的 AN 阀和 AA 阀流入冷凝器之前的疏水箱，而后进入冷凝器。启动疏水热交换器，在省煤器及水冷壁中吸收了烟气热量的汽水分离器疏水和锅炉给水进行热交换，减小了启动疏水热损失。

3）带再循环泵的锅炉启动旁路系统。汉川电厂 5 号机组锅炉采用带再循环泵的内置式启动循环系统，该启动系统由启动分离器、储水罐、再循环泵（BCP）、再循环泵流量调节阀（360 阀）、储水罐水位控制阀（361 阀）、疏水扩容器、冷凝水箱、疏水泵等组成，储水罐上有设定的高报警水位、361 阀全开水位、正常水位（上水完成水位）、BCP 启动水位（MFT 时）、361 阀全关水位、360 阀全开水位、BCP 启动水位（MFT 重置时）、360 阀全关水位、暖管管路关闭水位、低位报警水位及 BCP 跳闸水位，根据各水位不同的压差值来控制再循环流量控制阀（360 阀）及储水罐水位控制阀（361 阀）调节水位。为保证锅炉在启动和低负荷运行时水冷壁管内流速，设置了再循环管路。炉水循环泵的辅助系统包括暖管系统、过冷水系统、最小流量再循环管路、冷却水系统、冲洗系统（高压和低压水冲洗系统）等。系统示意如图 4-4 所示。

在锅炉启动处于循环运行方式时，饱和蒸汽经汽水分离器后进入顶棚过热器，疏水进入

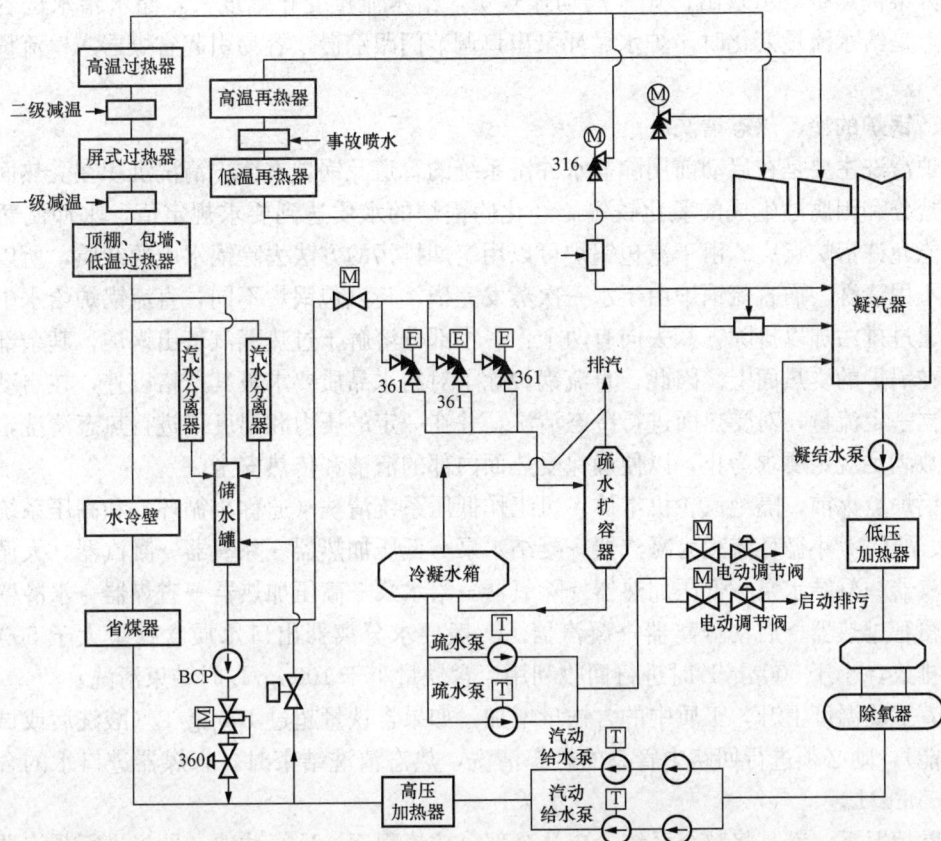

图 4-4　带再循环泵的锅炉的内置式启动循环系统

储水罐。来自储水罐的饱和水通过锅炉再循环泵和再循环流量调节阀（360 阀）流回到省煤器入口，锅炉循环流体在省煤器进口混合。启动系统的其余疏水通过储水罐水位调节阀（361 阀）后引至疏水扩容器中，蒸汽通过管道在炉顶排向大气，水则进入凝结水箱。凝结水箱的水位由调节阀控制，多余的水通过疏水泵排往凝汽器（水质合格时）或系统外（水质不合格时）。

（2）控制方案。

控制方案一： 给水旁路调阀控制给水流量，炉水循环泵出口调节阀控制储水箱水位，此时省煤器进口给水流量等于给水旁路调节门给水流量和炉水循环泵出口调节门循环流量之和。在各种扰动的影响下，储水箱水位将发生变化，此时储水箱水位如超过炉水循环泵出口调节阀控制范围，炉水循环泵出口调节门将开始调节储水箱水位，使省煤器进口给水量发生变化，从而给水旁路调节门也开始动作，以保证省煤器入口最小流量。因此锅炉在受到扰动时，只要该扰动使储水箱水位变化幅度超过炉水循环泵出口调阀控制范围，整个启动系统将不可避免地发生振荡。

控制方案二： 炉水循环泵出口调节门主要控制本生流量，锅炉循环泵出口控制阀的开度根据省煤器入口流量设定值与实际流量的偏差来调节，用储水箱水位加以流量修正，而给水旁路调节门则控制储水箱水位，给水泵控制旁路阀前、后的压差，相当于汽包三冲量调节方式。此方案优点是给水泵出口调节阀动作较快，给水流量变化幅度大，储水箱水位容易保证；缺点是给水流量变化时，炉水循环泵出口调节门跟踪慢，容易引起省煤器入口流量低保护动作。

三、锅炉的冷、热态清洗

锅炉清洗主要是在启动前用除盐水冲洗系统的管道及锅炉本体，清洗沉积在受热面上的杂质、盐分和因腐蚀生成的氧化铁等。经化验锅炉的水质达到要求规定值，水冲洗暂告结束，才能允许锅炉点火。由于汽包锅炉可以用定期排污的方法去除锅水中的杂质，所以受热面一般不用清洗。而直流锅炉由于水一次蒸发完毕，与汽包锅炉不同，直流锅炉给水中的杂质不能通过排污加以排除，其去向有两个：一小部分溶解于过热蒸汽带出锅炉，其余部分则都沉积在锅炉的受热面上。因此，直流锅炉除了对给水品质要求极其严格以外，在启动阶段必须建立一定流量，对受热面进行冷态清洗，并在一定的压力和温度下进行热态清洗，直到有关参数满足规定要求为止，以便确保受热面内部的清洁和传热安全。

在锅炉点火前，隔绝汽轮机本体，机组作低压系统清洗（通称小循环）和高压系统清洗（通称大循环）。小循环流程为凝汽器→凝结水泵→低压加热器→除氧器→凝汽器。大循环流程为凝汽器→凝结水泵→低压加热器→除氧器→给水泵→高压加热器→省煤器→水冷壁→炉顶、包覆管过热器→启动分离器→凝汽器。一般要求分离器出口水质含铁量大于 $500\mu g/L$ 时进行排放，小于 $500\mu g/L$ 时进行回收利用，含铁量小于 $100\mu g/L$ 时结束清洗。

随着工质温度上升，工质中的含铁量增加，如果含铁量超过 $100\mu g/L$（酸洗后或试运间很有可能），则必须进行回路中管系的热态清洗，热态清洗结束时，省煤器进口水的含铁量应小于 $50\mu g/L$。

通常情况下，都是将整个系统分成几个部分按流程逐一进行冲洗，即先进行凝汽器及凝结水管道冲洗，再进行锅炉本体冲洗。这种方法比整个系统一起冲洗更省时、经济。

凝汽器冲洗流程为补给水泵→凝汽器→凝结水泵→精除盐装置→轴封冷却器→凝汽器再循环门→凝汽器→地沟。纯水循环一段时间后，将水从凝汽器放水门排入地沟。如果凝汽器本身比较脏，可以往凝汽器补水后直接放掉，第二次进水后再进行冲洗。初次启动凝结水泵时，若水质较差，应将精除盐装置走旁路。

低压加热器系统冲洗流程为凝结水泵→精除盐装置→轴封加热器→低压加热器→地沟排放。低压加热器先冲洗旁路，水质合格后，再进入低压加热器内冲洗，冲洗时应注意流量大小，流量太小，冲洗效果不好；流量太大，凝汽器水位不易控制。低压加热器冲洗合格后，凝结水可进入除氧器，冲洗后从放水门排入地沟。

给水管道冲洗流程为除氧器→给水泵→高压加热器→地沟。冲洗前，电动给水泵必须具备启动条件。冲洗时，开启电动给水泵向高压加热器注水，先冲洗高压加热器旁路，待水质合格后，进入高压加热器水侧，然后从高压加热器出口放水，流速不得低于 8m/s。如果考虑铜的情况，则水流速不得低于 10m/s。因为高压加热器出口为开式排放，所以冲洗时应特别注意除氧器水位。

锅炉本体冲洗流程为补给水箱→凝汽器→凝结水泵→轴封加热器→低压加热器→除氧器→给水泵→高压加热器→省煤器→螺旋管水冷壁→汽水分离器→扩容器→疏水箱→地沟。

锅炉本体冲洗的合格与否决定于分离器出口疏水含铁量。当含铁量大于 $2000\mu g/L$ 时，冲洗水则通向地沟排放；当分离器出口水质小于 $2000\mu g/L$ 时，冲洗水则通过疏水扩容器，由疏水泵排入凝汽器。一般分离器出口的水回收到凝汽器后，必须投入精除盐装置，以使凝结水质合格。

锅炉清洗包括冷态清洗和热态清洗，锅炉上水完成后进入锅炉冷态清洗阶段，冷态清洗又分为开式清洗和循环清洗。下面以汉川电厂为例介绍锅炉的冷态清洗和热态清洗。

1. 冷态清洗

冷态开式清洗阶段清洗水全部通过 361 阀后经疏水泵排出系统外；冷态循环清洗阶段利用锅炉循环泵启动建立锅炉自身的循环清洗回路，仅 7%BMCR 流量的清洗水通过 361 阀排出。

(1) 清洗锅炉前要满足以下条件：储水罐压力低于 686kPa；已完成高压管路清洗；锅炉上水完毕；361 阀处于自动状态；360 阀处于关闭状态；疏水泵处于自动状态；疏水泵后去冷凝器一路的电动闸阀关闭，去系统外（凉水塔水池或雨水井）一路的电动闸阀开启；锅炉循环泵处于备用状态。

(2) 冷态开式清洗阶段：接受开始锅炉清洗指令后，361 阀开启；清洗过程中应保证除氧器水温在 80℃ 左右；打开高压加热器旁路阀，采用不通过高压加热器的方式上水；启动锅炉给水泵向锅炉内供水，提供锅炉清洗用水；锅炉第一次冷态开式清洗过程中，先不安装 361 阀阀芯，待锅炉冷态开式清洗完成后再装；锅炉冷态开式清洗过程中，疏水泵出口至冷凝器管路电动闸阀关闭，疏水泵出口至系统外（水处理站）管路电动闸阀开启，361 阀后清洗水流经疏水扩容器、水箱后由启动排污管路排出，直至储水罐下部出口水质优于下列指标值后，冷态开式清洗结束：$Fe<500\mu g/L$，pH 值小于或等于 9.5。

(3) 冷态循环清洗阶段：启动锅炉循环泵，检查锅炉循环泵过冷水管路自动投入，并使锅炉循环水流量为 20%BMCR，此时 360 阀全开；储水罐水位变化时，依靠 361 阀的调节维持储水罐水位；水质合格后，开启疏水泵出口至冷凝器管路电动闸阀，同时关闭疏水泵出口至系统外（水处理站）管路电动闸阀，水质回收；维持 25%BMCR 清洗流量进行循环清洗，直至省煤器入口水质优于下列指标：$Fe<100\mu g/L$，pH 值为 9.3~9.5，电导率小于或等于 $1\mu S/cm$，冷态循环清洗结束。

2. 热态清洗

当水冷壁内水的温度和压力逐渐提高时，高温的水又会将残留在系统内的杂质（主要是氧化铁、硅化物等）冲洗出来，使水中杂质增加。当水冷壁出口温度达到 190℃ 时，锅炉需进行热态清洗。热态清洗阶段应控制锅炉的燃料量，维持水冷壁出口温度为 190℃。当水冷壁出口温度升高时，应适当减少燃料量，以便水冷壁出口温度能维持在 190℃。当储水罐出口水质 $Fe<50\mu g/L$ 时，热态清洗结束。

热态清洗的注意事项：当分离器中产生蒸汽时，汽轮机旁路阀应处于自动状态；由于水中的沉积物在 190℃ 时达到最大，因此升温至 190℃ 时应进行水质检查，检测水质时停止锅炉升温、升压；热态清洗时，清洗水全部排至凝汽器；锅炉点火后，注意出现汽水受热膨胀会导致储水罐水位突然升高，应保证 361 阀能正常控制储水罐水位；热态清洗过程中锅炉循环泵再循环管路流量维持在 20%BMCR，360 阀全开；锅炉点火后，应打开顶棚出口联箱及后包墙下联箱疏水阀进行短时间的排水，确保该处无积水。

【任务实施】

填写"锅炉冷、热态冲洗"任务操作票，并在火电仿真机上完成超临界参数火电机组锅炉启动过程中的水质冲洗，保证锅炉水质合格。实训过程中及时记录机组运行参数。

一、实训准备

（1）查阅《仿真机组的运行规程》，以运行小组为单位填写"超临界压力锅炉冷、热态冲洗"任务操作票，并确认。

（2）明确职责权限。

1）机组运行操控流程、工作票编写由组长负责。

2）锅炉燃烧调节、运行监控的操作由运行值班员实施，并做好记录，确保记录真实、准确、工整。

3）组长对操作过程进行安全监护。

（3）熟悉超临界压力机组仿真机 DCS 站、DEH 站和就地站的操作和控制方法。

（4）恢复超临界压力机组仿真机初始条件为"机组冷态启动前"，确认机组运行状态。

二、实训案例

1. 凝汽器与除氧器上水冲洗

（1）凝汽器上水冲洗。凝汽器上水至高水位后，通过凝汽器底部放水，进行凝汽器冲洗，直至水质合格（$Fe < 200 \mu g/L$）。

（2）打开凝结水疏水泵至凝结水系统注水门，注水完成后，变频启动一台凝结水泵，视情况将另一台凝结水泵工频投备用。凝结水系统冲洗，先冲洗旁路后冲洗加热器，至 5 号低压加热器出口（除氧器入口）凝结水质合格（$Fe < 200 \mu g/L$）。

（3）除氧器上水冲洗，排水中 $Fe < 200 \mu g/L$ 后，将除氧器排水切至凝汽器。

（4）除氧器水质合格，投入机组辅助蒸汽系统运行，投辅助蒸汽至除氧器加热，控制除氧器水温上升速度不大于 $1.5℃/min$。

2. 炉水循环泵（BCP 泵）注水

用凝结水疏水泵出口合格的除盐水对炉水循环泵进行注水，注水后要进行炉水循环泵的点动排空气。

3. 锅炉上水

（1）上水前记录锅炉膨胀指示。

（2）锅炉上水时要求炉水循环泵已注水并保持连续注水状态。

（3）锅炉上水或水冲洗前应满足下列条件：

1）炉水循环泵注水完毕。

2）炉水循环泵入口和出口阀全关。

3）除氧器出口水质满足要求。

4）锅炉启动系统和给水系统的阀门按阀门检查卡执行完毕。

5）分离器疏水控制阀投自动。

6）炉水循环泵再循环门投自动。

（4）启动电动给水泵（如启动时采用汽动给水泵，应先投轴封，抽真空，用辅助蒸汽冲转一台汽动给水泵）。

（5）用给水旁路调整阀及电动给水泵勺管（或汽动给水泵转速）控制上水速度为 60～100t/h，向锅炉上水，冷态上水温度一般为 30～70℃。

（6）当水冷壁各放气门连续见水后，关闭各放气门。

（7）当过热器减温水排气阀有水溢出时关闭该阀门。

（8）当分离器储水罐水位达到 8m 时，关闭下列阀门，上水完毕。

1）分离器出口排气电动门。

2）尾部烟道后包墙出口联箱排气门。

3）顶棚分配管排气门。

4）后水吊挂管和水平烟道侧墙出口管排气门。

（9）如果锅炉上满水后不能开始冷态冲洗，立刻关闭锅炉给水旁路调节门并且重新启动冲洗程序。

4. 锅炉冲洗

（1）锅炉冷态冲洗前应满足下列条件：

1）锅炉上水结束。

2）锅炉循环泵停运。

3）电动（汽动）给水泵运行。

4）炉水再循环阀（BR 阀）关闭并投自动。

（2）锅炉冷态开式冲洗。

1）锅炉冷态开式冲洗流程为凝汽器→低压加热器→除氧器→给水泵→高压加热器→给水操作站→省煤器→水冷壁→分离器→储水罐→储水罐疏水阀（WDC 阀）→扩容器。

2）确认高压加热器进、出口三通阀在主路，调整给水旁路门开度，保持分离器疏水阀（WDC 阀）开启并投自动，维持储水罐水位正常。

3）当储水罐出口水质 Fe>500μg/L 时，炉水排放至机组排水槽。

4）当储水罐出口水质满足 Fe<500μg/L 要求时，则认为锅炉冷态开式冲洗完成，减少炉水外排流量，启动锅炉循环泵，进行冷态循环冲洗。

（3）锅炉冷态循环冲洗。

1）冷态循环冲洗流程为凝汽器→低压加热器→除氧器→给水泵→高压加热器→给水操作站→省煤器→水冷壁→分离器→储水罐→锅炉循环泵→省煤器入口（→储水罐疏水阀→凝汽器）。

2）调整给水旁路阀、分离器疏水阀（WDC 阀），使储水罐水位稳定。

3）启动炉水循环泵，开启炉水循环泵出口电动门，调节 BR 阀开度，保证省煤器入口流量大于 515t/h。

4）保持上面操作直到储水罐疏水水质满足 Fe<200μg/L，冷态循环冲洗结束。

5）如果冷态冲洗再循环系统时间过长，必须进行下列操作：

a. 通过增加再循环流量或给水泵出力提高给水流量。

b. 通过手动调节 BR 阀开度，反复增减再循环流量。

6）冷态冲洗完成后，锅炉准备点火，系统进行热态冲洗。

5. 锅炉热态冲洗

（1）当水冷壁出口温度在 150℃左右时对锅炉进行热态冲洗。

（2）在锅炉起压、炉侧疏水放气门全关后，锅炉开始热态冲洗时，检查汽轮机侧疏水全开后，缓慢打开高、低压旁路阀，随着锅炉压力的升高逐渐开大旁路。

（3）通过给煤量或油量和疏水阀开度将水冷壁出口温度控制在150℃左右，不允许超过170℃。

（4）保持上述状态和给水流量（>515 t/h）直到储水罐出口水质符合要求：pH值为9.3～9.5；$Fe<100$（目标<50）$\mu g/L$；溶解氧小于$10\mu g/L$；$SiO_2<30\mu g/L$；$N_2H_4>200\mu g/L$；导电率小于$0.5\mu S/cm$。

（5）当储水罐出口水质合格时，锅炉热态冲洗完成。启动锅炉疏水泵，锅水全部回收，化学分厂投入凝水精处理系统运行。

（6）如果热态冲洗需要很长时间，应进行下列操作以加速冲洗时间：

1）通过增加再循环量或给水泵流量增加给水流量。

2）反复增、减再循环量。

3）改变燃料量使水温在170℃以下波动。

4）视情况将锅水适量外排。

三、实训报告要求

（1）填写"超临界压力机组冷态、热态冲洗"项目任务书。

（2）绘制实训仿真机组的启动循环系统图，并注明锅炉各系统的冲洗流程。

（3）记录清洗结束后的水质指标。

（4）记录清洗过程中所遇到的问题、解决方法和体会。

复习思考

（1）直流锅炉的启动特点？

（2）直流锅炉的典型启动系统？

（3）如何保证直流锅炉的水质？

任务2 汽轮机中压缸启动

【项目描述】

一、知识目标

掌握超临界参数火电机组汽轮机的启动方式的特点。

二、能力目标

能完成超临界参数火电机组中压缸启动的切缸操作。

【任务描述】

通过本任务的学习，使学习人员掌握中压缸启动方式的特点及操作要领，并通过在仿真实训室的实际操作，完成超临界压力机组汽轮机中压缸启动过程的冲转、并网及切缸等重要环节，并确保机组稳定运行。

【任务准备】

（1）超临界参数火电机组中压缸启动前相关辅助系统的运行检查。

（2）超临界参数火电机组中压缸启动冲转、并网操作。

（3）超临界参数火电机组中压缸启动的切缸操作。

【相关知识】

一、汽轮机中压缸启动的特点

中压缸启动是指中压缸进汽冲转时高压缸不进汽，待转速升至 1500～2800r/min 后或并网带到一定负荷（10%～15%BMCR）后，再切换为高、中压缸共同进汽。

中压缸启动的特点主要如下：

（1）中压缸启动过程中汽轮机中速暖机结束后，高、中压转子的温度一般都升至 150℃以上，高、中压转子提前度过脆性转变温度，提高了机组在高速下的安全性，启动时间短，燃料消耗少。

（2）中压缸转子为全周进汽，中压缸和中压转子加热均匀；随着再热蒸汽压力升高对高压缸进行暖缸，高压缸和高压转子的受热也比较均匀，减少了启动过程中汽缸和转子的热应力。

（3）对特殊工况具有良好适应性，汽轮机加热均匀，寿命损耗小，对空负荷、低负荷和带厂用电等特殊运行方式适应性强。

（4）可维持较低的低压缸尾部温度，中压缸进汽，启动初期经低压缸蒸汽流量较大，可有效带走低压缸尾部由于鼓风摩擦产生的热量，保持低压缸尾部温度在较低的水平。

二、汽轮机中压缸启动

1. 冷态启动

冷态启动时缸温低，因此在冲转前要对高压缸进行预暖。预暖的方法是通过开启高压缸排汽可控止回阀及有关疏水门来进行倒暖，然后打开低压旁路系统，锅炉升温、升压，直到规定的冲转参数，再用中压缸冲转、升速、带初始负荷，并进行负荷切换、高压缸进汽、升负荷。主要程序如下：

（1）启动前的准备。中压缸启动系统如图 4-5 所示，汽轮机投盘车。确认有关阀门的开关状态：管道及汽缸疏水门和高、低压旁路阀 C、D 开启；高压缸排汽止回阀旁路阀 A、高中压进汽门 E、F 和通风阀 B 关闭。

（2）锅炉点火。凝汽器抽真空。待再热器冷段蒸汽温度达到一定数值后（一般比高压内缸温度高 50℃ 左右），即可打开高压缸排汽止回阀的旁

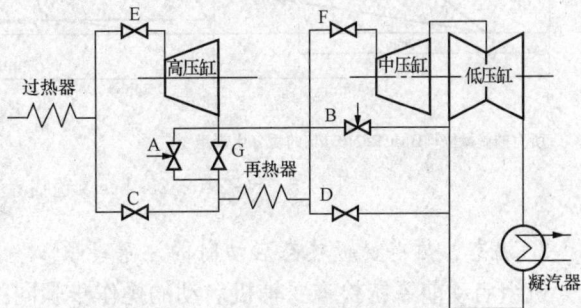

图 4-5　中压缸启动系统

路阀 A，对高压缸进行倒暖。锅炉升温、升压，直至达到冲转参数。

（3）冲转与升速。开启中压缸进汽门 F，汽轮机冲转、升速并进行中速暖机。高压缸缸

温达190℃时，暖缸结束，高压缸排汽旁路阀A自动关闭，通风阀B自动开启，使高压缸处于真空状态，控制其温度水平，最后升速至3000r/min。

（4）并网与带负荷。机组并网，逐步开大中压进汽门F加负荷。这时应注意调节低压旁路阀D，使再热器压力稳定。当低压旁路阀全关闭时，用中压进汽门F来调节蒸汽压力，使机组负荷带至10%～15%BMCR。

（5）进汽方式的切换。当高压主汽门前的蒸汽压力和温度达到规定值以及再热器压力维持在不超过规定值时，一般中压进汽门基本达到全开状态，此时可进行进汽方式的切换。高压进汽门E自动开启，高压缸的排汽通风阀B自动关闭，高压旁路阀C逐渐关闭，将蒸汽进汽切换到高压缸，即完成了由中压缸进汽向高、中压缸联合进汽方式的切换。然后，高压缸很快进入滑压升压状态，在2～3min内高压缸排汽压力超过规定值。高压缸排汽止回阀G自然打开，高压缸开始带负荷。

（6）启动曲线。对于不同类型的锅炉，应当根据其具体的设备条件，通过启动试验，确定升压各阶段的温升值或升压所需要的时间，由此可制定出锅炉启动曲线，用以指导锅炉启动时的升压、升温操作。图4-6为SG 2102/25.4-953型超临界直流锅炉冷态启动曲线。

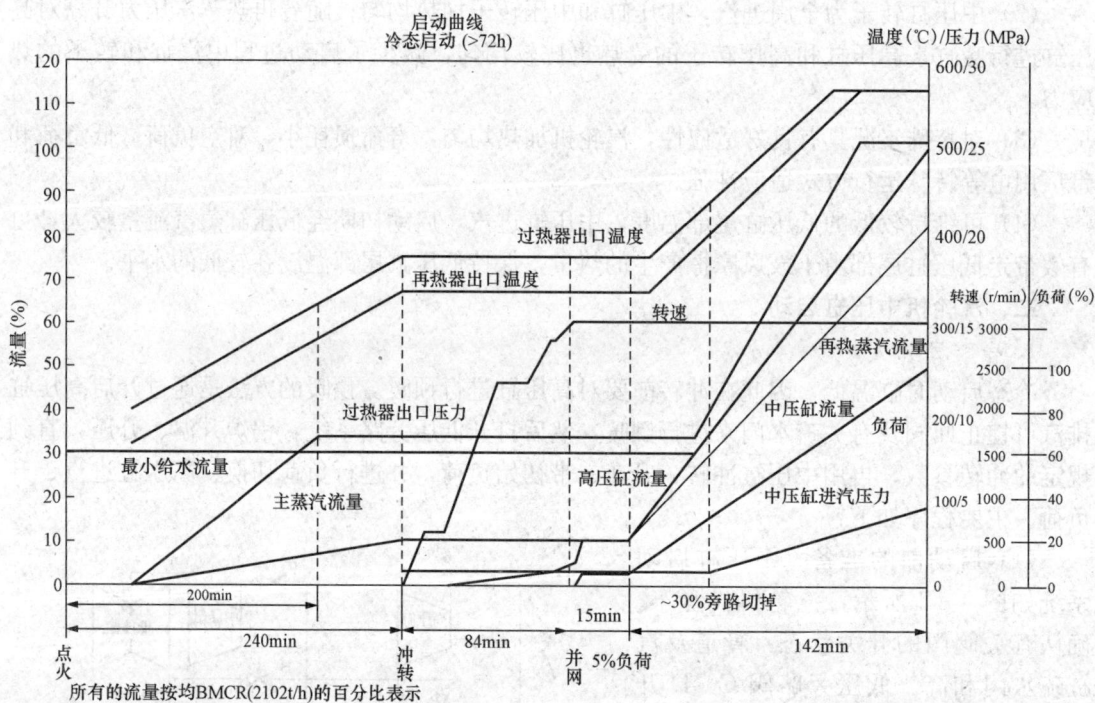

图4-6　SG 2102/25.4-953超临界直流锅炉冷态启动曲线

2. 温态、热态、极热态启动时的注意事项

机组启动前系统检查、辅机启动的操作步骤同冷态启动，其他操作、规定如在温态启动无特殊说明按冷态启动要求执行、操作。

极热态、热态、温态启动时若水质合格可以不进行锅炉清洗，否则机组清洗步骤及清洗完成标准按要求严格执行。

抽真空前先送轴封汽，轴封汽温度应与汽缸温度相匹配。轴封送汽后立即抽真空。

极热态、热态启动时，分离器压力等于或小于规定压力值时才允许点火，必要时可通过旁路系统或锅炉疏水门手动泄压。热态、温态启动采用中压缸冲转时，将锅炉主蒸汽压力、再热蒸汽压力泄至规定压力值时方可投入旁路系统。

机组温态、热态启动采用中压缸冲转时，冲转前不执行高压缸倒暖程序，但高压调节阀室预暖应按规定进行。极热态启动时可根据调节阀室金属温度情况不执行高压调节阀室预暖。

极热态、热态、温态启动应严格控制缸壁温差、差胀、振动在规定范围内，汽轮机冲转后应尽快升速。温态启动机组升速率选择为 $150r/min^2$，热态、极热态以 $300r/min^2$ 的速度冲转到 3000r/min，投入低压加热器汽侧运行。

定速后尽快并列，按缸温对应滑启曲线快速带负荷，升负荷至冷态滑参数启动缸温水平对应的负荷，避免金属冷却出现负温差；避免汽缸冷却而产生额外的热应力，或产生较大的负胀差，直到负荷达到滑启曲线对应的负荷且高压负胀差明显回落或出现正胀差时，停留暖机。升负荷率及暖机时间参考相应启动曲线选取。

某 600MW 超临界参数火电机组在温态、热态、极热态时冲转的主蒸汽、再热蒸汽压力和背压的参考数值参见表 4-2。蒸汽温度为启动曲线对应温度，冲转参数中蒸汽温度的选择应以实际缸温来选取，并注意正匹配。

表 4-2   某 600MW 超临界直流机组温态、热态、极热态的冲转参考参数值

启动方式	主蒸汽压力 (MPa)	主蒸汽温度 (℃)	再热蒸汽压力 (MPa)	再热蒸汽温度 (℃)	凝汽器背压 (kPa)	升速率 (r/min²)
温态启动	8.73	410	1.1	380	11	150
热态启动	10.0	480	1.1	450	11	300
极热态启动	10.0	>500	1.1	>480	11	300

【任务实施】

填写"中压缸启动"任务操作票，并在仿真机上完成汽轮机中压缸冲转、升速、切缸操作，由中压缸进汽方式切换成高、中压缸联合进汽方式，机组参数无波动。实训过程中及时记录机组运行参数。

一、实训准备

(1) 查阅《仿真机组的运行规程》，以运行小组为单位填写"中压缸启动"任务操作票，并确认。

(2) 明确职责权限。

1) 机组切缸操作控制、工作票编写由组长负责。

2) 锅炉燃烧调节、汽轮机冲转操作、机组运行监控的操作由运行值班员实施，并做好记录，确保记录真实、准确、工整。

3) 组长对操作过程进行安全监护。

(3) 熟悉超临界压力机组仿真机 DCS 站、DEH 站和就地站的操作和控制方法。

(4) 恢复超临界压力机组仿真机初始条件为"中压缸冲转前"，确认机组运行状态。

二、实训案例

1. 汽轮机中压缸启动方式

(1) 在 DEH"自动控制"画面中点击"汽轮机挂闸"下的"是"按钮，确认"挂闸"

指示灯亮，点击"运行"下的"是"按钮，检查高、中压主汽阀开启正常。

（2）在 DEH"自动控制"画面中点击"自动/手动"按钮，选择"自动"，选择"中压缸启动""正暖"下的"投入"。

（3）检查 VV 阀及电动隔离阀开启。

（4）机组摩擦检查。

1）在 DEH"自动控制"画面中"升速率"设定 100r/min²，"目标转速"设定200r/min，按"进行"。检查汽轮机 1 号～4 号高压调节汽门逐渐开启，汽轮机开始升速。

2）当汽轮机转速大于盘车转速时，确认盘车装置应自动脱开，停运盘车电动机，否则应立即打闸停机。

3）确认汽轮机转速达 200r/min 时，在 DEH"自动控制"画面中选择"摩擦检查"，按"进行"。检查汽轮机高、中压主汽阀、调节汽门全部关闭，汽轮机转速逐渐下降。对机组进行摩擦检查，仔细倾听汽轮机内部声音，确认正常。

（5）机组升速至中速暖机。

1）摩擦检查完成后，确认机组无异常，在 DEH"自动控制"画面中选择"摩擦检查"，按"切除"，检查汽轮机高、中压主汽阀开启正常。

2）选择"目标转速"设定 400r/min，按"进行"，检查汽轮机 1 号～4 号高压调节汽门逐渐开启，汽轮机开始升速到 400r/min 时高压调节汽门开度由电液调节器锁住。

3）当 DEH"自动控制"画面中"暖缸阀位记忆"变红时，选择"目标转速"设定 1500r/min，按"进行"，检查汽轮机继续升速。

4）检查左、右侧中压调节阀逐渐开启，汽轮机升速至 1500r/min 进行中速暖机。

5）检查汽轮机过临界转速时，升速率自动提升为 300r/min，汽轮机各轴承振动在允许范围内。

6）冲转及暖机时，检查汽轮机高压调节阀内、外壁金属温差，高压第一级汽缸内、外壁金属温差，再热蒸汽入口处汽缸内、外壁金属温差应尽可能小，并低于如图 4-7～图 4-9 所规定的极限值。

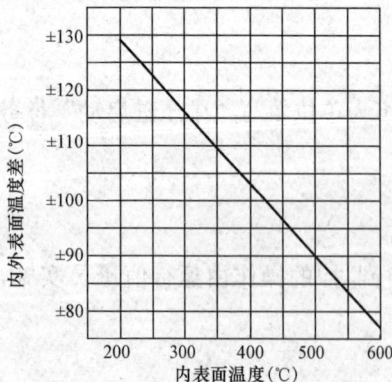

图 4-7　主汽阀阀壳内外壁允许温差　　图 4-8　调节阀阀壳内外壁允许温差

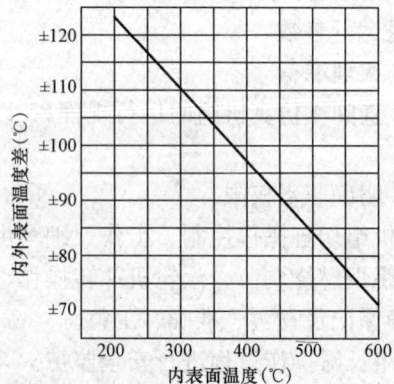

7）中速暖机期间，注意维持主蒸汽、再热蒸汽压力及温度稳定，确认机组旁路控制正常。注意监视机组 DEH、TSI 画面中缸胀、高中压差胀、低压缸差胀、轴向位移及各轴承振动在允许范围内。

8）中速暖机期间，检查凝汽器真空不小于 89.3kPa。

9）中速暖机期间，打开五段抽汽、六段抽汽止回阀及电动门，5 号、6 号低压加热器汽侧投入。

10）在机组转速为 1500r/min 时，发电机应进行下列检查工作：

a. 检查电刷应无卡涩、跳动等情况，弹簧压力均匀。

b. 检查发电机励磁机声音正常，机组振动不超过规程允许值。

c. 检查各部温度不超过允许值。

（6）检查汽轮机按照启动升负荷曲线确定的时间暖机结束，选择"目标转速"设定 3000r/min，按"进行"，检查左、右侧中压调节阀继续开大，汽轮机继续升速。

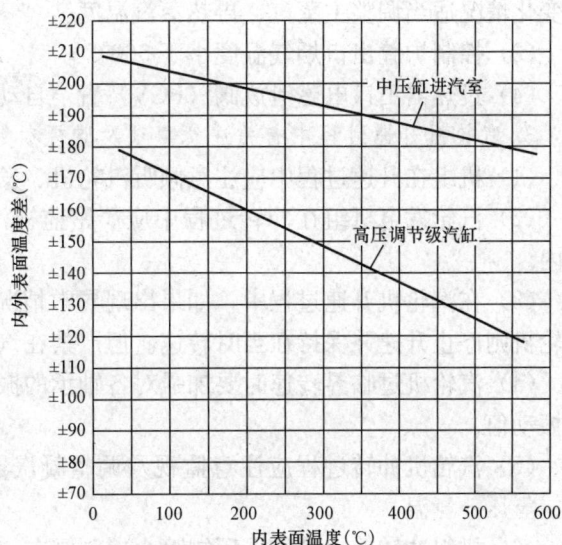

图 4-9 中压进汽室及高压调节级缸体内外壁允许温差

（7）在汽轮机转速达 1520r/min 时，检查确认顶轴油泵自动停止，否则手动停止顶轴油泵，将其投入"自动"。在顶轴油泵停运后，注意监视润滑油系统压力正常，机组各轴承振动、回油温度正常。

（8）在汽轮机转速升至 3000r/min 时，按照由启动升负荷曲线确定的暖机时间进行暖机。

（9）待汽轮机稳定运行在 3000r/min 时，对机组进行全面检查，进行以下操作和确认：

1）确认润滑油温及各轴承回油温度正常，润滑油温度大于 38℃，控制在 38～52℃。

2）确认主油泵入口压力达 0.1～0.147MPa，轴承润滑油压力为 0.137～0.18MPa。

3）投入发电机氢气冷却器冷却水，并投入氢温自动控制，注意监视氢气温度。

4）确认发电机氢气系统、定子冷却水系统、密封油系统运行正常。

（10）汽轮机全速后根据需要进行以下试验：

1）汽轮机危急保安器喷油试验。

2）手动脱扣试验。

3）发电机、发电机 - 变压器组空载试验。

4）发电机、发电机 - 变压器组短路试验。

5）假同期试验。

6）励磁系统试验。

7）测量发电机转子交流阻抗。

（11）各项试验合格后，确认主油泵出口油压不小于 1.55MPa 时，停运交流辅助油泵、交流启动油泵，投入"备用"。

2. 汽轮机冲转时锅炉侧操作

（1）启动系统储水罐维持低水位，防止冲转后水位上升过多。

（2）调节给煤量或燃油量，维持主蒸汽、再热蒸汽压力，蒸汽温度稳定，根据汽轮机金属变化情况适当调整主蒸汽、再热蒸汽温度。

(3) 控制炉膛出口烟气温度小于560℃。

(4) 过热器出口电磁泄放阀（PCV）置"自动"。

3. 汽轮机升速过程中有关注意事项及监视参数

(1) 机组在升速过程中应注意倾听汽轮机、发电机内转动部分有无异常声音。

(2) 汽轮发电机组在冲转过程中应严密监视汽轮机本体各参数，保证各参数在允许范围内。

(3) 在汽轮机升速过程中，如果出现异常情况需要暂停升速时，可按下"保持"按钮，汽轮机则停止升速并保持在当时转速。但严禁在汽轮机临界转速范围内停留。

(4) 汽轮机过临界转速时要加强对各轴承的振动监视，并记录临界转速下轴承振动最大的振动值。

(5) 汽轮机冲转过程应注意监视及调整凝汽器、除氧器水位，发电机密封油差压及油温、氢压、氢温。

(6) 机组冲转前，确认低压缸喷水控制阀在"自动"状态。在机组冲转后，要注意监视维持低压缸排汽温度在允许范围。

(7) 化学人员应定期进行水质化验，以确保合格的汽水品质。

(8) 当汽轮机各内、外壁金属温差，振动等增大超限时，应进行转速保持。当转速在临界转速附近时，应升速至超过临界转速进行保持。待参数稳定至允许范围后，机组继续升速。

(9) 发电机一经启动升速，即认为已带上电压，任何人不得在定子和转子回路上工作。（电业安全工作规程规定者例外）。

(10) 发电机大修和安装后第一次启动，当转速达到第一临界转速时，应检查了解机组和轴承振动情况，当发电机各部无异常现象时再升至额定转速。

三、实训报告要求

(1) 填写"中压缸启动"项目任务书。

(2) 绘制中压缸冲转过程中重要参数变化曲线（如主蒸汽温度、主蒸汽压力、转速等）。

(3) 记录中压缸启动过程中所遇到的问题、解决方法和体会。

复习思考

(1) 汽轮机中压缸启动的优势是什么？

(2) 汽轮机中压缸启动切缸的操作要领有哪些？

(3) 汽轮机倒暖和正暖的作用是什么？如何操作？

任务3　锅炉转直流运行

【项目描述】

一、知识目标

(1) 超临界参数火电机组锅炉启动过程中的水位控制及温度控制。

（2）超临界参数火电机组锅炉直流运行时蒸汽温度控制及给水调节。

二、能力目标

（1）能完成超临界参数火电机组锅炉转直流运行操作。

（2）能根据机组负荷要求进行蒸汽温度调节、给水调节、燃料调节。

【任务描述】

机组升负荷至规定参数时，锅炉转直流运行方式，汽水分离器出口蒸汽温度维持一定的过热度。

（1）能明确直流锅炉启动过程中水动力特性对运行操作的影响。

（2）能根据直流锅炉不同的启动系统完成直流锅炉的转直流运行操作。

（3）能正确操作、控制燃烧系统，根据机组负荷要求进行蒸汽温度调节、给水调节。

【任务准备】

（1）直流锅炉转直流运行前相关辅助系统的运行检查。

（2）根据不同的系统布置进行转直流运行操作。

（3）调节燃烧系统，合理控制蒸汽温度、给水流量在规定参数范围。

【相关知识】

一、直流锅炉的蒸汽温度调节特性

机组负荷一般在 35%BMCR（与蒸汽温度、蒸汽压力、真空等参数有关）左右即转入直流滑压运行方式，此时为亚临界直流锅炉。随着负荷的升高，主蒸汽压力逐渐升高，在 80%BMCR 左右达到临界压力后转入超临界状态。

机组进入直流状态，给水控制与蒸汽温度调节和前一阶段控制方式有明显的不同，给水不再控制分离器水位，而是和燃料一起控制蒸汽温度，即蒸汽温度调节主要是通过给水量和燃料量的比值进行调整。

直流锅炉在稳定工况下，以给水为基准的过热蒸汽总焓升的计算式为

$$h''_{sh} = h_{fw} + \frac{BQ_{net,\ ar}\eta_b}{G} \qquad (4-1)$$

式中　h''_{sh}——过热蒸汽焓，kJ/kg；

　　　h_{fw}——给水焓，kJ/kg；

　　$Q_{net,ar}$——燃煤低位发热量，kJ/kg；

　　　η_b——锅炉热效率；

　　　B——燃煤量，t/h；

　　　G——给水量，t/h。

当 h_{fw}、$Q_{net,ar}$、η_b 基本不变时，出口过热蒸汽温度 $t''_{sh}(h''_{sh})$ 只取决于 B/G。随着燃水比 B/G 增加，过热蒸汽温度 t''_{gr} 上升。

汽包锅炉由于汽包的存在，在汽包与水冷壁之间形成循环回路，其循环动力不是依靠给水泵的压头，而是依靠下降管中炉水密度与蒸发受热面间汽水混合物的密度差形成的压力

差。汽包锅炉中的汽包将整个汽水循环过程分隔成加热、蒸发和过热三个阶段，并且使三个阶段受热面积和位置固定不变。汽包在三段受热面间起隔离和缓冲作用。汽包水位的正常变化不会影响三段受热面积的改变。

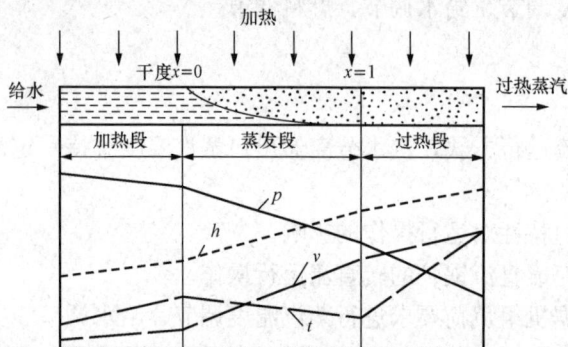

图 4 - 10 直流锅炉原理

如图 4 - 10 所示，对于直流锅炉，给水在给水泵的作用下一次性地流过加热、蒸发和过热段。其加热、蒸发和过热三个阶段之间没有明显的分界线。当燃料量与给水流量的比例发生变化时，三个受热面积都发生变化，吸热比例也随之变化，其结果势必直接影响出口蒸汽参数，尤其是出口蒸汽温度的变化。通常当燃烧率增加时，加热与蒸发过程缩短，过热阶段加热面积增加，致使过热器出口蒸汽温度升高。当直流锅炉燃水比失去平衡时，将引起出口蒸汽温度发生较大的波动，在接近满负荷区域内，如果燃水比发生较大偏差，将有可能引起超温。当热负荷很高时，如果水冷壁管内的流速较低，则传热系数会急剧下降，造成管壁温度剧烈升高，出现类似膜态沸腾的现象，此时也会引起水冷壁下部较低温度处的壁温迅速上升。因此，在运行过程中必须注意保持燃料量与给水流量之间的比例关系，即在适应负荷变化过程中，同时改变燃烧率和给水流量才能维持过热器出口蒸汽温度的稳定。但在实际运行中，由于不能精确地测定送入锅炉的燃料量，所以仅仅依靠燃水比来调节过热蒸汽温度，则不能完全保证蒸汽温度的稳定。

采用喷水降温的方法往往会加剧燃水比的失调，为了减小维持过热器出口蒸汽温度的困难，一般来说，在蒸汽温度调节中，将燃水比作为蒸汽温度调节的一个粗调。然后用减温水作为蒸汽温度的细调。通常选取汽水分离器出口蒸汽温度作为蒸汽温度调节回路的前馈信号。并将此点的温度称为中间点温度。运行调节过程中注意通过保持燃水比来控制中间点温度或焓值，间接地控制过热器出口蒸汽温度，必要时再辅以喷水减温手段以达到稳定蒸汽温度的作用。

燃水比因燃料、燃烧状况、受热面脏污程度不同而变化，大致范围是 6.8~7.5，按每 10MW 负荷对应约 30t/h 水、4t/h 煤的比例控制。

二、直流锅炉的蒸汽温度调节

1. 影响蒸汽温度的主要因素

（1）燃水比 G/B。直流锅炉运行时，为维持额定蒸汽温度，锅炉的燃料量 B 与给水量 G 必须保持一定的比例。若 G 不变而增大 B，由于受热面热负荷 q 成比例增加，热水段长度 L_{rs} 和蒸发段长度 L_{zf} 必然缩短，而过热段长度 L_{gr} 相应延长，过热蒸汽温度就会升高；若 B 不变而增大 G，由于 q 并未改变，所以（$L_{rs}+L_{zf}$）必然延伸，而过热段长度 L_{gr} 随之缩短，过热蒸汽温度就会降低。因此直流锅炉主要是靠调节燃水比来维持额定蒸汽温度的。若蒸汽温度变化是由其他因素引起（如炉内风量）的，则只需稍稍改变燃水比即可维持给定蒸汽温度不变。直流锅炉的该特性明显不同于汽包锅炉。对于汽包锅炉燃水比基本不影响蒸汽温度。

（2）给水温度。机组高压加热器因故障停投时，给水温度就会降低。若给水温度降低，在同样给水量和燃水比的情况下，直流锅炉的加热段将延长，过热段缩短（表现为过热器进口蒸汽温度降低），过热蒸汽温度会随之降低；再热器出口蒸汽温度则由于汽轮机高压缸排汽温度的下降而降低。当给水温度降低时，必须改变原来设定的燃水比，即适当增大燃料量，才能保持住额定蒸汽温度。

（3）过量空气系数。当增大过量空气系数时，炉膛出口烟气温度基本不变。但炉内平均温度下降，炉膛水冷壁的吸热量减少，致使过热器进口蒸汽温度降低，虽然对流式过热器的吸热量有一定的增加，但因水冷壁吸热量减少而对过热蒸汽温度的影响更强些。在燃水比不变的情况下，过热器出口温度将降低。过量空气系数减小时，结果与增加时相反。随着过量空气系数的增大，辐射式再热器吸热量减少不多，而对流式再热器的吸热器增加，出口再热蒸汽温度将升高。

（4）火焰中心高度。当火焰中心升高时，炉膛出口烟气温度显著上升，再热器出口蒸汽温度均将升高。此时，水冷壁受热面的下部利用不充分，致使 1kg 工质在锅炉内的总吸热量减少，由于再热蒸汽的吸热是增加的，所以过热蒸汽吸热减少，过热蒸汽温度降低。

（5）受热面沾污。在燃水比不变的情况下，炉膛结焦会使过热蒸汽温度降低。这是因为炉膛结焦使锅炉传热量减少，排烟温度升高，锅炉效率降低。对工质而言，则 1kg 工质的总吸热量减少。因为工质的加热热和蒸发热之和一定，所以过热器和再热器吸热减少。但因为再热器吸热因炉膛出口烟气温度的升高而增加，所以过热蒸汽温度降低。对于再热蒸汽温度，因为进口再热蒸汽温度的降低和再热器吸热量的增大影响相反，所以变化不大。

对流式过热器和再热器的积灰都不会改变炉膛出口烟气温度，而只会使相应部件的传热热阻增大，传热减小，过热蒸汽温度和再热蒸汽温度降低。在调节燃水比时，若为炉膛结焦，可直接增大燃水比；但过热器结焦，则增大燃水比时应注意监视水冷壁出口温度，在其不超温的前提下调整燃水比。

2. 过热蒸汽温度的调节方法

燃水比的变化是过热蒸汽温度变化的基本原因。保持燃水比基本不变，可维持过热器出口蒸汽温度不变。当过热蒸汽温度改变时，首先应该改变燃料量或者改变给水流量，使蒸汽温度大致恢复给定值，然后用喷水减温的方法较快速精确地保持蒸汽温度。

（1）过热蒸汽温度粗调（燃水比 G/B 调节）。燃水比的调节普遍采用汽水行程中的某一中间工况点的参数做控制信号。因为在给定负荷下，与主蒸汽焓值一样，中间点的焓值（或温度）也是燃水比的函数。只要燃水比稍有变化，就会影响中间点温度，而中间点的温度对燃水比的指示，显然要比主蒸汽温度的指示快得多。因此，可以选择位置接近过热器进口的中间点的焓值控制燃水比，它可以比出口蒸汽温度信号更快地反映燃水比的变化，起提前调节的作用。

（2）过热蒸汽温度细调（喷水调节）。实际运行中，由于给粉量的控制不可能很精确，因而只能将保持燃水比作为粗调，以喷水减温对过热蒸汽进行细调。大型直流锅炉的喷水减温装置通常分两级，第一级布置于后屏过热器的入口，第二级布置于末级过热器的入口。用喷水减温调节蒸汽温度时，要严格控制减温水总量，尽可能少用，以保证有足够的水量冷却水冷壁；高负荷投用时，应尽可能多投一级减温水，少投二级减温水，以保护屏式过热器。

3. 再热蒸汽温度的调节方法

由于过热蒸汽温度用控制燃水比进行调节，也就同时使再热器内的蒸汽流量与燃料量大致成比例地变化，对再热蒸汽温度也起了粗调作用。因此，直流锅炉的再热蒸汽温度调节仍可采用汽包炉的烟侧调温方法，喷水减温只作为微调和事故喷水用。

三、直流锅炉蒸汽压力的调节

直流锅炉压力调节的任务：保持锅炉蒸发量和汽轮机所需蒸汽量相等。直流锅炉炉内燃烧率的变化并不最终引起蒸发量的改变，而只是使出口蒸汽温度升高。由于锅炉送出的汽量等于进入的给水量，因而只有当给水量改变时才会引起锅炉蒸发量的变化。直流锅炉蒸汽压力的稳定，从根本上说是靠调节给水量实现的。

但如果只改变给水量而不改变燃料量，则将造成过热蒸汽温度的变化。因此，直流锅炉在调节蒸汽压力时，必须使给水量和燃料量按一定的比例同时改变，才能保证在调节负荷或蒸汽压力的同时确保蒸汽温度的稳定。因此，蒸汽压力的调节与蒸汽温度的调节是不能相对独立进行的。

一般直流锅炉运行操控经验：给水调压，燃料配合给水调温，抓住中间点温度，喷水微调。

四、汽水分离器的干湿态转换

锅炉启动时，保证直流锅炉水冷壁的最小流量，即启动流量运行。只要锅炉产汽量低于启动流量，就会有剩余的饱和水经汽水分离器和储水罐排入凝汽器。也就是说，只要锅炉产汽量低于启动流量，进入汽水分离器的就是饱和水与饱和汽的混合物，分离器在有水的状态下运行，称为湿态运行，此时给水控制方法为分离器储水罐水位控制和最小给水流量控制。当机组负荷上升到锅炉蒸发量大于最小给水流量时，进入汽水分离器的是干饱和汽，分离器在无水的状态下运行，称为干态运行（直流运行方式），此时给水流量控制是燃水比控制，根据燃料量决定给水流量，并用中间点温度作为燃水比的校正信号。

1. 汽水分离器水位控制

机组启动阶段，分离器的疏水由 AA、AN、ANB 阀排至疏水扩容箱及除氧器。这三个阀前都有一个电动隔绝阀，当符合一定条件后，电动隔离阀会自动联锁打开或关闭。AA、AN、ANB 阀是液压调节阀，都是由一套液压控制系统控制的。图 4 - 11 所示为水位控制原理图及三个阀的开度曲线。

由此可见，当测得的分离器水位上升至 1.2m 时，ANB 阀首先动作开启，直至水位达 4m 时全开；AA 阀在水位 6.7m 时开始开启，至水位 11.2m 时全开，而且三个阀门在动作开度上都有一定的重叠度，以改善水位控制疏水排放的特性。

在水位信号测量后，要经过一个汽水分离器的压力修正，即经过一个 $f(x)$ 信号校正，然后分别去控制三个液压控制阀。

通过 ANB 阀的疏水是通往除氧器的。在正常运行时，分离器压力很高，为保证除氧器的安全，在 ANB 阀及隔绝阀上都加上联锁保护。当除氧器压力大于 1.45MPa 时，此门将强制关闭，只有当除氧器压力降到 1.1MPa 以下，才允许重新开启。

2. 汽水分离器干湿态转换

当负荷上升至等于或大于启动流量时，给水流量与锅炉产汽量相等，为直流运行方式，汽水分离器已无疏水，进入干态运行，汽水分离器变为蒸汽联箱用。此时，锅炉的控制方式

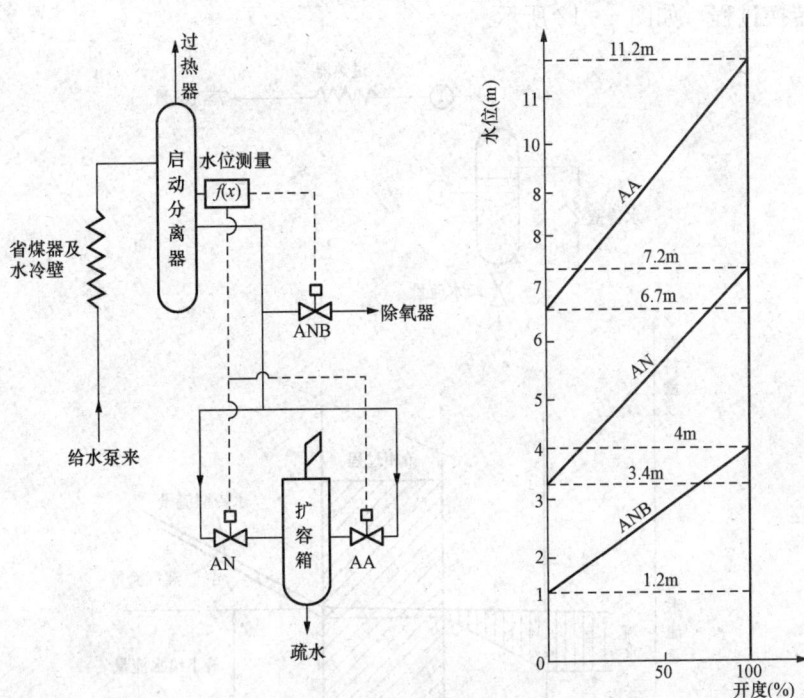

图 4 - 11　水位控制原理图及三个阀开度曲线

转为温度控制及给水流量控制，湿态向干态转换过程如图 4 - 12 所示。

　　锅炉的干、湿态转换即锅炉的控制方式从分离器水位及最小流量控制转换为蒸汽温度控制及给水流量控制宜平稳进行，直流锅炉的过热蒸汽温度与给水流量有十分密切的关系，若转换不好，易引起过热蒸汽温度剧烈波动。要平稳地实现这个转换，应首先稳步增加燃料量，而保持给水流量基本不变，提高水冷壁的蒸发量，使分离器进入干态运行。进入干态运行初期，分离器出口蒸汽过热度还很低时，给水流量和燃料量扰动很容易使系统返回湿态。因为湿态时，给水流量等于蒸汽流量加分离器疏水流量，有一部分热量要由疏水损失掉；干态时，给水流量等于蒸汽流量。在同样的燃烧率下，由湿态进入干态后，主蒸汽压力和负荷都要升高。但是，如果燃水比失调，一旦由干态返回湿态，又有部分热量经疏水损失，必然引起主蒸汽压力和机组负荷下降。而压力下降又引起给水流量自发增加，导致水冷壁汽水温度下降、锅炉蒸发量相对下降、疏水量增加、蒸汽流量下降、过热蒸汽温度上升。这可以看成是一个正反馈过程，将使压力、温度和负荷产生大幅波动，使水冷壁金属和蒸汽温度经历一次交变，对锅炉的安全运行是不利的。因此在这期间，必须平稳控制好燃料量和给水量，尽量保持给水流量稳定，特别要防止有关操作引起给水流量的大幅波动，并使燃料量适当多于给水流量，以平稳度过过渡期。在分离器温度具有一定过热度后，就可以利用给水控制系统来调节燃水比了。对于 600MW 超临界压力机组，一般负荷在 150～200MW 期间转为干态运行。

　　要平稳地实现这个转换，必须首先增加燃料量，而给水流量保持不变，这样过热器入口熵值随之上升，当过热器入口熵值上升到定值时，温度控制器参与调节使给水流量增加，从而使蒸汽温度达到与给水流量的平衡（燃水比控制蒸汽温度）。在升负荷过程中，分离器从湿态向干态转换过程，如图 4 - 12 所示。

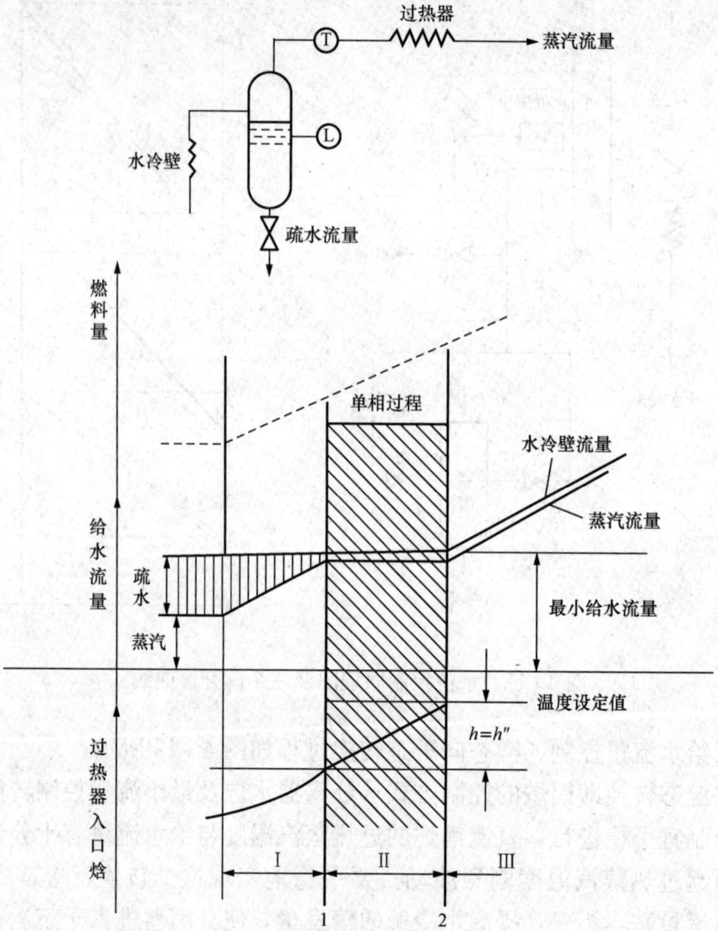

图 4 - 12　湿态向干态转换过程

对湿态向干态转换过程图的说明如下：

（1）第一阶段Ⅰ，保持最小给水流量，燃料量逐渐增加，使分离器出口饱和蒸汽产量也随之增加，疏水量逐渐减少，过热器入口蒸汽的焓值增加。

（2）第一点 1，水冷壁出口蒸汽焓值升至饱和蒸汽焓，即蒸汽干度为 1，此时纯饱和蒸汽进入汽水分离器，没有疏水被分离而使分离器的疏水门关闭，汽水分离器仅起到通道的作用。

（3）第二阶段Ⅱ，给水流量仍保持最小流量，随着燃料量的进一步增加，汽水分离器中的蒸汽逐渐过热，过热器入口蒸汽焓继续上升，但还没达到设定值。此时大部分燃料的增加已不是用以增加产汽量，而是用来使蒸汽达到直流运行所需的较高能量水平（蒸汽焓的上升）。

（4）第二点 2，过热器入口蒸汽焓上升至设定值。

（5）第三阶段Ⅲ，连续的燃料量增加，使蒸汽温度超过设定值，温度控制器动作参与调节，使给水量增加，即温度控制器投入运行。

五、超临界压力锅炉转直流运行的注意事项

在启动初期点火膨胀，小溢流阀可连续溢流，保持大的省煤器流量，既能避免省煤器流量低发生 MFT，又能起到清洗作用。

在增加给水流量时，要先提升给水泵转速，然后开大给水调节阀；减小给水流量时，要先关小给水调节阀，然后降低给水泵转速。

转直流过程中主、再热蒸汽流量较小，蒸汽温度波动较大，严格监视蒸汽温度，防止管壁超温，送风量适当控制小一点。转直流后，锅炉由汽包调整特性转变为直流锅炉调整特性，此时要及时增加 1 台磨煤机，增加燃料量，要尽快提高机组负荷，使燃料跟上负荷变化，防止频繁转换。在整个过程中要严格监视给水流量和过热度，防止过热度为负值。中间点温度一直维持在过热状态，保持一定的过热度（20～30℃），防止主蒸汽温度下降。蒸汽流量随着给水的增加而增加，机组负荷也随之增加。由于需要升温、升压、升负荷，因此此阶段燃水比保持略微偏小一点。

【任务实施】

填写"超临界压力机组升负荷转直流运行"任务操作票，并在仿真机上完成上述任务。实训过程中及时记录机组运行参数。

一、实训准备

（1）查阅《仿真机组的运行规程》，以运行小组为单位填写"机组升负荷锅炉转直流运行"任务操作票，并确认。

（2）明确职责权限。

1）机组转直流运行操控流程、工作票编写由组长负责。

2）锅炉燃烧调节、运行监控的操作由运行值班员实施，并做好记录，确保记录真实、准确、工整。

3）组长对操作过程进行安全监护。

（3）熟悉超临界压力机组仿真机 DCS 站、DEH 站和就地站的操作和控制方法。

（4）恢复超临界压力机组仿真机初始条件为"机组并列后带初负荷运行"，确认机组运行状态。

二、实训报告要求

（1）填写"机组升负荷锅炉转直流运行"项目任务书。

（2）绘制锅炉转直流过程中重要参数变化曲线（如主蒸汽温度、主蒸汽压力、给水流量、中间点温度等）。

（3）记录分离器湿态转干态运行过程中所遇到的问题、解决方法和体会。

复习思考

（1）锅炉转直流运行操作的要点是什么？

（2）如何理解锅炉直流运行时蒸汽温度调节就是给水调节？

项目 5

单 元 机 组 正 常 停 运

【项目描述】

单元机组的停运是指从带负荷运行状态，到卸去全部负荷、锅炉灭火、发电机解列，汽轮机、锅炉之间切断联系，汽轮发电机打闸惰走，到盘车投入，锅炉降压，汽轮机、锅炉冷却等全过程，也就是单元制机组汽轮机、锅炉电整套设备系统停运的过程，通常简称停机。在停机过程中，主要问题是防止由于操作不当而使发电机组冷却过快，造成各部件的温度不均匀而产生较大的热应力，进而引起设备的变形和损坏，严重影响机组使用寿命。

通过本项目的学习，使学生掌握机组停运的目的及方式，熟悉机组滑参数停机分阶段的任务和控制指标，能够根据检修计划制定机组停运方案，并在仿真机上完成停运的全部操作，同时严格控制降温、降压速率及保持锅炉良好的水动力工况，从而保证机组的安全停运。

【教学目标】

一、知识目标

(1) 掌握单元机组常用停运方式、特点和适用范围。

(2) 熟悉亚临界压力机组滑参数停机曲线，掌握停运过程中各阶段降温、降压的要求和操作。

(3) 熟悉超临界压力机组滑参数停机曲线，掌握停运过程中各阶段降温、降压的要求和操作。

二、能力目标

(1) 严格执行《火电机组运行规程》，规范操作设备，确保安全生产。

(2) 能够依据不同情况和不同要求，合理选择停机方式。

(3) 熟悉机组停运过程中参数的控制要求和控制方法。

(4) 正确完成单元机组滑参数停运的操作过程，及时处理停机过程中出现的各种问题。

(5) 独立工作，适应集控值班员岗位要求。

(6) 团队协作沟通，分工明确，协调一致，能与他人有效联系和交流。

【教学环境】

(1) 能容纳一个教学班级的火电机组仿真实训室。

(2) 多媒体教学系统。

(3) 火电机组仿真系统若干套，以保证学生能实施小组教学（每组 3 或 4 人）。

(4) 主讲教师 1 名，教学做一体的实训指导教师 1 名。

任务 1　亚临界压力机组正常停运

【教学目标】

一、知识目标

（1）掌握滑参数停机和热备用停机的特点和适用范围。

（2）掌握停运过程中各阶段降温、降压的要求和操作。

（3）掌握机组停运过程中参数的控制要求和控制方法。

（4）了解停炉后降压冷却的要求。

二、能力目标

（1）能够依据不同情况和不同要求，合理选择停机方式。

（2）正确完成亚临界压力机组滑参数停运的操作过程，及时处理停机过程中出现的各种问题。

（3）能够利用转子惰走曲线分析机组存在的问题。

【任务描述】

本节任务是按照机组检修计划，在仿真机上模拟某亚临界压力机组滑参数停机过程，并严格控制各阶段的降温、降压速率，保证机组设备安全。

【任务准备】

一、任务导入

（1）机组停运的方式有哪几种？分别适用于什么情况？

（2）滑参数停运过程中的注意事项有哪些？

（3）滑降范围及控制指标是什么？

二、任务分析及要求

（1）掌握实训所用的亚临界压力机组滑参数停机的主要步骤和目标。

（2）掌握实训所用的亚临界压力机组滑降负荷每阶段的控制指标。

（3）能在实训仿真机组上以小组为单位完成亚临界压力机组滑参数停运，并将主要参数控制正确。

本节任务的准备工作具体包括：机组停用前，首先应对炉膛、受热面和空气预热器等受热面进行一次全面的吹灰，以保持各受热面在停炉后处于清洁状态；再按规定进行必要的试验：如试验油枪能否在停炉减负荷过程中及时投入；进行汽轮机交、直流润滑油泵、顶轴油泵、氢密封油泵的启动试验，确保能可靠备用，以保证停机过程中轴承润滑和冷却用油的可靠供应；盘车电动机也需要在带负荷情况下试转，保证停机后能正常投入，否则转子会因冷却不均匀而产生变形；进行高、中压主汽门、抽汽止回阀的活动试验，还要试验一些重要调整门、电动门的动作，应灵活并处于良好的可用状态；还应对水位计上、下校对一次。对机组进行全面检查并对机组缺陷进行统计，以便在机组停止后进行处理。此外，还应对电动给水泵的热备用状态进行全面检查；备用蒸汽管道也应预先暖好，做到备用蒸汽可随时投入。

有旁路系统的机组在停机前还应检查旁路系统情况，并做好有关准备工作。

🔍【相关知识】

正常停运一般为计划停机，目的是为了计划检修或备用。这类停运的主要原则是：停运后的机组要满足检修工期的需要，尽可能缩短检修期时间。

异常停运一般是非计划性的，大都是机组出现了故障后的紧急停运。这类停运的主要原则是：应使机组在安全的前提下尽快停运，避免出现主辅设备的损坏。

对于正常停运，如果属于停机大修，则采用滑参数停机；如果停机备用或一般性临时检修的短时间停运，应采用热备用停机。

一、滑参数停机

1. 停机的目的及特点

滑参数停机是在调节汽门全开或部分全开的情况下，机组负荷或转速随锅炉蒸汽参数的降低而下降，机组部件得到较快、较均匀地冷却，缩短了停机后的冷却时间。

滑参数停机过程中，汽轮机和锅炉的各个受热面是被逐渐均匀冷却的，因此，采用滑参数停机，汽轮机和锅炉各部件的寿命损耗比其他停机方式小。滑参数停机还可以减少停机过程中的热量和汽水损失，锅炉几乎不需要向空排汽，可以充分利用锅炉余热发电。另外，还对汽轮机喷嘴、叶片上的盐垢有清洗作用。考虑到滑参数停机方式的诸多优点，单元机组计划性大修、小修停机，汽轮机处理缺陷需要揭瓦、揭缸，尽早停盘车时的临修停机，以及其他因设备检修需要缩短机组冷却时间的停机，均采用滑参数停机。

滑参数停机过程中，由于锅炉的热惯性，蒸汽温度的下降总要滞后于压力的下降，使得整个停机过程中出现蒸汽压力和蒸汽温度下降交替的现象。因此，滑参数停机应分阶段进行，主蒸汽温度每下降30℃，应维持主、再热蒸汽参数不变，稳定运行一段时间，使汽轮机内部温度场分布均匀，以减小胀差，利于下一阶段减负荷的过程。可见，主蒸汽及再热蒸汽温度下降速度是汽轮机各受热部件能否均匀冷却的先决条件，也是滑参数停机成败的关键。

2. 减负荷

带额定负荷的机组在额定参数下先减去15%～20%的负荷，并将参数降至正常允许值的下限，随着参数的下降，调节汽门接近全开，在此条件下保持一段时间。当金属温度降低，部件金属温差减少后，开始按规程规定的速度（一般主蒸汽和再热蒸汽温降速度应控制在1℃/min左右）逐渐减弱燃烧，滑降蒸汽参数和机组负荷。图5-1所示为某300MW机组滑参数停机曲线。机组降温速度要比滑参数启动时的温升速度低一些，这是因为降温冷却时，转子外表面和汽缸内壁承受的是拉伸热应力，启动时是热压应力，拉伸热应力极限要比热压应力极限小，故降温速度要比升温速度小。

机组滑停的具体做法是：机组滑停减负荷时，先保持主蒸汽温度不变，逐渐降低主蒸汽压力，调节汽门全开；然后按规定的温降速度降低蒸汽温度，因再热蒸汽温度下降滞后于主蒸汽温度的下降，应等再热蒸汽温度下降后，再进行下一阶段的降压、降温；当负荷每下降20%～25%额定负荷时，分别停止降温、降压，稳定运行一段时间；待金属温降速度减慢、温差减小后，再按上述方法降温、降压，如此重复进行，一直降到较低负荷为止。每一阶段的温降为20～40℃。

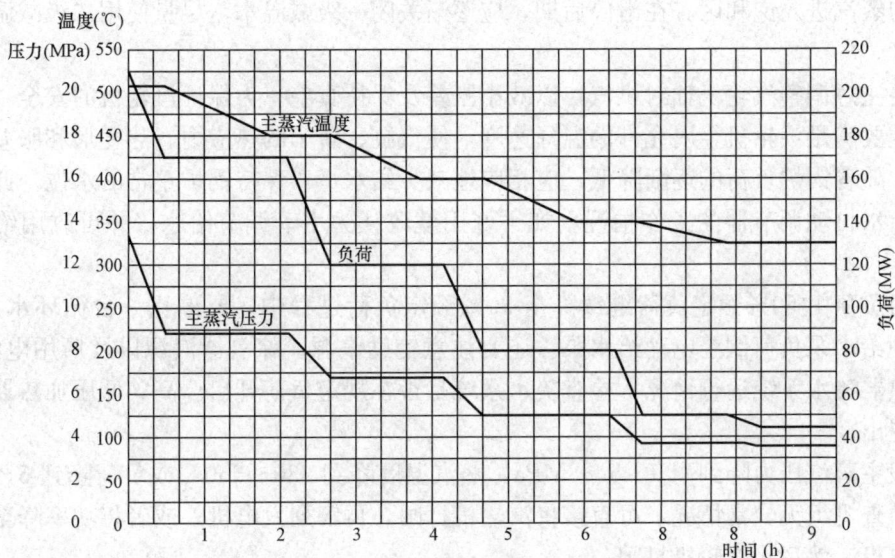

图 5-1　某 300MW 机组滑参数停机曲线

在实际滑停中，在停运过程的不同阶段，蒸汽参数的下降速度是不同的。滑参数停运时平均降压速度为 0.02～0.03MPa/min、温降率控制在 1～1.5℃/min。一般在开始阶段负荷较高时，蒸汽压力、蒸汽温度的下降速度可以快一些；而低负荷时，蒸汽压力、蒸汽温度的下降速度应缓慢一些，以保证金属温度平稳变化。必须注意，降压、降温过程中，始终不应有回升现象，主蒸汽和再热蒸汽温度始终保持有 50℃ 以上的过热度，以避免蒸汽带水，当蒸汽的过热度低于 50℃ 时，应及时投入旁路系统或打开蒸汽管道疏水门，防止发生汽轮机水冲击事故。如果蒸汽温度在 10min 内急剧下降 50℃，则应立即打闸停机，转入盘车状态。

滑参数停机是通过锅炉燃烧的调整、使蒸汽参数滑降，而使机组实现减负荷和停运，整个停运过程汽轮机和锅炉密切配合。锅炉减负荷时应缓慢减少燃料量，密切关注蒸汽压力变化，并相应地减少送风量，根据减负荷进展情况逐步停用给粉机和相应的燃烧器，停用燃烧器时应尽量避免单角运行或缺角运行。同时应做好磨煤机、给粉机和一次风管内存粉的清扫工作。对停用的燃烧器，应通以少量冷却风，保证燃烧器不被烧坏。

滑参数停机一般都需要烧空煤粉仓。停炉时间超过 7 天，一般要求将原煤斗存煤用完。对于中间储仓式制粉系统，停炉时间超过 3 天，就要求将粉仓煤粉烧完；考虑检修工作的需要和防止煤粉长期积聚可能发生自燃或爆炸，应视煤粉仓粉位的高低，提前停止制粉系统的运行，以便有计划地将煤粉仓中的煤粉用完。对于直吹式制粉系统，则应先减少各组制粉系统的给煤量，然后停用各组制粉系统；在减少给煤量的同时，相应地减小磨煤机通风量和送、引风量。因此，停运过程中应密切监视煤粉仓的粉位变化，合理安排给煤机的运行，逐个清仓。一般要尽可能先烧空上排燃烧器的粉仓，以利于蒸汽温度的调节；尽力争取在停机过程结束时，粉仓同时烧空。同时，要根据锅炉燃烧情况，及时投用油枪，以保证锅炉燃烧稳定。

锅炉蒸汽温度必须精心调节，当采用减温水调节时，应避免蒸汽温度突变给金属带来热冲击，在低负荷时蒸汽温度特别容易产生大幅度波动。因此，严禁减温水使用过量，防止减温器后的蒸汽进入饱和区。在滑停后期，应逐渐关闭一级减温水，尽量使用二级减温控制主蒸汽温度。

还要注意调整汽轮机轴封供汽，以减小胀差及保持真空。为保证汽轮机的安全，减负荷速度一定要满足汽轮机金属允许的温降速度，使汽缸、转子的热应力、热变形和胀差在规定范围内。随着锅炉负荷的逐渐降低，应相应地减少给水量，保持锅炉正常的水位。此时，还应注意给水自动调节器的工作情况，如不好用就改换为手动调节给水，并可改用给水旁路进水。

机组负荷由 50％额定负荷继续降至 30％额定负荷过程中，要停止一台循环水泵运行，并将汽动给水泵负荷倒至电动给水泵。还要注意辅助汽源、除氧器汽源以及厂用电的切换，检查加热器疏水系统运行情况，检查疏水系统是否在规定负荷开启。高、低压加热器也可在打闸前退出。

一般主蒸汽压力降到 4.9～5.88MPa，蒸汽温度降到 330～360℃或负荷降到 5％额定负荷时，检查机组无异常情况，可直接将汽轮机打闸，再解列发电机；或者将功率降至零，再解列发电机，然后将汽轮机打闸。

3. 停机及转子惰走

发电机解列前，一定要先将厂用电倒至备用电源供电。在发电机有功负荷下降的过程中，应注意无功负荷的调节，维持发电机端电压不变，并注意相邻机组的负荷及电压水平。发电机有功负荷降到接近零时，或接到解列命令后，迅速断开发电机出口开关，机组与系统解列；并立即调整励磁调节器的整定开关，使励磁电流减至最小，再断开灭磁开关。

发电机解列之后检查各级抽汽电动门、止回阀、高压缸排汽止回阀应自动关闭，同时密切注意汽轮机转速的变化，防止超速。汽轮机打闸后转速下降，开始记录汽轮机惰走时间。滑参数停机打闸后，严禁做汽轮机超速试验，以防止蒸汽带水引起水冲击。停机后油压低至一定值，交流润滑油泵、高压启动油泵应自启，否则应手动启动。

当锅炉负荷减到零时，停止燃料供应，锅炉灭火，进行吹扫；并检查减温水自动关闭，切除制粉系统和给粉电源。适时开启过热器出口疏水门或向空排气门，防止由于汽包蓄热作用使蒸汽压力升高。此时，可继续少量补给给水，汽包水位升到最高允许值后停止上水，开启省煤器再循环门，保护省煤器。在停机过程中，还应在 100％、50％、30％、20％、5％负荷点及锅炉熄火后各记录一次锅炉各部膨胀指示值。

随着转速的下降，汽轮机高压部分可能出现负胀差，其原因是高压部分转子比汽缸收缩得快；而中、低压部分出现正胀差，主要原因是转子受泊桑效应，转子高速旋转时，转子直径变大，转速下降时转子直径变小，而沿转子轴向增长。

从打闸到转子完全静止的时间称为惰走时间，而转速随时间变化的曲线称为汽轮机惰走曲线。典型的转子惰走曲线如图 5-2 所示。惰走曲线可分三个阶段：

(1) AB 段转速下降较快，这是由于鼓风摩擦损失与转速三次方成正比。

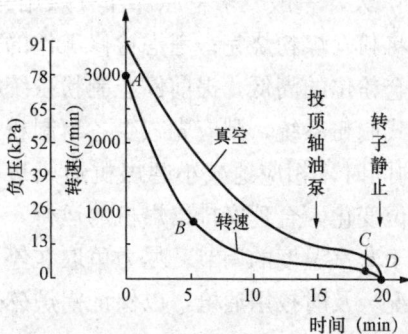

图 5-2　汽轮机惰走曲线

（2）BC 段转速下降缓慢，这时转速已较低，鼓风摩擦损失已比较小，主要消耗在主油泵和轴承的机械阻力上。

（3）CD 段转速迅速下降，这时由于油膜已破坏，摩擦阻力增大，转速也迅速下降。

正常情况下，汽轮机的惰走时间是一定的，新机组或机组大修后要绘制惰走曲线作为标准，用作分析机组是否有缺陷、能否再启动的重要依据。以后每次停机都要按相同工况记录惰走时间，通过对惰走时间、惰走情况与该机组的标准惰走曲线进行比较，可从中发现问题。如惰走时间明显缩短，应检查是否发生轴承磨损或汽轮机动静部件摩擦；如果惰走时间显著延长，应检查主、再热蒸汽阀门或抽汽管道阀门的严密性，是否有压力蒸汽漏入汽缸。

在惰走曲线上还应附有真空变化曲线和投顶轴油泵的时间，因为这些因素可直接影响惰走时间。转速到零，破坏真空，同时停止轴封供汽。如果真空未到零就停止轴封供汽，则冷空气将自轴端进入汽缸，使转子和汽缸局部冷却，严重时会造成转子变形，甚至产生动静摩擦，因此要真空到零，方可停止轴封供汽。

在转子惰走阶段应使凝汽器保持一定的真空，尽可能做到转子静止、真空到零。这是因为：停机惰走时间与真空维持时间有关，每次停机以一定的速度降低真空，便于对惰走曲线进行比较；有利于限制停机过程中排汽温度的升高，也有利于汽缸内部积水的排出，减少停机后汽缸金属的腐蚀；惰走过程中若真空下降过慢，机组降速至临界转速时停留时间长，对机组安全不利；如果转子已经静止，还有较高真空，这时轴封供汽不能停止，会造成上下缸温差增大和转子热弯曲；惰走阶段真空下降过快，还有一定转速时真空已经到零，汽轮机末几级的鼓风摩擦损失产生的热量多，易使排汽温度升高，也不利于汽缸内部积水的排出。

机组惰走过程中，除事故紧急停机外，不应破坏真空。转子转速降到零之后，立即投入盘车，必须等转子转速降到零，才能投入盘车，否则会严重损伤盘车装置和转子齿轮。当连续盘车到高压内缸下半调节级处内壁金属温度降至 200℃时，可改用间歇盘车，降到 150℃时，才允许停止润滑油系统和盘车的运行。无论发电机氢气排除与否，盘车运行时，密封油泵应连续运行。

停机后应严密监视并采取措施，防止冷气、冷水倒灌入汽缸引起大轴弯曲和汽缸变形。发电机停转后，应立即测量定子绕组和转子回路的绝缘电阻，检查励磁回路变阻器和灭磁开关上的各触点，检查发电机冷却通风系统，并做好记录。

4. 锅炉降压冷却

锅炉从停止燃烧始即进入降压和冷却阶段。这期间总的要求是：防止汽包等部件冷却不均，保证设备安全。为此，应控制好降压和冷却的速度，防止冷却过快产生过大的热应力，特别要注意不使汽包壁温差过大，整个冷却过程中一般要求控制在 50℃以下。

锅炉灭火后，以额定风量的 30%～40%进行炉膛通风吹扫，以排除炉膛和烟道内可能残存的可燃物，通风 10min 后停运一侧引风机、送风机。待空气预热器入口烟气温度降到 240℃以下时，停止所有引风机、送风机运行，关闭空气预热器进、出口烟气/空气挡板，空气预热器转入辅助电动机运行。关闭锅炉各处门、孔和挡板，使锅炉处于闭炉状态 6～8h，以防止冷空气大量进入炉膛，导致锅炉急剧冷却。此后，若有必要再逐渐打开烟道挡板和炉膛各门、孔，进行自然通风冷却。待空气预热器入口烟气温度降到 60℃以下时，可停止其辅助电动机运行。

锅炉停止供汽后，还应加强对锅炉蒸汽压力和水位的监视。锅炉壁温大于 90℃时，应尽量保持汽包高水位，视情况可进行锅炉放水和进水一次，使各部冷却均匀。停炉 8～10h 后，可再进行放水和进水。此后如有必要使锅炉加快冷却或停炉 18h 后，可启动引风机进行通风冷却，并适当增加放水和进水次数。在锅炉还有蒸汽压力或辅机电源未切除之前，仍应对锅炉加强监视和检查。

对于强制循环锅炉，停炉后即可停下两台炉水循环泵，当汽包压力降至 0.5MPa 以下时，停止最后一台炉水循环泵运行。停炉降压期间，应保持汽包正常水位。炉水循环泵停运后应继续通入低压冷却水，并定期检查炉水循环泵电动机腔温度。

5. 其他系统的停运

真空和轴封蒸汽停运的原则上是转速到零后，确认凝汽器不再进汽进热水，才能开真空破坏门、停真空泵，真空到零后停止向轴封送汽。国内机组一般要求转速到零的同时真空也到零，而西屋公司要求在汽包压力降至 0.2MPa，才破坏真空。这要根据主蒸汽、再热蒸汽管道和汽缸疏水的情况来确定。

锅炉灭火后，捞渣机、碎渣机仍应运行数小时，待冷灰斗灰渣除尽后，方可停止运行。30min 以后，可以关闭冲渣冲灰喷水；灰水抽净后，停止渣浆泵运行。

如果长时间不需上水，可以停运电动给水泵，切断除氧器进汽。若需把炉水放净时，为防止急剧冷却，应待锅炉蒸汽压力降为零、锅水温度降至 70～80℃ 以下时，方可开启所有的空气门和放水门，将锅水全部放出。若采用带压放水，汽包压力应在 0.8MPa 以下，并同时进行停炉保养。

若辅助蒸汽联箱不需要减温水，并确认凝结水无用户时可以停止凝结水系统运行。辅助蒸汽系统的停运不仅要看机组用户，还要考虑厂内其他用户如燃油、化学等的需要。检查无冷却水用户时可以停运闭式水、开式水系统。排汽缸温度下降到 50℃，并确认循环水无用户时，可停止循环水系统运行。

氢冷发电机短时间停机、氢气系统没有检查工作时，发电机一般不进行排氢操作；发电机内充满氢气时，应保持发电机密封油系统运行。排氢前定子水系统必须先停运，保证定子水压低于氢压；定子水系统的停运则根据发电机绕组温度来确定。盘车停止后才能停密封油系统；先停氢气侧密封油，再停空气侧密封油。密封油系统停运前必须保证润滑油系统正常运行。

二、热备用停机

热备用停机主要用于短时间消缺后能及时启动和参与调峰的机组。热备用停机要求汽轮机、锅炉金属部件保持适当的温度水平，利用蓄热以缩短再次启动的时间，加快热态启动速度，提高其经济性。它采用关小调节汽门，逐渐减负荷停机，而主汽门前的蒸汽参数基本保持不变。因此，这种停机方式也称为额定参数停机。停机过程中通过关小调节汽门使流量减少，进入汽缸的蒸汽温度的下降只是调节汽门节流温降，不能使汽缸温度达到较低的水平。因此，它能以较快速度减负荷，大多数汽轮机都可以在 30min 内均匀地减负荷安全停机，而不会产生过大热应力。但是，在停机过程中，汽缸和法兰内壁将产生热拉应力，特别是在减去部分负荷使机组维持较低负荷运行或维持空负荷运行时，会产生过大的热拉应力；而且汽缸内蒸汽压力也将在内壁造成一附加的拉应力，使总的拉应力变大。因此，停机过程中仍然要严格控制减负荷率，以保证机组能够安全、顺利地停止。

根据汽轮机进汽调节方式的不同，额定参数停机又可分为喷嘴调节和节流调节方式。喷嘴调节方式停机后金属温度较低，可缩短机组冷却时间，主要用于短时间消缺。采用节流调节，调节级后每一级前后的蒸汽温度比采用喷嘴调节方式的高，停机后金属温度保持较高的水平，有利于机组下一次快速启动。因此，节流调节方式适用于停机时间只有几个小时的调峰机组或其他短暂的临时停机。

采用额定参数停机时，锅炉的主要任务是维持主蒸汽、再热蒸汽参数的稳定，而负荷是通过汽轮机的控制来实现的，这也是额定参数停机与滑参数停机在本质上不同之处。额定参数停机的过程始终是汽轮机金属冷却的过程，汽轮机金属冷却速度是通过控制汽轮机的减负荷率来实现的，为了保证机组的安全，一般采用 $3\sim6$MW/min 的减负荷率。

严格意义上的额度参数停机已很少采用，大多在停机减负荷过程中主蒸汽压力都适当降低，主蒸汽温度也随之稍有降低。整个停机过程，锅炉的负荷和蒸汽参数的降低主要应满足汽轮机降负荷的要求，大体上降温率不大于 $20℃$/min，降压率为 $0.03\sim0.15$MPa/min，降负荷率不大于 3MW/min。同时，应保证蒸汽过热度不小于 $50℃$，主蒸汽、再热蒸汽温度偏差小于 $28℃$，汽包任两点壁温差不大于 $56℃$。

额定参数停机同滑参数停机一样，停机前也应做好准备，都必须严格监视高、中压缸和低压缸胀差的变化，如负胀差大，就放慢减负荷速度。若负胀差过大且采取措施无效时，可快速减负荷到零打闸停机。同时，减负荷过程中也要注意到轴封汽源、除氧器汽源的切换及疏水系统的控制。

其他操作步骤也与滑参数停机一样。只是额定参数停机一般不等降压、冷却过程结束，机组就要重新启动，利用所保持的较高温度，以缩短启动时间。如果是因调峰的要求而停机，停机后不需要破坏机组的真空和停止辅助设备，使机组处于良好备用状态，以便机组随时快速启动。

【任务实施】

填写"亚临界压力机组滑参数停机"任务操作票，并在火电机组仿真机上完成上述任务，实训过程中及时记录机组运行参数。

一、实训准备

（1）查阅《仿真机组的运行规程》，以运行小组为单位填写"亚临界压力机组滑参数停机"任务操作票，并确认。

（2）明确职责权限。

1）滑参数停机方案、操作票编写由组长负责。

2）滑参数停运操作由运行值班员实施，并做好记录，确保记录真实、准确、工整。

3）组长对操作过程进行安全监护。

（3）熟悉亚临界压力机组仿真机 DCS 站、DEH 站和就地站的操作和控制方法。

（4）恢复亚临界压力机组仿真机初始条件为"机组 100% 负荷运行"，熟悉机组运行状态。

二、实训案例

1. 减负荷操作及注意事项

机组滑参数停运时，锅炉应按照降温、滑压曲线进行，滑降范围及控制指标应根据汽轮机要求进行，停机允许的减温、减压参数可参考表 5-1。由于要求汽轮机在某些阶段需要稳定参数和负荷，所以负荷下降率应由汽轮机控制，必要时停止降负荷。

表 5 - 1　　　　　　　　　　　　某 300MW 机组停机减负荷控制指标

序号	负荷（MW）	减负荷时间（min）	主蒸汽压力（MPa）	主蒸汽温度（℃）
1	300～210	60	16.7～10.8	537～475
2	210～150	40	10.8～7.2	475～438
3	150～120	20	7.2～5.0	438～419
4	120～60	40	5.0～4.2	419～380
5	60～15	30	4.2～3.43	380～350

（1）机组以 1.5MW/min 的速度降负荷，锅炉以不大于 0.1MPa/min 的速度降压，主蒸汽、再热蒸汽温度以不大于 1℃/min 的速度降温，金属温度下降速率小于 1℃/min。

（2）减负荷过程中，注意监视高、中压胀差的变化，负胀差达到－1mm 时停止减负荷，若负胀差增大趋势仍不能控制且采取措施无效，应快速减负荷停机。

（3）机组负荷在 300～180MW 期间，可在 AGC（自动发电控制）方式下降负荷。负荷降至 180MW 机组应退出 AGC 方式、滑压方式、汽轮机/锅炉协调方式。

（4）机组负荷降至 180MW（60％BMCR）时，应进行辅助汽源的切换，辅助蒸汽联箱切至冷段再热供。锅炉可投入油枪助燃，投油后应投入空气预热器吹灰，并可开始退电除尘电场。

（5）机组负荷降至 120MW 时，可退出一台汽动给水泵运行，并关闭进汽门、排汽门，停止轴封供汽，投入连续盘车。

（6）降低负荷时，四段抽汽压力小于 0.8MPa，四段抽汽至辅助蒸汽电动门关闭，冷段再热至辅助蒸汽电动门开启。

（7）机组负荷降至 90MW（30％BMCR）时，启动电动给水泵，进行汽动给水泵→电动给水泵切换，停用另一台汽动给水泵；同时检查汽轮机低压程序控制疏水正常开启；电气人员应将厂用电切至启动/备用变压器供。

（8）机组负荷降至 60MW（20％BMCR）时，退出高压加热器汽侧运行，开启至凝汽器低负荷疏水，关闭至除氧器疏水；检查汽轮机中压程序控制疏水正常开启；四段抽汽压力小于 0.25MPa，开辅助蒸汽至除氧器加热，关闭四段抽汽至除氧器进汽门。启动除氧器的循环泵。

（9）机组负荷降至 30MW（10％BMCR）时，检查高压程序控制疏水正常开启。

2. 停炉操作程序及注意事项

（1）依降温、降压要求，从上排火嘴开始减少给煤量，并逐渐减少风量。

（2）在降温、降压的同时，可陆续停运制粉系统，制粉系统切除后，要调整二次风门挡板，以配合燃烧率的降低。

（3）根据自动装置工作情况，逐步解除汽轮机、锅炉协调，锅炉主控，燃烧控制，蒸汽温度控制，送风、引风控制，一次风控制等自动装置。

（4）当负荷至 30MW 时，改为全油燃烧。此时可停运一次风机。

（5）在燃烧全部停止和机组解列前，风量不能低于最大风量的 30％。

（6）逐渐减少油枪运行，油枪停运后，应将其吹扫干净，接到值长熄火命令后，停止全部油枪运行，锅炉熄火，MFT 应动作，退出炉前油系统。

（7）负荷降至零，此时参数如下：主蒸汽压力为 3.43MPa；主蒸汽温度为 350℃。

（8）锅炉熄火后，要防止参数回升和管壁超温，否则应适当开启疏水阀。

（9）锅炉熄火后，保持 30% 的通风量和 −200Pa 的炉膛压力，进行 5～10min 的炉膛吹扫，然后停运送风机、引风机，关闭各烟道挡板。

3. 停机操作程序及注意事项

（1）汽轮机打闸前，应核对负荷表显示，调节级后压力与调节汽门开度位置对应关系正确，负荷降至初负荷值。

（2）将高压启动油泵联锁打至"RE"位置，启动汽轮机交流润滑油泵。

（3）按下 DEH 手操盘"TRIP"或"汽轮机跳闸"按钮，确认各汽门关闭正常，发电机开关掉闸，转速降低，注意润滑油压变化情况。

（4）转速降至 200r/min，停止真空泵。

（5）转子惰走过程中应注意下列事项：

1）记录主汽门关闭、发电机解列至转子静止时间。

2）监视各轴承油温、油压、油流、振动，细听机器内部声音，机组发生强烈振动时，应破坏真空降速。

3）转速降至 1200r/min 时，投入顶轴油泵。

4）转速到零，开启真空破坏门，真空到零，停止轴封供汽。

（6）转子静止后，投入连续盘车；停止抗燃油泵运行；记录发电机解列至转子静止惰走时间。

（7）发电机解列 4h 后，停止内冷水泵、发电机氢冷器、主励空冷器运行。

（8）盘车投入后停止供水泵运行，调整冷油器进水门，维持冷油器出口油温在 35～45℃。

（9）低压缸排汽温度及本机疏水扩容器、加热器疏水扩容器不喷水时温度小于 40℃，停止凝结水泵、闭式泵、开式泵运行。

（10）高压内缸内上壁金属温度小于 150℃ 时，停止连续盘车与顶轴油泵。

（11）停机后做好重点参数监视及抄表，采取可靠隔离措施，防止汽轮机进冷汽、进冷水。

4. 停炉后的工作

（1）以尽可能快的速度将汽包水位上至 900～1000mm，然后关闭全部给水阀，若给水旁路调整门关不严，可将调整门前截门关闭，停止给水泵，打开汽包至省煤器再循环门。

（2）汽轮机破坏真空后，打开低温再热器疏水门。

（3）关闭各取样门、加药门、连续排污门。

（4）停炉后 6～8h 视情况可开启烟道挡板进行自然通风冷却。

（5）当空气预热器入口烟气温度达 150℃ 以下时，停运空气预热器。

（6）当炉膛出口烟气温度降至 149℃ 以下时，方可停止探头冷却风机。

（7）当汽包压力达 0.3MPa 且汽包壁温差小于或等于 20℃ 时，将所有排污门、疏水门全部打开，快速带压放水，进行余热烘干。

（8）当汽压达 0.2MPa 时，开启汽包及过热器空气门。

三、实训报告要求

（1）填写"亚临界压力机组滑参数停机"项目任务书。

（2）绘制滑停过程中重要参数变化曲线（如主蒸汽温度、主蒸汽压力、机组负荷等）。

（3）绘制汽轮机惰走曲线。

（4）记录滑参数停机过程中所遇到的问题、解决方法和体会。

复习思考

（1）简述机组停运方式的分类。

（2）停运过程中各阶段降温、降压的要求和操作注意事项有哪些？

（3）叙述转子惰走过程分为哪几个阶段并分析原因。

（4）如何利用转子惰走曲线分析机组存在的问题？试举例说明。

（5）机组停运过程中，为什么控制转子静止的同时，真空到零？

（6）为什么停机时必须等到真空到零，方可停止轴封供汽？

任务 2   超临界压力机组正常停运

【教学目标】

一、知识目标

（1）熟悉超临界压力机组滑参数停机曲线，掌握停运过程中各阶段降温、降压的要求和操作。

（2）掌握机组停运过程中参数的控制要求和控制方法。

（3）了解停炉保养的方法和要求。

二、能力目标

（1）能够依据不同情况和不同要求，合理选择停机方式。

（2）正确完成超临界压力机组滑参数停运的操作过程，及时处理停机过程中出现的各种问题。

【任务描述】

本节任务是按照机组检修计划，在仿真机上模拟某超临界压力机组滑参数停机过程，并严格控制各阶段的降温、降压速率，保证机组设备安全。

【任务准备】

一、任务导入

（1）超临界压力机组停运过程与亚临界汽包炉机组停运存在哪些差别？

（2）超临界压力机组滑降范围及控制指标是什么？

（3）锅炉停炉后需要做哪些保养？怎样实施？

二、任务分析及要求

（1）掌握实训所用的超临界压力机组滑参数停机的主要步骤和目标。

（2）掌握实训所用的超临界压力机组滑降负荷每阶段的控制指标。

（3）能在实训仿真机组上以小组为单位完成超临界压力机组滑参数停运，并将主要参数控制正确。

机组停运应根据命令，在明确机组停止的原因、时间和方式后方可进行各项准备工作；超临界压力机组停运前的准备工作包括：

1）应根据检修要求将原煤仓存煤烧空，如所有煤仓均须烧空时，应尽量保持均匀降低煤量，清仓时应特别注意炉火稳定的情况。

2）机组长应通知各岗位值班人员对所属设备、系统进行一次全面检查。

3）做好辅助蒸汽、轴封及除氧器备用汽源的疏水、暖管工作，使汽源切换具备条件。

4）停机前对炉前燃油系统全面检查一次，应检查油枪雾化蒸汽系统及燃油系统循环正常，确认系统备用良好，燃油储量能满足停炉的要求。

5）停炉前应对锅炉受热面（包括空气预热器）全面吹灰一次。

6）分别进行汽轮机交流润滑油泵、汽轮机直流事故油泵、高压密封油泵、顶轴油泵、给水泵汽轮机直流事故油泵、盘车电动机试转，检查其正常并在自动位备用，试转完毕，测量所试直流设备的电源正常。若试转不合格，非故障停机条件下应暂缓停机，待缺陷消除后再停机。

7）做各进汽阀门活动试验良好。

8）全面抄录一次蒸汽及金属温度，然后从减负荷开始，在减负荷过程中，应每隔一小时抄录一次。

🐌【相关知识】

一、机组正常停机

机组正常停机适用于机组正常停止备用；此时锅炉和汽轮机本体无停机检修项目，不需要对锅炉和汽轮机及相关的管道进行冷却。

超临界压力机组正常停运的条件和过程与亚临界汽包炉机组一样，也经历停运准备、减负荷、停止燃烧、打闸停机和降压冷却等几个阶段。但由于没有汽包这样的厚壁设备，超临界压力机组的壁较薄，降温过程可以快一些。与汽包炉相比，超临界压力机组停炉过程中的操作存在着一定的差别，其主要区别是，当锅炉燃烧率降低到 30% 左右时，由于水冷壁流量仍必须维持启动流量而不能再减，锅炉将转入湿态再循环模式。在进一步减少燃料、降负荷过程中，包覆管出口工质由微过热蒸汽变成汽水混合物。为了避免前屏过热器进水，锅炉必须投入启动分离器运行，使进入前屏过热器的仍为干饱和蒸汽，多余的水则疏入疏水箱，以保证前屏过热器的安全运行。

下面以某 600MW 超临界压力机组为例，其正常停运的具体过程如下：

在协调方式下按正常降负荷将机组的负荷降至 240MW，降负荷速率小于 12MW/min，保留 3 台制粉系统运行，锅炉准备转为湿态再循环模式。

机组降到 240MW 负荷后，将锅炉主控制切换至手动调整，汽轮机主控制在自动，将机组控制方式置于汽轮机跟随模式，投入运行中制粉系统的油枪或等离子点火装置助燃，通知除灰停止电除尘器部分电场运行。主蒸汽、再热蒸汽温度尽量维持额定值，解除一、二级减温水自动，解除再热蒸汽事故减温水和烟气挡板蒸汽温度自动。减少燃煤量，停止一套制粉系统运行，继续降负荷，当负荷降到 220MW 左右时，分离器出口过热度到零，储水箱水位出现，启动炉水循环泵，锅炉转入湿态再循环方式运行。

负荷降至 180MW 后，启动电动给水泵，停运一台汽动给水泵，继续减少给煤量并停第二套制粉系统，保留一套制粉系统。降负荷至 60MW 以下时，打开下列低压过热器入口疏水阀、低压再热器入口疏水阀、环形联箱疏水阀、折焰角汇联箱疏水阀、主蒸汽管道低点疏水阀及再热蒸汽管道低点疏水阀。

减煤量降机组负荷至 30MW，停运最后一套制粉系统，锅炉全燃油运行，通知除灰停止全部电除尘器电场运行。

所有磨煤机停止并吹扫后，停止一次风机运行，一次风机停运 10min 后停止密封风机运行。解除 MFT 联跳电动给水泵的保护，汽轮机打闸停机，锅炉联动灭火。

灭火后关闭油枪各角油枪手动门，关闭炉前进、回油总门，解列炉前燃油系统，将给水流量降低至 150t/h，控制启动分离器前的蒸汽和金属降温速度不高于 2℃/min，金属温度偏差不高于 5℃。缓慢将风量降至 35% 稳定运行 10min，进行炉膛通风吹扫，吹扫结束后可依次停止送风机和引风机运行。空气预热器入口烟气温度低于 125℃后，停止两台空气预热器运行。当炉膛温度低于 60℃时，停止火焰检测冷却风机运行。

如果锅炉要带压放水，一定要先停止锅炉循环泵运行，并注意保持循环泵冷却水系统运行正常。炉水循环泵停止后，当汽水分离器压力为 0.8MPa 左右时，进行锅炉放水。

二、机组滑参数停运

机组滑参数停运是指本体有停机检修项目，需要对汽轮机及相关的管道进行冷却，缩短开工检修时间进行的停机。

滑参数停运时，汽轮机方面渐开各高压调节汽门至接近全开，锅炉方面通过减少锅炉燃料量和风量以及调节减温水量进行降温、降压，随着燃料量的减少，蒸汽温度、蒸汽压力的逐渐下降，负荷逐渐下降，但要注意控制下列主要参数的变化符合规定：

（1）过热蒸汽、再热蒸汽过热度大于 50℃，防止蒸汽带水，引起汽轮机水冲击事故。

（2）主蒸汽压力变化率小于 0.1MPa/min。

（3）主蒸汽、再热蒸汽温度变化率小于 1.5℃/min。

滑参数停机时，炉水循环泵系统的运行操作和正常停机操作是一样的，无特殊的要求。

三、典型停机曲线

图 5-3 所示为某 600MW 超临界压力机组滑参数停机曲线。由图 5-3 可见，在整个停机过程中各阶段采用了不同的蒸汽温度和蒸汽压力下降速度，在高负荷阶段，蒸汽温度下降速度较快；而在低负荷阶段，蒸汽温度下降速度较缓慢一些，这符合汽轮机冷却和热应力变化的要求。

接到停机指令之后，锅炉调整燃烧，保证主蒸汽、再热蒸汽温度不变，利用主蒸汽压力的下降，将机组负荷从满负荷开始减负荷到 50% 额定负荷。在此阶段，蒸汽压力和负荷的下降速度较快，减负荷率为 15MW/min，主蒸汽压力变化率不超过 0.45MPa/min。稳定运行 15min 之后，锅炉继续减少燃料，蒸汽压力和蒸汽温度同时降低，负荷从 50% 降至 34% 额定负荷，这一阶段的减温、减压速度有所减小，减负荷率为 3MW/min。此后，维持蒸汽压力和负荷不变，进一步降低主蒸汽温度至 500℃左右。为了保证汽轮机金属温度平稳变化，维持机组热应力水平在允许范围之内，在随后的低负荷阶段，机组以更加缓慢的速度进行减温、减压、减负荷操作。机组负荷降至 150MW，稳定运行 120min。当机组负荷减至 15％额定负荷时，汽轮机打闸，发电机解列，转子开始惰走。至此，主蒸汽温度降至 450℃，再热蒸汽温度降至 390℃。

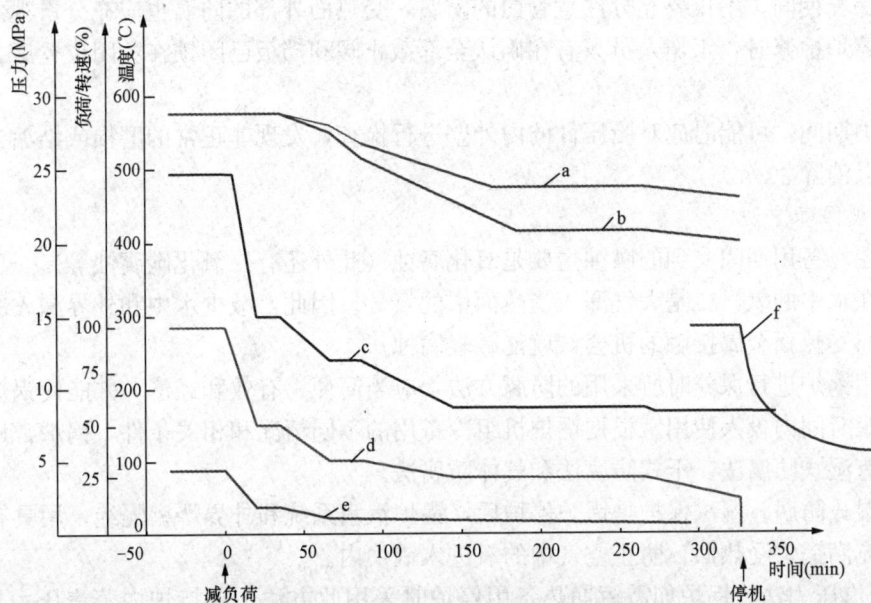

图 5-3　某 600MW 超临界压力机组滑参数停机曲线

a—主蒸汽温度；b—再热蒸汽温度；c—主蒸汽压力；
d—负荷；e—再热蒸汽压力；f—转速

四、锅炉停炉后保养

锅炉停运后，若在短时间内不参加运行时，应将锅炉转入冷态作为备用。锅炉机组由运行状态转入冷备用状态时的操作过程完全按照正常停炉方式进行。冷备用时的锅炉所有设备应保持完好的状态，以便锅炉机组可以随时启动，投入运行。

锅炉在冷态备用期间的主要任务是防止腐蚀；实际上，运行中的锅炉也存在腐蚀问题。但是实践证明，在相同的时间内，运行中的锅炉比冷备用时锅炉的金属腐蚀程度低得多。因而必须采用适当措施来保养冷备用状态的锅炉，以防锅炉受热面金属材料发生较快的腐蚀，而使锅炉设备的安全运行和寿命受到影响。考虑到冷备用时应保证机组随时都能启动，因此，为防止冷备用时锅炉的金属腐蚀，电厂应根据实际情况安排各台锅炉轮换作为备用。

1. 停炉保养的基本要求

锅炉停炉保养的目的主要是为了防止或减轻锅炉受热面管的腐蚀，保养的基本要求如下：

（1）不让空气进入锅炉的汽水系统。

（2）保持停用后锅炉汽水系统金属表面的干燥。

（3）在金属表面形成具有防腐作用的薄膜，以隔绝空气。

（4）使金属浸泡在含有除氧剂或其他保护剂的水溶液中。

　　停炉保养方法的选择应根据锅炉停用时间长短、停用后有无检修工作以及当地的环境条件来确定。

　　对于冬季停炉，应充分考虑锅炉防冻的要求。

　　停炉保养方法的确定应充分考虑人员和环境的要求，不采用对人体和环境有害的保养方法。

　　停炉保养期间，不仅要充分注意管内的防腐，受热面外部的防腐也应充分重视。

　　锅炉停炉检修时，工作人员只有在确认全部截止阀和挡板已闭锁在关闭位置后，才可进入炉内。

　　在停炉期间，可能时应对受压件的内外壁进行检查，发现非正常的磨损或结垢，应查找原因并予以消除。

　　2. 停炉保养方法

　　锅炉在冷备用期间受到的腐蚀主要是氧化腐蚀（此外还有二氧化碳腐蚀等）。氧的来源，一是溶解在水中的氧，二是大气漏入受热面中的氧气。因此，减少水中和外界漏入的氧，或者减少氧与受热面金属接触的机会，就能减轻腐蚀。

　　对备用锅炉进行保养时所采用的防腐方法，应当简便、有效和经济，并能使锅炉（备用状态）在短时间内投入使用。根据锅炉机组冷备用的不同情况和相关条件，锅炉常用的停炉保养方法有湿式防腐法、干式防腐法和气体防腐法。

　　（1）湿式防腐。湿法保护是锅炉停炉后，锅炉汽水系统和外界严密隔绝，用具有保护性的水溶液充满锅炉受热面，防止空气中的氧进入锅炉内。

　　1）蒸汽压力法。锅炉如需短期热备用停炉时采用此方法，保持炉内蒸汽压力在 0.5～0.98MPa 范围之内，定期检查锅水中的溶解氧，严密关闭各门孔风烟挡板，尽量减少压力下降，如压力低于 0.5MPa，投入邻炉蒸汽加热或重新投油枪升压。实践表明，这种方法不但能保证锅炉不会产生氧腐蚀，而且又比较经济。

　　2）给水压力法。此方法适用冷热备用锅炉，停用期限在一周左右，锅炉停用后，待压力降至零，锅炉进满水顶压保持在 0.5～0.98MPa。如果压力下降，应重新启动给水泵顶压。

　　3）联氨法。长期备用的锅炉采用联氨防腐效果较好。联氨是较强的还原剂，与水中的氧或氧化物反应后，生成不具腐蚀性的化合物，从而达到防腐的目的。在加联氨的同时还应该加氨水。

　　停炉后，待压力降至零，锅炉进满水顶压，保持压力在 0.98MPa 以上，化学人员将氨-联氨溶液加入锅水中。联氨是剧毒品，配药必须在化学人员的监督下进行，并应做好防护工作。

　　4）碱液法防腐。碱液法是采用加碱液的方法，使锅炉中充满 pH 值达到 10 以上的水，常用碱液为氢氧化钠或磷酸三钠。碱液的配制及送入锅炉以现场实际而定，一般可用三种方法：

　　a. 在锅炉加药处理的设备处，安装临时的溶药箱配制浓碱液，用原有的加药泵将锅炉充满碱液；

　　b. 安装一个溶药箱配制浓碱液，利用专用泵将锅炉充满碱液；

　　c. 安装大一些的溶药箱配制稀碱液，用专用泵将碱液送入锅炉。

5）其他湿式保养法还可以采用氨液法、磷酸三钠和亚硝酸钠混合溶液法。

无论锅炉采用哪一种湿式防腐方法，都应当注意在冬季不能使锅炉内部温度低于零度，以防止锅炉冻结损坏。

（2）干式防腐法。干法保护是使锅炉内表面处于干燥状态，以达到防腐蚀的目的。

锅炉停炉后，当炉水温度降至 $100\sim120℃$ 时，将锅炉各部分的水彻底放空，并利用余热或利用点火设备点微火烘烤，将金属表面烘干。清除沉积在锅炉汽水系统中的水垢和水渣，然后在锅炉中放入干燥剂并将锅炉上的阀门全部关严，以防外界空气进入。常用干燥剂有无水氯化钙、生石灰或硅胶等。

（3）气体防腐法。气体防腐法适用于长期备用的锅炉；常用于防腐的气体是氮和氨。

在氮气来源比较方便的条件下，可以采用充氮防腐。氮气（N_2）为惰性气体，本身不会与金属发生化学反应。当锅炉内部充满氮气并保持适当压力时，空气就不能进入锅内，因而能防止氧气对金属的侵蚀。

充氮的方法：先将锅炉各系统与外界隔绝，当锅炉压力降到低于氮气母管压力时，开启氮气阀门，将氮气充入锅内。充氮时，锅炉可以一面放水一面充氮，称为湿式充氮；也可以将锅水放尽，然后充氮，称为干式充氮。

充氮防腐时，氮气的压力维持在 $0.3MPa$。当氮气的压力降到 $0.1MPa$ 时，要开启氮气阀门再顶压一次。应定期检测氮气纯度，氮气纯度应保持在 99.8% 以上；如氮气纯度降到 98.5%，应进行排气，并充氮至合格。

充氨防腐是指当锅炉放尽水并马上充入一定量氨气后，氨气（NH_3）即溶入金属表面的水珠内，在金属表面形成一层氨水保护层（NH_4OH）。该保护层具有极强烈的碱性反应，可以防止腐蚀。充氨防腐时，锅炉内应保持的过剩氨气压力约为 $1333Pa$。

当锅炉需要重新点火启动时，点火以前应先将氨气全部排出，并用水冲洗干净。

3. 锅炉停炉保护方法的应用

停炉保护方法应遵守下列原则：

（1）运行设备转短期备用（$1\sim10$ 天）并且准备随时启动时，应采用"加热充压法"进行保护。

（2）运行设备转大、小修或超过 10 天备用时，应采用"带压放水余热烘干法"进行保护。

（3）运行设备转一个月以上的较长期的备用时，应采用"联氨和氨溶液法"进行保护，如锅炉比较严密，最好采用"充氮法"保护。

（4）冷炉不应转为"干法"防腐，不得已时，必须点火升压至额定压力的 30% 后再降压，采用"余热烘干法"进行保护。

【任务实施】

填写"超临界压力机组滑参数停机"任务操作票，并在火电机组仿真机上完成上述任务，实训过程中及时记录机组运行参数。

一、实训准备

（1）查阅《仿真机组的运行规程》，以运行小组为单位填写"超临界压力机组滑参数停机"任务操作票，并确认。

（2）明确职责权限。

1）滑参数停机方案、操作票编写由组长负责。

2）滑参数停运操作由运行值班员实施，并做好记录，确保记录真实、准确、工整。

3）组长对操作过程进行安全监护。

（3）熟悉超临界压力机组仿真机 DCS 站、DEH 站和就地站的操作和控制方法。

（4）恢复超临界压力机组仿真机初始条件为"机组 100％负荷运行"，熟悉机组运行状态。

二、实训案例

参考案例：某 600MW 超临界火电机组，锅炉是超临界参数变压运行直流锅炉，单炉膛、一次再热、前后墙对冲燃烧方式；制粉系统为 HP1003 型中速磨煤机冷一次风正压直吹式制粉系统，磨煤机为 6 台，BMCR 工况时 6 台全部投运，无备用。每台磨煤机供布置在前或后墙同一层的 5 只燃烧器；汽轮机为超临界、一次中间再热、单轴、三缸、四排汽、反动凝汽式汽轮机。

1. 滑停过程中有关参数的控制要求

（1）过热蒸汽、再热蒸汽降温速度小于 1.5℃/min。

（2）过热蒸汽、再热蒸汽降压速度小于 0.3MPa/min。

（3）汽缸金属温降率小于 83℃/h。

（4）过热蒸汽、再热蒸汽过热度大于 56℃。

（5）严密监视汽轮机第一级蒸汽温度不低于第一级金属温度 56℃以上，否则应立即打闸停机。

（6）在整个滑停过程中要严密监视汽轮机胀差、轴位移、上下缸温差、各轴承振动及轴瓦温度在规程规定的范围内，否则应打闸停机。

2. 机组负荷由 600MW 减至 450MW

（1）在主控画面上设定目标负荷为 450MW，按照锅炉、汽轮机滑停曲线要求，开始降温、降压。设定负荷变化率不大于 15MW/min，主蒸汽压力变化率不大于 0.3MPa/min，缓慢减少锅炉燃烧率，机组负荷随主蒸汽压力的降低而减少。

（2）负荷 510MW，检查汽轮机轴封压力正常，并注意轴封汽源切换。

（3）负荷 480MW，根据情况做真空严密性试验。

（4）在机组减负荷过程中，逐渐减少给煤机转速，减少锅炉燃料量。

（5）当负荷降至 450MW 时检查各系统运行参数、自动控制正常。停止最上一层煤燃烧器，保持 4 套制粉系统运行。

3. 机组负荷从 450MW 减至 300MW

（1）在主控画面上设定目标负荷为 300MW。

（2）控制负荷变化率不大于 12MW/min。

（3）启动电动给水泵，并泵运行正常后，退出一台汽动给水泵。

（4）当主蒸汽压力小于 16MPa 时，检查储水箱小流量阀在自动位。

（5）当负荷降至 300MW 时检查各系统运行参数、自动控制正常。停止一套制粉系统运行，保持三套制粉系统运行。

4. 机组负荷从 300MW 减至 180MW

(1) 在主控画面上设定目标负荷为 180MW。

(2) 负荷至 240MW，锅炉应视燃烧情况逐步投入助燃油枪。

(3) 控制负荷变化率不大于 9MW/min，主蒸汽压力变化率不大于 0.1MPa/min。

(4) 240MW 注意储水箱的水位，当水位达到 2350mm 时检查炉水循环泵自启动正常。其过冷水调节阀、再循环调节阀动作正常。炉水循环泵在限制流量模式控制下运行，循环调节阀稍稍打开（5%），避免储水箱抽空。

(5) 负荷降至 180MW 全面检查各系统运行参数、自动控制正常。将机组辅助蒸汽切为由机组共用辅助蒸汽联箱供汽，并且确认辅助蒸汽系统运行正常，冷段再热至机组辅助蒸汽压力调节阀关闭。退出另一台汽动给水泵运行。为保证燃烧稳定，可增投油枪。

(6) 当负荷降至 180MW 时，检查机组低压疏水阀应自动打开，若不能自动打开则手动打开。

(7) 当负荷降至 180MW 时，根据燃烧负荷情况停一套制粉系统，保留下层两套制粉系统运行。

5. 机组负荷从 180MW 减至 60MW

(1) 联系值长，发电机做好解列准备。

(2) 机组继续降负荷，减少锅炉燃烧量，进行机组降温、降负荷，控制负荷变化率不高于 6MW/min。

(3) 负荷至 150MW，除氧器汽源由四段抽汽倒至辅助蒸汽联箱。

(4) 负荷至 150MW，检查汽轮机低压疏水阀应自动开启。

(5) 退出高、低压加热器汽侧运行，应注意加热器的水位变化情况。

(6) 机组减负荷至 100MW 时，视情况停止一套制粉系统运行，停止前应确认最后保留运行的一套制粉系统助燃油枪已投入，保证稳定燃烧。

(7) 检查汽轮机低压缸喷水自动投入，并维持低压缸排汽温度不大于 50℃。

(8) 机组减负荷至 90MW 时，检查机组高中压疏水阀应自动打开，否则应手动打开。

1) 1 号、2 号高压主汽门阀座疏水。

2) 主蒸汽母管疏水阀及 1 号、2 号高压主汽阀前疏水。

3) 高压调节阀导管疏水。

4) 1 号、2 号中联阀阀座疏水。

5) 热段母管疏水及 1 号、2 号中压主汽阀前疏水。

6) 高压缸排汽止回阀前、后疏水及冷段母管疏水。

(9) 负荷至 60MW，启动汽轮机交流润滑油泵、高压密封油泵运行，检查其工作正常。

6. 机组负荷从 60MW 减至 18MW

(1) 在主控画面上设定目标负荷为 18MW。

(2) 根据参数情况，燃煤量逐渐减至最低，停止最后一台制粉系统。停止一次风机、密封风机运行。

(3) 当退出最后一台制粉系统后通知除灰专业退出电除尘。

(4) 负荷至 18MW，将无功降至 5Mvar。

(5) 注意除氧器、凝汽器水位。

（6）联系值长，根据滑停参数要求可将发电机解列。

7. 解列停机

解列停机、停炉及其后的操作同正常停机。

8. 锅炉冷却

（1）锅炉自然冷却。

1）锅炉熄火 4h 后，开启水冷壁、省煤器、过热器、再热器的排空气门排除系统内的水蒸气，待系统压力跌至 0MPa 后开启高压旁路、低压旁路抽真空，将剩余湿汽排尽。

2）锅炉熄火 6h 后，打开风烟系统有关挡板，使锅炉自然通风冷却。

（2）锅炉快速冷却。

1）当锅炉受热面有抢修工作或其他原因需停炉时，可采用将锅炉快速冷却降压的方法。

2）锅炉熄火吹扫后停运所有吸风机、送风机，关闭烟气系统挡板闷炉，4h 后打开风烟系统有关挡板，建立自然通风。熄火 6h 后启动吸风机、送风机，保持 30%BMCR 风量强制通风冷却。

3）若锅炉受热面爆破，泄漏严重，锅炉熄火吹扫完停运一组吸风机、送风机，保持 30%BMCR 风量进行强制冷却。

4）锅炉熄火吹扫后，若要立即进行强制通风冷却，应经公司主管生产领导批准。

（3）空气预热器入口烟气温度低于 205℃，允许停运空气预热器。

（4）炉膛出口烟气温度小于 50℃，允许停火焰检测冷却风机。

（5）过热器出口压力未到 0MPa 以前，应有专人监视和记录各段壁温。

（6）锅炉停炉及冷却过程应严密监视汽水分离器内、外壁温差在允许范围内，如发现该两处的内、外壁温差超过允许范围时应减缓冷却速度。

9. 滑参数停机注意事项

（1）机组滑参数停运应参照《机组滑参数停运曲线》控制整个进程。

（2）锅炉燃油期间应根据燃油压力注意油枪投/退正常，避免油燃烧器前油压过高或过低。

（3）锅炉燃油期间应现场检查确认油燃烧器燃烧稳定。

（4）在机组停运过程中及 MFT 时注意炉膛负压调节正常。

（5）汽轮机滑停过程中应注意监视下列项目：

1）汽缸上下温差、低压缸排汽温度、转子偏心度、各轴承振动、胀差、轴承温度等参数。

2）注意汽轮机油系统工作正常，注意密封油系统运行正常。

3）确认汽轮机惰走时间正常，否则应查找原因。

（6）机组停运后调整好燃油泵的运行方式。

（7）停机过程中汽轮机、锅炉要协调好，蒸汽温度、蒸汽压力不应有大幅度波动现象。停用磨煤机时，应密切注意主蒸汽压力、温度、炉膛压力的变化。注意蒸汽温度、汽缸壁温下降速度，蒸汽温度下降速度严格符合滑停曲线要求。

（8）停机过程中，应加强对主蒸汽参数的监视，尤其是主蒸汽过热度大于 56℃。汽轮机调节级蒸汽温度不低于调节级金属温度 56℃以上，否则应立即打闸停机。

（9）停机过程中，再热蒸汽温度的下降速度应尽量跟上主蒸汽温度的下降速度，主蒸汽、再热蒸汽的温度偏差应控制在 42℃以内，达到 83℃应立即打闸停机。

（10）降负荷过程中注意各水位正常，及时退出高、低压加热器运行。给水泵最小流量阀可根据负荷情况提前手动打开。

（11）滑停过程中注意加强机组声音、各轴承振动、轴向位移、胀差、轴承金属的监视。

（12）解列前迅速将发电机有功减至 18MW，无功降至 5Mvar，手动脱扣汽轮机，检查高中压主汽门、高中压调节汽门、各级抽汽止回阀、高压缸排汽止回阀关闭。

（13）注意记录转子惰走时间。转子惰走到 1200r/min 时，顶轴油泵应联启否则手动开启，转子静止后手动投入盘车。汽轮机盘车投入后，定时记录转子偏心度及高中压缸胀、胀差、高中压缸第一级温度、轴向位移等。盘车运行期间，严密监视汽缸金属温度变化趋势，杜绝冷汽冷水进入汽轮机。

（14）停机时间少于 6h 需要再次启动的，不必开启主蒸汽管道的疏水，在再次启动冲转前开启，进行 3～5min 的疏水。对于汽轮机本体及导汽管疏水可在冲转前进行 5min 的疏水，而之前可以保持关闭状态。

（15）停机后，应注意上、下缸温差，主蒸汽、再热蒸汽管道的上、下温差和容器水位及压力、温度的变化。如出现上、下缸温差急剧增大，应立即查明时水或时冷汽的原因，并予以切断水、汽来源，排除积水。

（16）锅炉完全不需要上水时，停止除氧器加热，停炉水循环泵、电动给水泵。若锅炉已放水，炉水循环泵不需要清洗水源时可以停凝结水泵。

（17）锅炉吹扫后彻底解列炉前燃油系统，停止送风机、引风机、一次风机，关闭所有挡板闷炉。

（18）锅炉熄火后，应严密监视空气预热器进、出口烟气温度，发现烟气温度不正常升高和炉膛压力不正常波动等再燃烧现象时，应立即采取灭火措施。

三、实训报告要求

（1）填写"超临界压力机组滑参数停机"项目任务书。

（2）绘制滑停过程中重要参数变化曲线（如主蒸汽温度、主蒸汽压力、机组负荷等）。

（3）绘制汽轮机惰走曲线。

（4）记录滑参数停机过程中所遇到的问题、解决方法和体会。

复习思考

（1）简述超临界压力机组停运过程与汽包炉机组停运过程的区别。

（2）简述超临界压力机组滑停过程中各阶段降温降压的要求和操作注意事项。

（3）停炉保养的方法有哪些？

项目6

机组运行监视与调峰运行

【项目描述】

通过任务的学习，使学生掌握机组运行调节的原则和方法，能够根据调度指令对机组进行升、降负荷等变工况运行操作，确保机组在各种工况下运行的安全性和经济性。

【教学目标】

一、知识目标

(1) 明确机组运行监视与调节的原则和方法。

(2) 明确机组调峰运行方式和提高机组运行经济性的主要措施。

(3) 明确机组安全运行的监控保护功能，如锅炉主燃料跳闸（MFT）、汽轮机危急遮断系统（ETS）、发电机主设备继电保护、辅机故障减负荷（RB）等。

二、能力目标

(1) 严格执行安全规程，规范操作设备，确保安全生产。

(2) 能正确熟练使用控制系统调节机组主要控制参数。

(3) 能根据负荷指令对机组进行变工况运行操作。

(4) 独立工作，适应集控值班员岗位要求。

(5) 团队协作沟通，分工明确，协调一致，能与他人有效联系和交流。

【教学环境】

(1) 能容纳一个教学班级的火电机组仿真实训室。

(2) 多媒体教学系统。

(3) 火电机组仿真系统若干套，以保证能实施小组教学（每组 3 或 4 人）。

(4) 主讲教师 1 名，教学做一体的实训指导教师 1 名。

任务1　机组运行监视与调节

【教学目标】

一、知识目标

(1) 单元机组运行监视与调节的基本原则。

(2) 亚临界机组运行调节内容及方法。

(3) 超临界机组运行调节内容及方法。

二、能力目标

(1) 能较熟练地进行机组主要运行参数的分析。

(2) 能较熟练地进行机组主要运行参数的调整。

(3) 严格执行安全规程，规范操作设备，确保安全生产。

(4) 团队协作沟通，分工明确，协调一致，能与他人有效联系和交流。

📁【项目描述】

依据《仿真机组的运行规程》在仿真机上监视主要设备的运行参数，采用适当方式对主要参数进行调整和记录，为机组变工况运行做准备。

⏰【任务准备】

一、任务导入

(1) 机组运行监视工作有何重要性？包括哪些内容？

(2) 当运行参数偏离正常范围时，应怎样进行调节？

二、任务分析及要求

(1) 熟悉机组正常运行的各种参数。

(2) 掌握各种参数的调整方法，能根据不同的负荷工况合理控制机组运行参数。

(3) 完成机组 100%BMCR 运行时的维护和巡视。

🔍【相关知识】

一、机组运行调节的主要原则

机组运行中要充分利用和发挥自动控制系统的作用，确保设备运行工况的稳定和运行参数的调节质量。单元机组是锅炉、汽轮机、发电机纵向串联构成的一个不可分割的整体，其中任何一个环节运行状态的变化都将引起其他环节运行状态的改变。锅炉、汽轮机、发电机的运行维护与调节是相互联系的。正常运行中各环节的工作又各有特点，锅炉侧重于调整；汽轮机侧重于监视；而电气部分则侧重于与单元机组的其他环节以及外界电力系统的联系。

相对于机组启动与停止，单元机组的运行监视与调节是集控运行值班员最基本、经常性的工作，机组运行监视与调节中主要应注意的问题如下：

(1) 机组运行应坚持安全第一的方针，同时应考虑机组的经济运行。集控值班员应按规程及相关的规定，认真操作、检查、监视和调整，随时注意各种仪表的指示变化，采取相应正确的维护措施，调节各参数在允许范围内。认真填写运行日志，保证设备的正常、安全、经济运行和正常使用寿命。

(2) 机组运行中要充分利用和发挥自动控制系统的作用，确保设备运行工况的稳定和运行参数的调节质量。在控制系统投入自动运行时，运行人员要加强参数的巡视和运行参数的分析。在自动控制系统或测量元件发生故障、机组发生异常使设备参数超出自动控制系统的调整范围、设备非正常方式运行超出自动控制系统设计能力、自动控制系统不能正常运行时，应立即解除自动，将故障的系统切换成手动进行调整，确保运行参数正常。

(3) 机组运行期间要密切注意监视参数的变化，发现参数偏离正常要及时进行调整，不得使参数超出正常运行调整范围。在参数不严重偏离正常值的情况下尽量保持参数平稳变化，防止大幅度调整造成参数振荡；当出现参数报警要认真进行检查、核实、分析并积极进行调整，必要时要到就地进行核实、检查，禁止不加分析盲目复位报警信号；在机组出现异常、出现较多参数异常和报警时，要立即组织能够参与异常消除的人员积极进行协作调整。在调整过程中要注意主要问题并对重要参数进行调整，待主要参数基本调整正常后再逐一进行其他参数调整。

二、亚临界机组的运行调节

单元机组运行时锅炉和汽轮发电机组的动态特性差异大。锅炉设备调节特性是热惯性较大而反应慢，且从燃料量改变到产汽量改变时间间隔长。汽轮机设备调节特性是热惯性小而反应快。当调节进汽量时，其负荷迅速改变。汽轮机、锅炉调节特性间的差异造成了在调节负荷的瞬间蒸汽量不平衡引起蒸汽压力变化，因此当快速调节汽轮机进汽量以适应电网负荷需要时，就会引起主蒸汽压力波动，从而影响机组的稳定运行。

由于单元机组没有母管及其邻炉提供的补充作用，汽轮发电机组的负荷变动全部由配套的锅炉来承担，锅炉的运行必须与外界负荷相适应。为使锅炉的蒸发量与外界负荷相适应，必须相应调节锅炉的燃料量、空气量、给水流量等。否则锅炉的运行参数（如蒸汽压力、蒸汽温度、水位）就不能保持在规定值范围，严重时将给锅炉本身或汽轮机，甚至整个电厂带来危害。

1. 汽包水位的调节

（1）保持正常水位的意义。汽包水位正常是保证锅炉和汽轮机安全运行的重要条件之一。汽包水位 H，一般规定在汽包中心线下 $50\sim100mm$，允许波动范围为 $\pm50mm$。

若给水流量与锅炉蒸发量不平衡，将发生满水或缺水事故。汽包水位上升满水，会导致汽包蒸汽空间下降，汽水分离装置工作异常，蒸汽少量带水，蒸汽品质恶化，导致过热器管壁、汽轮机通流部分积盐垢，时间一长盐垢加厚，引起管子过热损坏，减小汽轮机通流面积、增大汽轮机轴向推力。严重满水时，可能引起过热蒸汽温度急剧下降，不仅降低了机组效率，而且使蒸汽管道和汽轮机发生水击，造成破坏性事故。

汽包水位下降缺水，引起下降管带汽，破坏水冷壁正常水循环。严重缺水时可能造成烧干锅的重大事故。大型单元机组的锅炉，汽包存水量相对减少，允许变动的水量就更少。如果给水中断而继续运行，在 $10\sim30s$ 汽包水位计中的水位就会消失。可见对于大容量锅炉，运行中必须更加严密监视汽包水位，同时也要求配备非常合理和可靠的给水系统及给水调节装置。

（2）影响水位变化的主要因素。引起水位变化的根本原因：物质平衡遭到破坏，当给水量 G 与蒸发量 D 不等时，必然引起水位的变化；工质状态发生改变时，即使能保持物质平衡，水位仍可能变化。

1）锅炉负荷 D。蒸汽是给水进入锅炉后逐渐受热汽化而产生的。因此汽包水位的变化，首先取决于负荷的变化量和变化速度。负荷变化缓慢，锅炉的燃烧调整和给水调整与锅炉负荷及其变化速度相适应，水位波动就小，反之就大。这是因为它不仅影响蒸发设备中水的消耗量，而且还会引起蒸汽压力的变化。

"虚假水位"的形成：当锅炉负荷 D 增加，如果给水量不变或不能及时地相应增加，导致蒸汽压力 p 下降，其结果是蒸汽相对应的饱和温度 t_s 下降，锅水和蒸发部件金属放出它们的蓄热量，产生附加蒸汽，再加上蒸汽压力 p 下降导致蒸汽比体积增大，从而使锅水中气泡数量大大增大，汽水混合物体积膨胀，水位 H 上升。虚假水位是暂时的，因为锅炉负荷 D 增加，锅水消耗增加，锅水中的气泡逐渐逸出水面后，汽水混合物体积又将收缩，所以负荷变化时，在给水量和燃烧率尚未做相应调节之前，汽包水位 H 先上升后下降，此时若不及时增加给水，水位 H 将急剧下降到正常水位以下，甚至出现缺水事故；反之，如果锅炉负荷 D 减少时，汽包水位 H 会先下降后上升。

运行中应对虚假水位要有思想准备，如负荷突然增加时，首先增加风、煤，强化燃烧，恢复蒸汽压力。然后再适当加大给水，以满足蒸发量的需要。但如果虚假水位严重，不加限制可能造成满水事故。这时，可适当减少给水，同时强化燃烧，待水位开始下降时，再加强给水，恢复正常水位。

2) 燃烧工况。燃料量突然增加，燃烧加强，水冷壁吸热量增加，锅水体积膨胀，气泡增多，使水位暂时上升。由于产汽量增加，蒸汽压力也将升高，饱和温度相应升高，锅水中气泡数量将减少，水位又会下降。

对于单元机组，蒸汽压力上升使蒸汽做功能力增加，若保持机组负荷不变，汽轮机调节汽门将关小，减少进汽量。在锅炉给水量不变的情况下，汽包水位将继续升高。

在电负荷不变，仅燃烧工况变动，而其他工况不变时，燃烧加强则汽包水位先上升后下降，最终水位还是上升。燃烧减弱，水位先下降后上升，经一段时间后结果还是下降。

(3) 水位的监视与调节。汽包水位的高低是通过水位计来监视的。在监视水位时，应随时注意给水压力、蒸汽流量与给水流量（以及减温水量）的差值是否在正常范围内。此外，对于可能引起水位变化的运行操作，如锅炉排污、投切燃烧器、给水泵切换等，都应加强对水位的监视与调整。

投入给水自动调节后，同样也应加强对有关表计和自动调节器的工作情况加以监视，一旦发现自动调节失灵或锅炉工况剧烈变化，应迅速切换为手动操作，避免对调节汽门采用大开或大关的调节，保持水位相对稳定。

2. 蒸汽温度的调节

(1) 蒸汽温度调节的必要性。过热蒸汽温度和再热蒸汽温度是蒸汽质量的重要指标。

过热蒸汽温度偏高会加快金属材料蠕变，过热器、蒸汽管道、汽轮机高压缸部分产生额外的热应力而缩短设备使用寿命。严重超温导致过热器爆管或汽轮机各部件热变形和热膨胀加大，如膨胀受阻可能使机组振动加剧。

过热蒸汽温度过低会导致：

1) 蒸汽做功能力下降，在机组负荷一定时，汽耗量必然增加，电厂经济性降低。通常高压及其亚临界机组过热蒸汽温度每下降 10℃，汽耗量增加 1.3～1.5%，循环热效率降低 0.3%。

2) 主蒸汽温度急剧下降时，汽轮机轴封等套装部件的温度迅速降低，产生很大的热应力，汽缸等高温部件会产生不均匀变形，轴向推力增大。

3) 蒸汽温度急剧下降往往又是发生水冲击事故的征兆。

4) 再热蒸汽温度低，机组汽耗量增大，循环经济性降低。再热蒸汽温度过低，汽轮机低压缸最后几级的蒸汽湿度过大，对叶片的侵蚀作用加剧，严重时会发生水冲击，直接威胁汽轮机的安全。

　　过热蒸汽温度和再热蒸汽温度急剧变化，波动幅度过大，会使管材及有关部件产生蠕变和疲劳损坏，引起汽轮机胀差变化，导致汽轮机振动，威胁设备安全。

　　过热蒸汽温度和再热蒸汽温度两侧偏差过大，汽轮机高压缸和中压缸受热不均匀，导致膨胀不均。

　　正常运行时应维持蒸汽温度在正常值±5℃，两侧蒸汽温度偏差及过热蒸汽再热蒸汽温度之差不超过允许值（各点蒸汽温度差<20℃，两侧烟气温度差<30℃）。

　　（2）影响蒸汽温度变化的因素。

　　1）锅炉负荷。不同形式的过热器，蒸汽温度随负荷变化的特性是不同的，但总体而言，当负荷增加时，过热蒸汽温度会升高。

　　2）燃料性质的变化。燃煤水分、灰分、挥发分和含碳量以及煤粉细度的改变会对过热蒸汽温度产生影响。

　　燃料水分增多，会使锅炉负荷不变的情况下消耗的燃料量 B 增多，燃烧产物烟气量增多，过热蒸汽温度升高。煤粉变粗（细度 R_{90} 增大）导致煤粉着火推迟，火焰中心上移，炉膛出口烟气温度升高，过热蒸汽温度升高。

　　3）火焰中心位置。摆动燃烧器喷口向上倾斜时，对流过热蒸汽温度升高。燃烧器从上组切至下组运行时，对流过热蒸汽温度下降。在总风量不变的情况下，对四角布置切圆燃烧的直流燃烧器，上层二次风减小，火焰中心上移，对流过热蒸汽温度升高。送风机、吸风机配合不当使炉膛负压增大也会使对流过热蒸汽温度升高。

　　4）炉内过量空气系数。送风量和漏风增加而使炉内过量空气系数增加，导致炉膛温度降低，辐射传热减弱，对流传热增强，引起对流过热蒸汽温度升高，辐射过热器的蒸汽温度降低。

　　5）受热面积灰或结渣。水冷壁受热面积灰或结渣，过热蒸汽温度升高；过热器受热面积灰或结渣，过热蒸汽温度降低。

　　6）给水温度的变化。由于给水温度下降，会导致锅炉消耗燃料 B 增多，从而导致过热汽温升高。给水温度下降100℃，过热蒸汽温度上升50℃。

　　7）饱和蒸汽用量。采用饱和蒸汽吹灰时，为保证锅炉负荷，必须增加燃料量，导致过热蒸汽温度和再热蒸汽温度升高。

　　8）饱和蒸汽湿度。从汽包出来的饱和蒸汽总是含有少量水分，在正常情况下，进入过热器的饱和蒸汽湿度一般变化甚小。当运行工况不稳，尤其是水位过高或锅炉负荷突增时，会使饱和蒸汽湿度大大增加，引起蒸汽温度降低。若蒸汽大量带水，则蒸汽温度将急剧下降。

　　9）减温水变化。减温水温度降低或减温水量增加时，过热蒸汽温度下降。

　　10）过热蒸汽压力。运行中由于某个扰动因素，致使蒸汽压力较大幅度的降低，也引起蒸汽温度相应降低。

　　11）烟气流量。烟气流量增大，蒸汽温度升高。

　　（3）蒸汽温度的调节与控制。蒸汽温度的调节通常有蒸汽侧和烟气侧两类。一般蒸汽温度控制系统的控制策略为过热蒸汽汽温采用喷水控制，常为二级喷水减温控制；再热蒸汽温度正常调节手段为摆动火嘴的摆动角度或烟气旁路挡板，喷水减温作为辅助调节手段。

　　过热器出口主蒸汽温度控制系统，一般分为左、右两侧两套完全独立的串级调节系统；

前级减温器入口温度控制系统一般设计成一套串级调节系统，后级减温器入口温度通常分为左、右两侧两套完全独立的串级调节系统。

烟气侧调节主要是改变火焰中心的位置和流经过热器和再热器的烟气量，达到调节蒸汽温度的目的。再热蒸汽温度控制系统常以烟气侧调温手段为主，大多采用摆动火嘴或烟气旁路挡板作为再热器出口蒸汽温度的正常调节手段。改变摆动式燃烧器的摆动角度为±（10°～30°），可以使炉膛出口烟气温度变化110～140℃，蒸汽温度调节幅度达40～60℃。改变火焰中心位置的方法一般有调整燃烧器的倾角、改变燃烧器运行方式、改变燃烧器配风工况。火焰中心位置升高，炉内辐射吸热量减少，炉膛出口烟气温度升高、蒸汽温度升高。通过以上调节措施以改变炉内辐射吸热量和流经过热器的烟气温度，达到调节蒸汽温度的目的。改变烟气量也可以调节蒸汽温度，常用的方法有烟气再循环（如图6-1所示）、尾部烟道烟气挡板（如图6-2～图6-4所示）、调节送风量等。

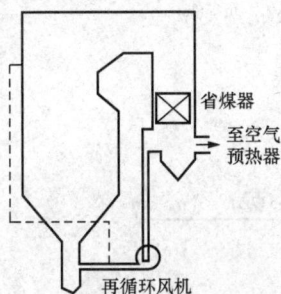

图6-1　烟气再循环示意　　　图6-2　烟气挡板示意　　　图6-3　烟气挡板调节时烟气量随锅炉负荷的变化

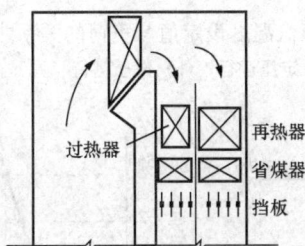

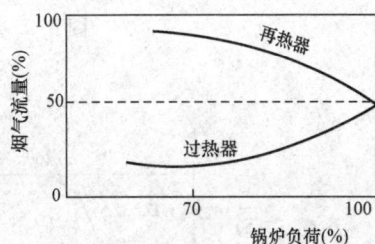

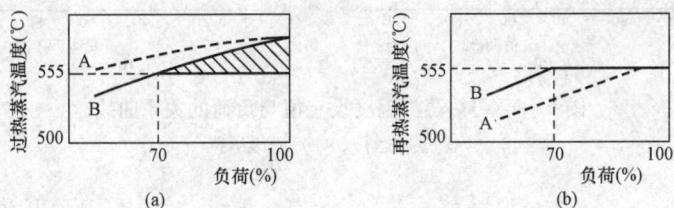

图6-4　烟气挡板调节时蒸汽温度随负荷的变化
（a）过热蒸汽；（b）再热蒸汽
A—挡板全开时汽温特性；B—挡板调节后汽温特性

再热蒸汽温度辅助控制手段和事故调节手段为微量喷水减温，采用串级调节系统。为克服来自燃烧方面的扰动，再热器出口蒸汽温度控制系统引入了送风量作为前馈信号，以改善控制系统的动态品质。为防止再热蒸汽温度过高引起超温，设置了保护性的事故喷水调节，用再热蒸汽温度设定值加上一定的偏置后作为给定值。由于给定值高于正常控制的定值，所以正常情况下不工作，保持事故喷水阀关闭，一旦再热蒸汽温度偏高超过给定值时，喷水自动投入。再热器喷水减温控制常有两种设计方案：微量喷水作为再热蒸汽温度的辅助控制手段，另设事故喷水调节；只设一组喷水减温调节，既作为再热蒸汽温度控制的辅助手段，又作为保护性的事故喷水调节。

一般主蒸汽温度和再热蒸汽温度在定压和滑压运行方式时，在不同的负荷下有不同的设定值，即蒸汽温度的设定值是负荷的函数。图 6-5 和图 6-6 所示为某 600MW 机组主蒸汽、再热蒸汽温度设定值与负荷的关系曲线。图 6-7 所示为机组汽水分离器出口温度与锅炉负荷的变化曲线。

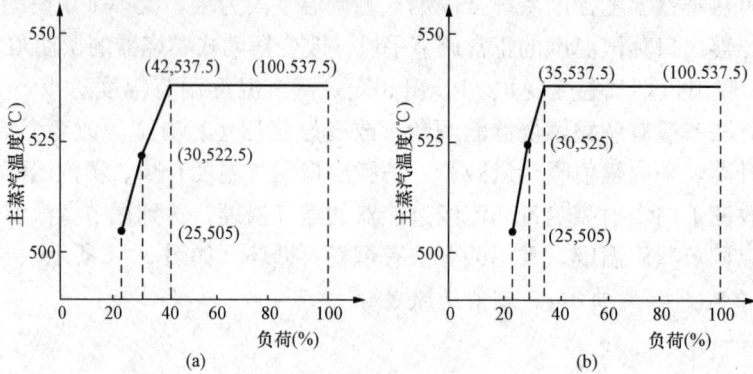

图 6-5 主蒸汽温度设定值与负荷的关系曲线
(a) 定压运行；(b) 滑压运行

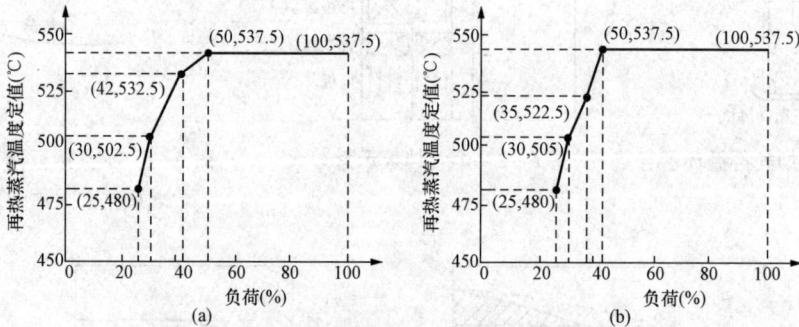

图 6-6 再热蒸汽温度设定值与负荷的关系曲线
(a) 定压运行；(b) 滑压运行

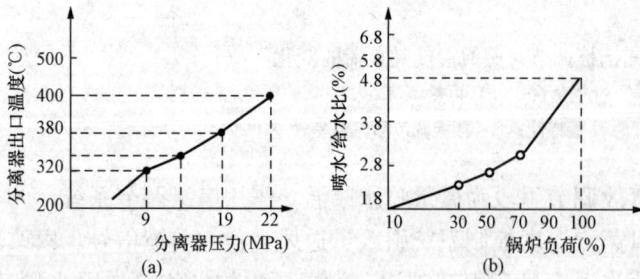

图 6-7 汽水分离器出口温度与锅炉负荷变化曲线
(a) 汽水分离器出口温度；(b) 锅炉负荷

3. 蒸汽压力的调节

蒸汽压力 p 是蒸汽质量的重要指标之一，汽压波动过大直接影响机组的安全和经济运行。定压运行，要求锅炉蒸汽压力维持在额定值附近相对稳定，机组负荷由调节汽门开度来控制。滑压运行，要求蒸汽压力随负荷的变化而变化，汽轮机调节汽门保持全开，保证蒸汽温度在一定值，依靠锅炉的燃烧来调节蒸汽压力和负荷。不同的运行方式对蒸汽压力调节的要求不同，运行中要求蒸汽压力波动幅值不能太大，而应相对稳定。

(1) 蒸汽压力调节的必要性。汽压过高，机械应力大，危急锅炉、汽轮机及蒸汽管道安全，可能引起调节级叶片过负荷。蒸汽温度正常而压力升高时，机组末几级叶片的蒸汽湿度要增大，使末几级动叶片工作条件恶化，水冲击严重。汽压过高引起安全阀起座，造成大量排汽损失，而且由于磨损和污物沉积在阀座上，影响阀座的严密性。

蒸汽压力过低，蒸汽做功能力下降，汽耗增加，机组效率下降。若要维持机组负荷，进汽量增大，汽轮机轴向推力增加，推力瓦烧坏。蒸汽压力下降过大时宜减负荷运行。

蒸汽压力波动幅度过大，导致锅炉缺水和满水事故。如负荷突然增加使蒸汽压力下降，汽包水位升高，造成蒸汽大量带水，导致蒸汽品质恶化和过热蒸汽温度降低。高压以上大型机组，不致引起水循环破坏的允许蒸汽压力下降速度建议不大于 $0.25\sim0.3\text{MPa/min}$，机组在中等负荷以上时，压力升高率不大于 0.25MPa/min。汽压升高或降低频繁波动，机组承压部件经常处于交变应力作用下，导致受热面金属的疲劳损坏。因此，锅炉运行规程中均规定了过热蒸汽压力允许的变化范围。

（2）影响蒸汽压力变化速度的因素。

1）负荷变化速度。外界负荷变化速度越快，引起蒸汽压力变化的速度越快。

2）锅炉的蓄热能力。锅炉的蓄热能力是指当外界负荷变化而燃烧工况不变时，锅炉能够放出和吸收热量的大小。锅炉蓄热能力越大，蒸汽压力的变化速度越小。

3）燃烧设备的惯性。燃烧设备的惯性是指从燃料开始变化到炉内建立起新的热平衡所需要的时间。燃烧设备的惯性大，当负荷变化时，蒸汽压力变化的速率就快，变化幅度也越大。燃烧调节系统灵敏，则惯性小。由于油的着火、燃烧比煤粉迅速，因而燃油较燃煤惯性小。同样道理，中间储仓式制粉系统较直吹式惯性小。

（3）蒸汽压力的调节。调整蒸汽压力时，在蒸汽压力上升过程中，应注意提前减少燃料量，使蒸汽压力趋于稳定后再适当增加燃料量，以稳定蒸汽压力，不使蒸汽压力下降过大。遇有蒸汽压力快速升高时，大量减少燃料时注意同时减风，如配合不好反而使蒸汽压力瞬间上升。

4. 燃烧过程的调节

燃烧调节在较大程度上决定了锅炉运行的经济性及蒸汽参数的稳定性。在机组运行中，为满足外界负荷变化的需要，锅炉蒸发量必须作相应变化，同时应对进入炉膛内的燃料量和空气量进行调节，使炉内燃烧放热随时满足锅炉蒸发量的需要。

燃烧调节的任务：①满足外界电负荷需要的蒸汽流量，维持蒸汽压力、温度在正常范围，保证机组运行的安全性和经济性；②保证着火和燃烧稳定，燃烧中心适当，火焰分布均匀，不烧坏燃烧器、水冷壁、过热器等受热面，避免积灰和结渣；③按燃料量调节最佳空气量，尽可能减少不完全燃烧损失，保证燃烧过程的经济性，最大限度地提高机组运行效率；④合理的送风、引风配合，维持一定的炉膛负压，减少漏风。

要完成上述燃烧调节任务，在运行操作方面应注意燃烧器的一、二、三次风出口风速和风率，各燃烧器之间的负荷分配和运行方式，炉膛的风量（O_2 值）、燃煤量、煤粉细度等参数的调节，使之达到最佳值。

燃烧调整时，应注意各段过热蒸汽和再热蒸汽工质温度的变化，以防管壁超温，注意炉膛结渣情况，定期进行水冷壁吹灰，如发现结渣应及时消除，当结渣严重时，应降低锅炉负荷。当燃烧不稳定时，应停止水冷壁吹灰及打焦。低负荷时，如锅炉燃烧不稳定，应及时投入油枪，稳定燃烧。

经常检查燃烧器的工作状况及时除渣。高负荷时，在保证蒸汽温度符合要求的情况下，燃烧器不要向上摆动，防止火焰中心上移太多，使炉膛出口烟气温度过高，造成结渣。

（1）燃料量的调节。

1）配中间储仓式制粉系统的锅炉。当负荷变化不大时，通过调节运行给粉机转速的方法即可满足负荷的要求；当负荷变化较大时，超出给粉机正常调节范围时，则先采用改变燃烧器的只数及投停相应给粉机台数的方法较大幅度调节给粉量，对燃烧进行粗调，然后用改变给粉机转速进行细调。

调节给粉机转速时，尽量保持同层燃烧器的粉量一致，以便于配风。给粉机转速的调节范围不宜过大，若转速过高，则不但因煤粉浓度过大堵塞一次风管，而且容易使给粉机过负荷和引起不完全燃烧；若转速过低，因煤粉浓度低，在炉膛温度不太高的情况下，着火不稳，容易发生炉膛灭火。给粉操作要平稳，避免大幅度的调节。

当负荷变化较大，则需投、停制粉系统才能满足负荷要求。在确定启、停方案时，须考虑燃烧器组合运行工况的合理性，投运燃烧器应均匀，防止燃烧不稳或火焰偏斜。

2）配直吹式制粉系统的锅炉。稳定运行时，进入各台磨煤机的给煤量总和等于送入炉膛的总煤粉量，并与锅炉负荷相适应。因此直吹式制粉系统出力的大小直接影响锅炉的蒸发量。

当锅炉负荷变化不大时，可通过调节运行中的制粉系统的出力来满足。锅炉负荷增加，要求制粉系统出力增加时，应先开大磨煤机的进口风门挡板，增加磨煤机的通风量，利用磨煤机内少量存粉作为增负荷开始时的缓冲调节，然后增加给煤量，开大相应的二次风门，使燃煤量适应负荷。反之，当锅炉负荷降低时，则应减少磨煤通风量（一次风量）、给煤量以及二次风量。

（2）风量的调节。在调节燃料量的同时，要相应地调节送风量和吸风量，以保持燃烧所需的风量和稳定的炉膛负压。

1）送风量的调节。送风量的大小与燃料量相匹配，尽可能维持最佳的炉膛出口过量空气系数 α_1 值，以获得较高的燃烧效率。运行中主要根据空气预热器入口烟气 O_2 表的指示值及火焰颜色来判断风量大小并进行调节。O_2 越大，风量越多。对固态排渣煤粉炉，燃用烟煤，O_2 值在 $4\%\sim5\%$ 是比较经济的。

对大容量锅炉，通常装有两台送风机。当锅炉增减负荷时，若风机运行工作点是经济区域，在出力允许情况下只需通过调节送风机进口挡板开度（或叶片角度），以使烟道两侧烟气流动工况均匀。此外，在有些情况下还可以通过改变二次风挡板的开度来对个别燃烧器进行局部的风量调节，如有的燃烧器中一次风含粉量的浓度与其他燃烧器中不同（从看火孔观察），可通过开大或关小二次风挡板来调节。

一次风的调节，必须大于满足最低一次风速，以保证管道中不沉积煤粉，冷风量调整根据给煤机的转速而定，磨煤机出口的热风温度应由热风门开度而定。二次风的调节，根据省煤器出口最佳空气系数及辅助风、燃料风和顶部二次风的分配进行。某 300MW 机组设计工况的一、二次风率、风速和风温见表 6-1，四角布置直流燃烧器的不同煤种的配风设计见表 6-2。

2）引风量调节和炉膛负压的控制。引风量调节是根据送入炉内燃料量和送风量的变动来进行调节的，其目标是在炉内建立一定的负压，保证稳定高效燃烧。

表6-1　　　　　　　某300MW机组设计工况的一、二次风率和风速、风温

项目	风率（%）	风速（m/s）	风温（℃）
一次风	20.21	25	80
二次风	79.79	45	325.6

表6-2　　　　　　　四角布置直流燃烧器的不同煤种的配风设计

名称	无烟煤	贫煤	烟煤	褐煤
一次风出口速度（m/s）	20~25	20~30	25~35	25~40
二次风出口速度（m/s）	40~55	45~55	40~60	40~60
三次风出口速度（m/s）	50~60	50~60		
一次风率（%）	18~25	20~25	25~40	20~45

　　负压过大，会增加炉膛和烟道的漏风，引起燃烧恶化，甚至造成灭火；负压过小，部分烟道向外冒灰，不仅恶化工作环境，而且还可能会烧坏设备。目前，国内外煤粉炉都采用平衡通风方式，使炉膛内的烟气压力略低于大气压力，正常负压值为30~50Pa。

　　运行中加强对炉膛负压及烟道负压的监视，以利于燃烧工况的稳定，在送风、引风调节挡板开度不变的情况下，由于燃烧工况总有小量波动，炉内负压是脉动的，负压表指针在控制值左右晃动。当燃烧系统（含制粉系统）发生故障、异常或因锅炉低负荷而出现燃烧不稳时，炉膛负压表指针剧烈摆动。如果锅炉发生灭火，首先负压表指针向负方向甩到底，光字牌报警，然后才是汽包水位、蒸汽流量和蒸汽参数指示的变化。

　　（3）燃烧器的运行方式。机组正常运行中，对配中间储仓式制粉系统的锅炉，煤粉燃烧器应逐只对称投入或停用，四角布置、切圆燃烧的锅炉严禁煤粉燃烧器缺角运行；对配直吹式制粉系统的锅炉，各煤粉燃烧器的煤粉气流应均匀。

　　低负荷运行时，要少投煤粉燃烧器，并尽可能投入相邻燃烧器，使火焰集中，保持较高的煤粉浓度，且煤粉燃烧器尽量避免脱层运行；煤粉燃烧器投用后，及时进行风量调整，确保煤粉燃烧完全。低负荷燃烧不稳，必要时可投入油枪助燃，以稳定燃烧。

　　高负荷运行时，应尽可能投入最多数量的煤粉燃烧器，并合理分配各煤粉燃烧器的供粉量，以均衡炉膛热负荷，减小热偏差，避免局部热负荷过高发生结渣或烧坏燃烧器，同时使每个燃烧器都有一定的调节余量，以适应负荷变化的需要。

　　在满足机组对蒸发量需要的前提下，运行人员要随时对炉内燃烧情况的好坏进行观察和判断，煤粉炉正常稳定运行的燃烧工况的主要现象：燃烧火焰呈光亮的金黄色，火焰稳定均匀，不触及四周水冷壁；火焰中心位置不应过高、过低或偏斜，以免引起结渣；火焰中不应有煤粉离析，也不应有明显的星点（有星点表示炉温过低或煤粉太粗）；烟囱的排烟呈淡灰色。如火焰亮白刺眼，表示风量偏大，这时的炉膛温度较高；如火焰暗红，则表示风量过小或煤粉太粗、漏风多等，此时炉膛温度偏低；火焰发黄、无力，则是煤粉的水分偏高或挥发分低的表现。

三、超临界机组的运行调节

　　超临界机组锅炉运行调节的主要问题在于要保持锅炉的蒸发量能满足机组负荷的要求，必须调节锅炉的给水量，而超临界参数锅炉的给水调节即是蒸汽温度调节，因此要密切注意

调节过程中各参数在允许范围内变动，确保机组的运行安全和正常使用寿命，确保锅炉运行经济性。实际上锅炉的运行调节主要是风、煤、水的调节。

1. 锅炉负荷

在 AGC 投入的情况下，机组在接收到调度来的负荷指令后按照设定的升降负荷速率在机组设定的负荷上、下限内自动进行负荷调整，在协调运行良好的情况下控制系统自动进行燃料量、风量、给水量的调整并协调汽轮机系统，保证主蒸汽压力与机组负荷相适应。

在机组协调解除的情况下调整机组负荷应注意风、煤、水的加减幅度不要过大，如果加减负荷的幅度超过 50MW 应分次进行操作，正常运行调整的升降负荷速率不超过 10MW/min；机组调整负荷前值班员要根据当前燃料、风量、给水量初步计算锅炉的风/煤/水的比率，根据需要调整的负荷初步计算需要调整的煤/风/水的比率；锅炉升负荷前要先加风、后加煤，减负荷要先减煤、后减风；负荷调整结束后要根据省煤器后的氧量细调风量，将氧量控制在负荷对应值；在负荷调整过程中要注意负压自动的跟踪情况或随着风、煤的变化随之手动调整负压；在升负荷前如果受热面沿程温度较高或减温水调节汽门开度较大，可先适当加水后加风、加煤，在减负荷前如果受热面沿程温度较低或减温水调节汽门开度较小，可先适当减水后减风、减煤；在调整负荷的过程中要注意监视启动分离器过热度，并以此作为燃水比调节的超前信号。设计燃料、额定工况时一般风粉比为 1.8～2.2，燃水比为 8 左右。

2. 主蒸汽温度

锅炉正常运行时，主蒸汽温度在机组 35%～100%BMCR 负荷范围内能保持正常，两侧蒸汽温度偏差应小于 5℃。

主蒸汽系统通过煤量和给水量的平衡（燃水比）调整来达到沿程受热面介质温度的平衡，启动分离器内蒸汽温度是煤量和给水量是否匹配的超前控制信号。锅炉在直流工况以后启动分离器要保持一定的过热度。主蒸汽一、二级减温水是主蒸汽温度调节的辅助手段，一级减温水用于保证屏式过热器不超温，二级减温水用于对主蒸汽温度的精确调整。在 45%～100% 负荷范围内启动分离器内蒸汽过热度保持在 30～40℃，在屏式过热器出口温度和主蒸汽温度在额定值的情况下一、二级减温水调节汽门开度在 40%～60% 范围内。如果减温水调节汽门开度超过正常范围可适当修正燃水比定值，使一、二级减温水有较大的调整范围，防止系统扰动造成主蒸汽温度波动。

锅炉正常运行中启动分离器内蒸汽温度达到饱和值是燃水比严重失调的现象，要立即针对形成异常的根源进行果断处理（增加热负荷或减少给水量），如果是制粉系统运行方式或炉膛热负荷工况不正常引起要对燃水比进行修正。如炉膛工况暂时难以更正，燃水比修正不能将分离器过热度调整至正常要解除给水自动进行手动调整。分离器出现高水位要及时开启分离器储水箱至凝汽器排水阀和 361 阀排水，锅炉点火后任何时候严禁储水箱满水。

在一、二级减温水手动调节时要考虑到受热面系统存在较大的热容量，蒸汽温度调节存在一定的惯性和延迟，在调整减温水时要注意监视减温器后的介质温度变化，注意不要猛增、猛减，要根据蒸汽温度偏离的大小及减温器后温度变化情况平稳地对蒸汽温度进行调节；锅炉低负荷运行时调节减温水要注意，减温后的温度必须保持 20℃ 以上过热度，防止过热器积水。

锅炉运行中在进行负荷调整，启、停制粉系统，投停油枪，炉膛或烟道吹灰等操作以及煤质发生变化时都将对主蒸汽系统产生扰动，在上述情况下要特别注意蒸汽温度的监视和调整。

高压加热器投停时，沿程受热面工质温度随着给水温度变化逐渐变化，要严密监视给水、省煤器出口、螺旋管出口工质温度的变化情况。待启动分离器入口蒸汽温度开始变化时，通过在协调模式下修正燃水比或手动调整的情况下维持燃料量不变调整给水量，参照启动分离器入口蒸汽温度和一、二级减温水门开度控制沿程蒸汽温度在正常范围内。高压加热器投、停后由于机组效率变化，在蒸汽温度调整稳定后应注意适当减、增燃料来维持机组要求的负荷。

在主蒸汽温度调整过程中要加强受热面金属温度监视，蒸汽温度的调整要以金属温度不超限为前提进行调整，金属温度超限必要时要适当降低蒸汽温度或降低机组负荷并积极查找原因进行处理。

3. 再热蒸汽温度

锅炉正常运行时，再热蒸汽温度在机组 50％～100％BMCR 负荷范围内能保持在正常，允许运行的温度变化范围为±5℃，两侧蒸汽温度偏差小于 10℃，烟气挡板开度应在 40％～60％范围内，事故减温水应全关。当蒸汽温度不能保持在正常范围、烟气挡板开度超过正常范围、事故减温水经常有开度时要对系统进行如下检查分析：

（1）制粉系统运行方式是否合理；

（2）喷燃器执行机构是否损坏，喷燃器配风挡板位置是否正确；

（3）喷燃器是否损坏；

（4）煤质是否严重偏离设计值；

（5）炉膛和喷燃器是否严重结焦；

（6）蒸汽吹灰是否正常投入；

（7）烟气挡板是否损坏。

再热蒸汽温度主要通过尾部烟道挡板进行调整，当再热器出口温度超温时，再热器事故减温水投入参与蒸汽温度控制。正常运行中要尽量避免采用事故水进行蒸汽温度调整，以免降低机组循环效率。

在进行再热蒸汽温度手动调节时要考虑到受热面系统存在较大的热容量、蒸汽温度调节存在一定的惯性和延迟，在调整再热蒸汽温度时注意不要猛开、猛关烟气挡板，事故减温水的调节要注意减温器后蒸汽温度的变化，防止再热蒸汽温度振荡过调。锅炉低负荷运行时要尽量避免使用减温水，防止减温水不能及时蒸发造成受热面积水，事故减温水调节时要注意减温后的温度必须保持 20℃ 以上过热度，防止再热器积水。

锅炉运行中在进行负荷调整，启、停制粉系统，投停油枪、炉膛或进行烟道吹灰等操作以及煤质发生变化时都将对再热蒸汽系统产生扰动，在上述情况下要特别注意蒸汽温度的监视和调整。为防止燃烧不稳，在锅炉负荷 45％ 以下不得进行炉膛和受热面蒸汽吹灰。

在再热蒸汽温度调整过程中要加强受热面金属温度监视，蒸汽温度的调整要以金属温度不超限为前提进行，金属温度超限必要时要适当降低蒸汽温度或降低机组负荷并积极查找原因进行处理。

【任务实施】

依据《单元机组运行规程》，在仿真机上监视主要运行参数，采用适当方式对主要参数进行调整和记录。根据不同的负荷工况合理控制机组运行参数，完成机组 70％BMCR 负荷或 100％BMCR 负荷运行时的维护和巡视工作。

一、实训准备

1. 实训条件

（1）恢复单元机组仿真机初始条件为"机组 70％BMCR 负荷运行"或"机组 100％BMCR 负荷运行"，熟悉机组运行状态和控制方式，记录机组主要运行参数。

（2）查阅《仿真机组的运行规程》，以运行小组为单位熟悉机组运行参数和控制方式。

（3）熟悉单元机组仿真机 DCS 站、DEH 站和就地站的操作和控制方法。

2. 职责权限

（1）机组运行监视、参数调整方案编写由组长负责。

（2）锅炉燃烧调节、机组运行监控的操作由运行值班员实施，并做好记录，确保记录真实、准确、工整。

（3）组长对操作过程进行安全监护。

二、实训报告要求

（1）填写"机组运行监视与调节"项目任务书。

（2）记录机组 70％BMCR 负荷或 100％BMCR 负荷的运行状态，正确填写运行记录。

（3）记录机组运行监视与调节过程中所遇到的问题、解决方法和体会。

复习思考

（1）机组变工况运行调节过程中如何控制蒸汽温度、蒸汽压力在规定范围？

（2）锅炉调节增减负荷的要领是什么？

（3）锅炉燃烧调节主要包括哪些内容？

任务 2 机 组 调 峰 运 行

【教学目标】

一、知识目标

（1）掌握单元机组调峰的概念。

（2）熟悉单元机组运行控制方式。

（3）认识单元机组控制保护系统，明确机组安全运行的监控保护功能。

（4）了解提高单元机组运行的经济性的主要措施。

二、能力目标

（1）熟悉机组变负荷的调整方法，能尽快在变负荷后稳定各种参数。

（2）掌握机组急减负荷（FCB）工况的操作过程，能及时稳定锅炉燃烧，保证机组低负荷安全运行和各种参数在允许范围变化。

【任务描述】

本节任务是在机组处于某一负荷稳定运行的基础上，根据负荷指令进行升、降负荷操作，并确保机组安全运行，同时尽可能提高机组运行经济性。

【任务准备】

一、任务导入

(1) 什么是调峰？调峰运行方式有哪些？

(2) 当外界负荷有变化时，机组运行工况应怎样调节？

二、任务分析及要求

(1) 能根据不同的负荷指令完成机组变工况运行操作，确保运行安全性。

(2) 能尽快在变负荷后稳定各种参数，保证参数在允许范围变化，尽可能提高机组运行经济性。

【相关知识】

一、单元机组调峰运行方式

1. 变负荷调峰运行方式

单元机组的调峰运行方式是指通过调节机组负荷以适应电网峰谷负荷需要。调峰运行的主要原则：①电网高峰负荷期间，最大限度挖掘潜力多带负荷；②电网低谷负荷期间，尽可能降低负荷稳定运行；③升降负荷时确定合理的负荷变化率。

变负荷调峰运行方式主要有以下几种：

(1) 定压运行。在额定参数下依靠改变调节汽门个数及调节汽门的开度来调节机组功率，满足系统负荷需要的运行方式。

(2) 滑压运行又称变压运行。汽轮机在不同工况下运行时，维持主汽门全开，调节汽门全开或固定在某一适当开度，蒸汽压力随负荷的变化而变化，主蒸汽温度和再热蒸汽温度不变。

(3) 两班制运行。通过启、停部分机组来进行电网的调峰。即在电网低谷时间将部分机组停用，在次日电网高峰负荷到来之前再投入运行。

(4) 少汽无负荷运行方式。调相运行或发电机转电动机方式运行。在夜间电网低谷时间将机组减负荷到零，但不从电网解列，保持发电机与电网并列运行，发电机从电网中吸收部分电力，用以驱动转子空转；同时，为带走由于汽轮机叶轮因鼓风摩擦产生的热量，应不断向汽轮机供给少量低参数的冷却蒸汽。到次日早晨电网负荷回升后，再接带负荷，转为发电机方式运行。少汽无负荷运行方式，同两班制运行方式一样，可全容量范围调峰，但比两班制操作简单，可省去抽真空、冲转、升速、并网等操作。从调相运行方式转入发电运行方式只需 30min 左右的时间，而且基本上可以避免汽缸上、下温差和高压胀差超限的问题。

目前大型单元机组普遍采用变压运行调峰。

2. 滑压运行

(1) 纯滑压运行。在整个负荷变化范围内，汽轮机调节汽门全开，依靠锅炉改变主蒸汽压力来调节负荷的运行方式。优点：无节流损失，高压缸可获得最佳效率和最小热应力，给水泵功率消耗最小。缺点：不能满足电网一次调频的需要。

（2）节流滑压运行。正常情况下，调节汽门不全开，对主蒸汽保持一定的节流（5%～15%），以备负荷突然升高，利用锅炉和主蒸汽管道的蓄热量来暂时满足负荷增加的需要。待锅炉出力增加、蒸汽压力升高后，调节汽门恢复到原位，再变压运行。不利之处在于有节流损失，不如纯变压运行经济，但能吸收负荷波动。

（3）复合滑压运行。复合滑压运行是变压运行和定压运行相结合的一种运行方式。复合变压运行也是目前单元机组采用较广泛的一种运行方式。

1）低负荷滑压运行，高负荷定压运行。负荷高于85%～90%额定负荷定压运行，当负荷低于85%～90%额定负荷时变压运行。该方式具有低负荷时变压运行的优点，又保证机组在高负荷时的调频能力。

2）高负荷时滑压运行，低负荷时定压运行。机组低负荷时仍保持一定的主蒸汽压力，对低负荷时锅炉的燃烧有好处。可保证较高的循环热效率和机组安全运行。

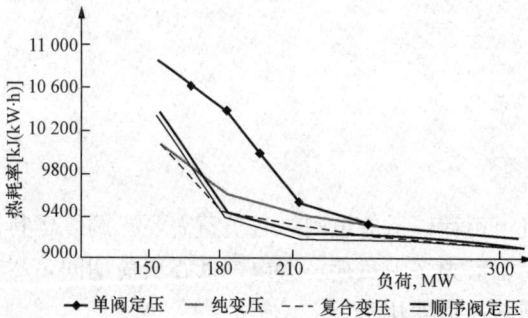

图 6-8　某 300MW 机组热耗率随负荷变化曲线

图 6-8 所示为某 300MW 机组热耗率随负荷变化的关系曲线。由图可见，在 70%～100%负荷段，复合变压和顺序阀定压曲线接近，其热耗率明显低于单阀定压和纯变压运行；80%、70%负荷时，复合变压比单阀定压运行热耗率分别降低 100kJ/（kW·h）和 150kJ/（kW·h）；在 50%～70%负荷段，复合变压处于变压运行，其热耗率低于顺序阀定压运行，在四种运行方式中为最低；60%、50%负荷时，复合变压比顺序阀定压运行分别降低 25kJ/（kW·h）和 270kJ/（kW·h），说明比低负荷时变压运行更为经济。

滑压运行机组对电网调频的适应性差。当机组功率增大时，锅炉必然增加燃烧以提高蒸汽压力。机组高负荷（70%～100%额定负荷）时，阀门开度较大，尤其是喷嘴调节的汽轮机，节流损失更小。若采用滑压运行，由于新蒸汽的压力降低，使机组循环热效率下降，有可能使机组经济性降低。300～600MW 级机组只有出力低于 70%～75%额定负荷的情况下变压运行才经济。当主蒸汽压力低于 13MPa 后，朗肯循环热效率将明显降低。不适合变压运行。

3．滑压运行的特点

（1）优点。

1）负荷变化蒸汽温度变化小。滑压运行时，锅炉出口蒸汽温度不随负荷而变，当负荷变化较大时，调节级的温度变化比定压运行时要小得多，从而降低汽缸和转子的热应力、热变形，不仅提高了部件的使用寿命，也增加了机组的负荷变化率，以适应电力系统负荷变化的需要。另外，进入调节级前又无节流作用，蒸汽的容积流量几乎不变，调节级焓降不变，改善了调节级叶片的切向应力。

2）低负荷时汽轮机内效率高。滑压运行在低负荷下，由于进入汽轮机蒸汽的容积流量几乎不变，同时进汽阀（主汽门和调节汽门全开）和调节级通流面积保持不变，因而汽流在叶片里的流动偏离设计工况小，减少节流损失，在负荷变化相同时，滑压运行比定压运行热效率下降得也小。滑压运行可在较大范围内改善电厂的热经济性。

　　3) 负荷变化时汽轮机热应力和热变形小。

　　4) 给水泵功耗减小。滑压运行时，锅炉给水压力比定压运行要低得多，应采用变速调节流量的给水泵。

　　5) 各承压部件寿命长。

　　6) 减轻汽轮机结垢。滑压运行低负荷时蒸汽压力下降，受水冲击而被击碎的水垢减少，汽轮机结垢减少。另外，滑压运行时蒸汽压力随负荷降低而降低，蒸汽溶解盐分的能力下降，使蒸汽中总含盐量减少，汽轮机结垢减少。

　　7) 有利于机组变工况运行和快速启停操作。滑压运行的汽轮机金属温度基本不变，所以汽缸能保持在高温下停用，缩短了再次启动的时间。

　　8) 再热蒸汽温度易于控制。定压运行中，当负荷下降时，高压缸排汽温度下降，再热器进口温度下降，再热器出口温度难于维持不变，导致汽轮机中、低压缸中的蒸汽温度下降，不仅影响机组热效率，还将产生热应力和热变形。滑压运行中，由于蒸汽压力随负荷减少而下降，蒸汽比容下降。因此，滑压调节时每千克蒸汽在锅炉中间再热器中所需要吸收的热量比喷嘴调节时要少。在相同吸热条件下，不仅过热蒸汽、而且再热蒸汽的蒸汽温度易于提高到规定温度，从而使过热蒸汽温度和再热蒸汽温度能在较大负荷变化范围内维持不变。

　　(2) 缺点。

　　1) 考虑汽包上、下壁温差，水冷壁联箱温度和热应力的变化变负荷速度受到限制。

　　2) 低负荷时机组循环热效率降低。机组的循环热效率随负荷下降而下降。由于主蒸汽压力随负荷的降低而下降，因此朗肯循环效率也随负荷下降而下降，在低于一定压力后，下降幅度更加显著。

　　4. 滑压运行对机组运行的影响

　　(1) 锅炉。

　　1) 负荷变化率。一般主蒸汽温度变化率为 $1.5℃/min$，汽包上、下壁温差不大于 $40℃$。

　　2) 锅炉最低负荷运行问题。滑压运行最低负荷取决于锅炉，而锅炉负荷下限取决于燃烧稳定性和水动力工况的安全性。大多数锅炉纯烧煤的最低稳燃负荷为 $60\%\sim65\%$ 额定负荷。从水动力工况安全性来看。大容量锅炉在 50% 额定负荷以上，水循环正常。

　　3) 对锅炉运行调节的影响。变压运行，由于水冷壁蓄热能力高，过热器、再热器蓄热能低，所以压力变化速度慢，温度变化速度快，过、再热器易超温，需要加强蒸汽温度和金属壁温的监视；低负荷运行，压力低，汽水比体积大，水位波动大，需要根据水位超前信号控制水位。此外，由于汽包的壁温差变化较大，锅炉的升温、升压速度也受到限制。

　　4) 其他问题。有些锅炉还不定期地有其他的限制因素。如某些锅炉由于低负荷时热偏差过大而使个别过热器、再热器管壁超温（由于蒸汽压力降低，蒸汽放热系数下降会使管壁超温）；某些锅炉由于蒸汽温度具有随负荷降低而下降的特性而使锅炉不宜低负荷运行；还有的锅炉给水泵为定速驱动，低负荷时调节阀门关闭过小，磨损严重，甚至最后全部关死时，其漏流量仍超过锅炉低负荷的需要量。此外，磨煤机低负荷运行时，还应考虑一次风管内风粉混合物的流速是否过低而造成积粉等。

　　(2) 汽轮机。

　　1) 低负荷时排汽温度升高。当采用喷水减温时，要注意可能因雾化不佳、喷水位置不当而造成低压缸叶片受侵蚀。

2）负荷很低时，低压转子流量小，将产生较大的负反动度，造成蒸汽回流、效率降低和叶片根部冲蚀，甚至还有可能引起不稳定的旋涡，使叶片承受不稳定的激振力的颤振。

3）锅炉在低负荷时，可能使主蒸汽温度与再热蒸汽温度的偏差增大，对于高、中压合缸的机组，高、中压缸两个汽口相邻处将产生较大的温差热应力。

4）低负荷时给水加热器疏水压差很小，容易发生疏水不畅和汽蚀，因此，要备有正确的检测手段和相应的保护措施。

二、单元机组协调控制系统

1. 协调控制系统概述

常规的自动调节系统是汽轮机和锅炉分别控制。汽轮机调节机组负荷和转速，机组负荷的变化必然会反映到汽轮机前主蒸汽压力的变化，而主蒸汽压力的控制由锅炉燃烧调节系统来完成，燃烧调节系统一般划分为主蒸汽压力（或燃料）调节系统、送风和氧量调节系统、炉膛负压调节系统等子系统。随着单元机组容量的不断增大、电网容量的增加和电网调频、调峰要求的提高以及机组自身稳定运行要求的提高，常规的自动调节系统已很难满足单元机组既参加电网调频、调峰又稳定机组自身运行参数这两个方面的要求，必须将汽轮机和锅炉视为一个统一的控制对象进行协调控制。所谓协调控制，是指通过控制回路协调汽轮机跟锅炉的工作状态，同时给锅炉自动控制系统和汽轮机自动控制系统发出指令，以达到快速响应负荷变化的目的，最大可能发挥机组的调频、调峰能力，稳定运行参数。

在单元机组中，汽轮机进汽压力是反映汽轮机、锅炉能量平衡和机组运行稳定的重要指标。不同的控制方式的控制特性是不一样的。

（1）锅炉跟随方式（boiler follow，BF）。当锅炉主控在自动，而汽轮机主控在手动时，机组运行方式为 BF 方式。适用范围：锅炉运行正常，汽轮机部分设备工作异常或机组负荷受到限制。

在 BF 方式下，锅炉主控控制主蒸汽压力，汽轮机主控由全能主值班员人为手动控制。当发生锅炉主控撤至手动或汽轮机主控投自动时，BF 方式自动撤出。BF 方式汽轮机接受负荷指令，负责调节功率，具有较好的负荷响应能力；锅炉负责调节蒸汽压力，维持蒸汽压力的稳定，由于锅炉响应慢，动态过程中蒸汽压力波动大，因汽轮机、锅炉间的相互影响，燃料扰动（如增加）时压力、功率都有变动（上升），而为保持原有功率，汽轮机调节汽门要动作（关小），更使压力有所波动（增加）。

（2）汽轮机跟随方式（turbine follow，TF）。当汽轮机主控在自动，而锅炉主控在手动时，机组运行方式为 TF 方式。适用范围：汽轮机运行正常，锅炉不具备投入自动的条件。

在 TF 方式下，汽轮机主控控制主蒸汽压力，锅炉主控由全能主值班员人为手动控制。当发生锅炉主控投自动或汽轮机主控撤出手动时 TF 方式自动撤出。TF 方式锅炉接受负荷指令，负责调节功率，负荷响应能力差，不仅不能利用锅炉蓄能，负荷增加时，还要先向锅炉附加蓄能，要先提高汽包压力；因汽轮机、锅炉间的相互影响，燃料扰动时，机组功率波动也大，如燃料增加时，功率、蒸汽压力都上升，要维持原有蒸汽压力，汽轮机调节汽门开大，会使功率更为增加，对燃煤机组来说这个缺点比较突出。

（3）CCS 协调方式。单纯的汽轮机跟踪运行方式对电网干扰较大，不利于电网频率的稳定：但因汽轮机调压的功态响应比锅炉调压快，不论负荷变化或燃料扰动，蒸汽压力波动都小，有利于机组本身运行参数的稳定。由于锅炉跟踪方式和汽轮机跟踪方式各有利弊，协调控制方式就是一种较好地解决机组的负荷适应性与运行稳定性这一对矛盾的运行方式。协调控制系统的一个重要设计思想，就在于蓄能的合理利用和补偿，即充分利用锅炉的蓄能，又要相应限制这种利用；补偿蓄能，动态超调锅炉的能量输入。

当汽轮机主控和锅炉主控均投自动时，机组运行方式就是 CCS 协调方式。协调控制方式的条件为锅炉运行在自动（风和燃料）、给水自动、汽轮机主控在自动。

在 CCS 协调方式下，锅炉主控主要控制主蒸汽压力，汽轮机主控主要控制机组负荷。当发生锅炉主控或汽轮机主控任一撤出自动时，CCS 协调方式自动撤出。

协调控制系统的一个关键控制策略，在于采用扰动补偿、自治或解耦的控制原则尽可能减少和消除锅炉、汽轮机动作间的相互影响。扰动应由扰动侧的控制回路自行快速消除，而非扰动侧的控制回路应少动或不动，以利于动态过程的稳定。为了提高负荷响应能力，世界上越来越多的 CCS 设计采用前馈控制技术，使锅炉输入能被控制得很接近于届时要求的量。

协调控制系统（CCS）通常指汽轮机、锅炉闭环控制系统的总体，包括各子系统。原电力部热工自动化标委会推荐采用模拟量控制系统（modulating control system，MCS）来代替闭环控制系统、协调控制系统、自动调节系统等名称，但习惯上仍沿用协调控制系统（CCS）。

2. 协调控制系统功能

（1）负荷信号指令。在协调和汽轮机跟随（锅炉主控在自动）运行方式时，负荷信号由运行人员在"手动负荷设定器"（MLS）上人工设置。当机组切换到自动发电控制（AGC）时，机组接受电网的自动调度信号。机组的负荷信号指令受到负荷限值（最大/最小负荷限值及发生 RUN BACK、RUN UP/RUN DOWN 等）对负荷需求设定值的限制；负荷指令的变化速率也要受到人工设定速率或汽轮机热应力的限制；当机组参加电网一次调频（协调控制方式下）时，还要叠加上频差部分的负荷指令，这时机组主控的输出为机组负荷需求指令，同时送往锅炉主控和汽轮机主控。

（2）负荷定值限制。当机组能力和负荷需求不相适应时，应根据机组实际能力时负荷定值作一定的限制。

1）与机组负荷有关的主要运行参数越限而引起的强迫增（RUN UP）、强迫减（RUN DOWN）；机组负荷超出了主、辅机的运行极限范围所引起的增、减负荷作用。当负荷指令或与辅机相关的调节指令有矛盾时，如给水、燃料、送风、引风等超过各自运行上限值时，则必须将负荷降至和上限值相适应才能保证主、辅机的安全运行，这种迫降负荷即称 RUN DOWN；当上述各值超出各自运行下限值时，则要发生迫升负荷，即 RUN UP。

2）辅机故障减负荷 RUN BACK 是指机组主要辅机部分故障时，自动将负荷减到和主要辅机负载能力相适应的负荷水平。主要辅机故障指部分风机（送风机、引风机、一次风机）故障、给水泵故障、磨煤机故障、锅水循环泵故障等。发生主油开关跳闸所引起的大幅度甩负荷，为维持汽轮机带厂用电或空负荷运行而导致的 RUN BACK 称 FCB。

（3）机组主控操作。机组主控操作包括选择机组运行方式、设置机组需求负荷、设置负荷变动率、设置机组负荷最大/最小限值、电网调度信号的切投、电网频率信号的切投。

当 DEH 装置在远方控制方式时，汽轮机主控才能通过 DEH 起调节作用。

在协调运行方式时，电功率（需求负荷）为设定值，实测电功率和需求负荷相比较，其偏差经蒸汽压力偏差修正，然后经 PI 处理去改变汽轮机调节汽门开度，达到消除功率偏差的目的。

在汽轮机跟随方式，汽轮机进汽压力在设定值，实测进汽压力与定值相比较，其偏差经汽轮机压力控制器去改变汽轮机调节汽门开度，达到消除压力偏差的目的。

在锅炉跟随和手动方式时，运行人员直接在汽轮机主控器上操作来增减负荷，得到所需要的电功率。汽轮机调节汽门需求位置与实际开度的偏差送到 DEH 系统去修正阀位，最后达到平衡。

鉴于机组协调控制系统功能的重要性，对其系统的可靠性有很高的要求。大机组协调控制系统通常由分散控制系统（DCS）构成，对分散控制系统的功能模件，如分散处理单元（DPU）或过程控制单元（PCU），应采用冗余配置。主要信号如汽轮机前压力（主蒸汽压力）、汽轮机第一级压力、机组实发功率等也应冗余。对 600MW 级机组，协调控制系统的主要信号应采用三取中的冗余方案。表 6-3 为某大容量直流锅炉单元机组主要参数的控制偏差范围，表 6-4 为某 300MW 机组主要参数的控制偏差范围。

表 6-3　　　　　　　某大容量直流锅炉单元机组主要参数的控制偏差范围

主要参数的变化		主蒸汽压力（MPa）	主蒸汽温度（℃）	再热蒸汽温度（℃）	空气预热器出口空气温度（℃）	炉膛压力（Pa）	
30%～50%	±3%/min	±3%/min	±0.5	±5	±5	±5	±49
50%～100%	+5%/min	−0.8	±5	±7	±10	±78	
	−5%/min	+0.8	±5	±7	−10	±78	
	+10%阶跃	−0.5	±3	±5	±5	±98	
	−10%阶跃	+0.5	±3	±5	−5	±98	
甩负荷		+0.5	±10	±5	−20	+49	−147
稳定负荷工况		±0.2	±2	±3	±3	±20	

表 6-4　　　　　　　　　　某 300MW 机组主要参数的控制偏差范围

主要参数的变化		主蒸汽压力（MPa）	主蒸汽/再热蒸汽温度（℃）	炉膛压力（Pa）	氧量偏差（%）
0～85%	±3%/min	±0.17	±5.6	±249	+0.7/−0.5
	±5%/min	±0.21	±8.3	±249	+1/−0.5
	±10%/min	±0.28	±11	±498	+2/−0.5
85%～100%	+4%/min−5%/min	±0.21	±8.3	±249	+1/−0.5
	±10%/min	±0.28	±11	±498	—
阶跃变化	65%以下±20%/min	−0.34/+0.24	±22	±1245	+2.5/−0.5
	85%以下±20%/min	−0.34/+0.31	±22	±1245	+2.5/−0.5
100%减至15%甩负荷		+0.1 或安全压力值	±28	−2489	+3.0
稳定负荷工况		±0.14	±5.6	±249	±0.5

3. AGC 自动发电控制方式

现代电力系统的频率和功率的调整一般按负荷变动周期的长短和幅度的大小分别进行调整。对于幅度较小、变动周期短的微小分量，主要靠汽轮发电机组自身的调速系统来自动进行一次调频，响应速度快，但由于调速器为有差调节，因此对于变化幅度较大、周期较长的变动负荷分量，需要通过改变汽轮发电机组的同步器来实现，即通过平移调速系统的调节静态特性，从而改变汽轮发电机组的出力来达到调频的目的，称为二次调整。当二次调整由电厂运行人员就地设定时称就地手动控制；由电网调度中心的能量管理系统来实现遥控自动控制时，则称为自动发电控制（AGC）。

自动发电控制系统主要由三部分组成：电网调度中心的能量管理系统（EMS）、电厂端的远方终端（RTU）和分散控制系统的协调控制系统、微波通道。实现自动发电控制系统闭环自动控制必须满足下列基本要求：

（1）电厂机组的热工自动控制系统必须在自动方式运行，且协调控制系统必须在"协调控制"方式。

（2）电网调度中心的能量管理系统、微波通道、电厂端的远方终端（RTU）必须都在正常工作状态，并能从电网调度中心的能量管理系统的终端 CRT 上直接改变汽轮机、锅炉协调控制系统中的调度负荷指令。汽轮机、锅炉协调控制系统能直接接收到从能量管理系统下发的要求执行 AGC 的"请求"和"解除"信号、"调度负荷指令"的模拟量信号（标准接口为 4～10mA）。能量管理系统能接收到机组协调控制系统的反馈信号，即协调控制方式信号和 AGC 已投入信号。

（3）能量管理系统下达的"调度负荷指令"信号与机组实际出力的绝对偏差必须控制在允许范围以内。

（4）机组在协调控制方式下运行，负荷由运行人员设定称为就地控制；接受调度负荷指令，直接由电网调度中心控制称为远方控制。就地控制和远方控制之间相互切换是双向无扰的。在就地控制时，调度负荷指令自动跟踪机组实发功率；在远方控制时，协调控制系统的手动负荷设定器的输出负荷指令自动跟踪调度负荷指令。

AGC 指令的产生及下发：调度的 EMS 系统根据电网频率、机组出力、省际交换功率等实时信息计算出受控机组的出力指令，经远动通道下发到机组中。当在汽轮机、锅炉协调控制方式下满足自动发电控制的条件时，可以采用自动发电控制模式，此时机组的目标负荷指令由调度控制系统给定，全能主值班员不能进行干预。为防止在低负荷阶段产生危险工况或超负荷缩短机组寿命，必须对自动发电控制的负荷低限和负荷高限做出限制。

三、单元机组的联锁保护逻辑系统

1. 单元机组大联锁

单元机组中，锅炉、汽轮机、发电机都设置有功能完善的保护系统，如锅炉主燃料跳闸 MFT、汽轮机危急遮断系统 ETS、发电机主设备继电保护。单元机组锅炉、汽轮机、电气是一个有机的整体，当锅炉、汽轮机、电气系统中任何一方出现异常和故障时，都可能会影响其他两方的安全运行。如何根据系统设备实际，使上述保护系统协调配合、联锁保护正确动作，是单元机组大联锁要解决的问题。联锁保护正确动作，一方面要尽可能把异常和事故限制在最小范围，避免停机损失，并防止事故扩大；另一方面当事故危及机组安全时，应立即迅速果断停机，以保护主设备安全。

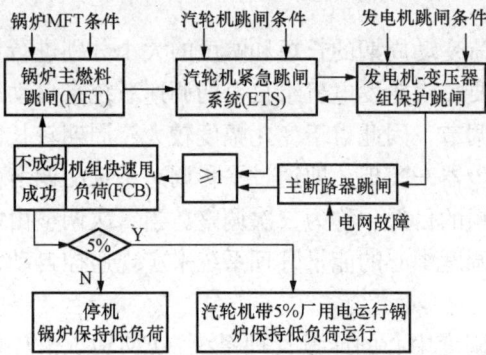

图 6 - 9　单元机组大联锁逻辑简图

单元机组大联锁是指当锅炉、汽轮机、发电机三大发电主设备中有一个事故停运时，为防止影响整个单元机组的安全、以致迫使单元机组全停而采取的运行操作措施。图 6 - 9 所示为单元机组大联锁逻辑简图。大联锁保护系统的动作如下：

1）当锅炉故障而产生锅炉 MFT 跳闸条件时，延时联锁汽轮机跳闸、发电机跳闸。延时的目的是保证锅炉的泄压和充分利用蓄热，但要注意防止蒸汽温度大幅度下跌对汽轮机的冲击。

2）汽轮机和发电机互为联锁，即汽轮机跳闸条件满足而使危急遮断跳闸系统 ETS 动作时，将引起发电机跳闸；当发电机内部故障因保护动作而跳闸时，也会导致汽轮机紧急跳闸。不论何种情况都将产生机组快速切负荷保护（FCB）。若 FCB 成功，则锅炉保持30%低负荷运行；若 FCB 不成功，则锅炉主燃料跳闸（MFT）紧急停机。

3）当发电机 - 变压器组故障或电网故障引起主断路器跳闸时，将导致 FCB 动作。在旁路系统投入的条件下，若 FCB 成功，锅炉保持30%低负荷运行。而发电机故障有两种情况：当发电机-变压器组内部故障时，发电机必须解列灭磁；当发电机-变压器组外部故障时，只需解列发电机，即断开发电机 - 变压器组出口断路器，发电机可带 5%厂用电负荷运行。

发电机解列后，DEH 全甩负荷保护作用，维持汽轮机 3000r/min 额定转速，随时准备电气故障消失后重新并列发电机。若汽轮机超速，DEH 全甩负荷保护失败，汽轮机跳闸，停机不停炉运行，若 FCB 失败，MFT 动作，实行紧急停炉。

国产机组大联锁一般采用发电机联跳汽轮机、汽轮机联跳锅炉的处理方式。

2. 单元机组大联锁基本方案

图 6 - 10 所示为单元机组大联锁基本方案。从图 6 - 10 中可以看出锅炉本身引起跳闸 MFT 的条件是手动跳闸、送风机全停、引风机全停、炉水循环泵故障、燃料中断、炉膛压力高/低、火焰丧失、FSSS 失电、汽包水位低、CCS 失电、总风量低等。MFT 后锅炉的主要操作有切断燃油、停全部磨煤机、强关磨煤机风门、强关一次风门、停汽动给水泵并启动电动给水泵、炉膛吹扫等。

（1）引起汽轮机、发电机跳闸的原因。

1）引起汽轮机跳闸的原因有振动大、轴向位移大、润滑油压低、EH 油压低、真空低、ETS 或 DEH 失电、汽轮机超速、手动跳闸等。后三个信号来自 DEH 系统，为防止发电机在部分甩负荷时失步，稳定机组及系统的运行，DEH 还具有中压调节汽门快关功能。汽轮机跳闸关闭主汽门、高中压调节汽门，以及抽汽止回阀。

2）引起发电机跳闸的原因来自两方面。一是电气部分故障，可分为发电机 - 变压器组内部故障和外部故障。二是汽轮机主汽门关闭联跳发电机，当主汽门关闭且逆功率保护动作时，立即跳发电机；仅逆功率保护动作时，延时跳发电机。这主要是为了防止在汽轮发电机组可能存在机械故障的条件下，发生汽轮机超速。

（2）锅炉、汽轮机、电气之间的联锁有两种可能的方式。

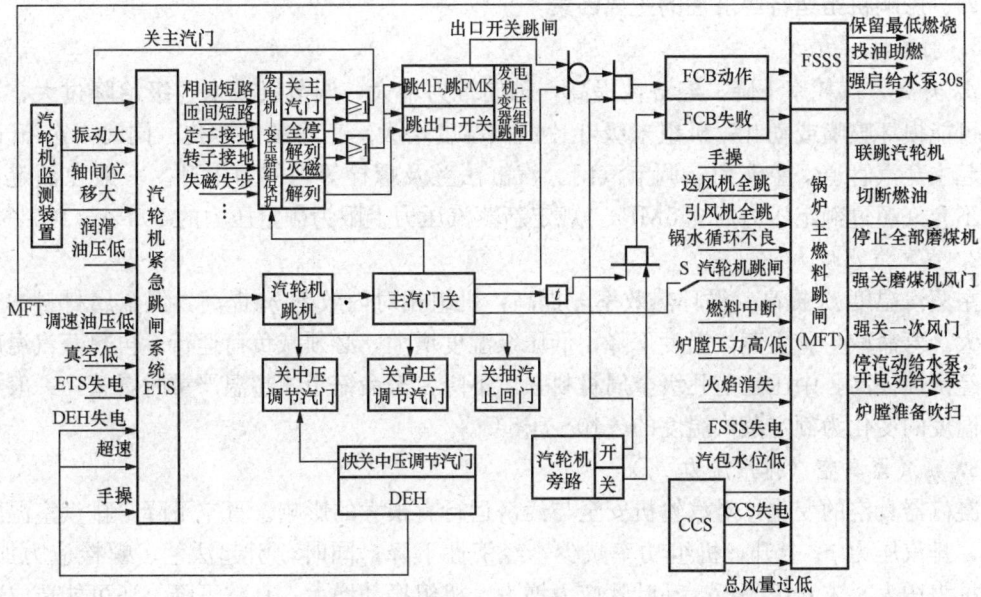

图 6-10　单元机组大联锁基本方案

1）锅炉、汽轮机、电气联跳。发电机不设解列和解列灭磁，发电机故障直接作用于关主汽门或全停，汽轮机主汽门关闭联跳锅炉，触点 S 闭合。在发电机保护动作跳发电机主开关时或锅炉 MFT 动作时，发关主汽门信号 ETS，联跳汽轮机，当汽轮机主汽门关闭时，发信号锅炉 FSSS，联跳锅炉，并由逆功率保护跳发电机。

2）FCB 控制。在该方式下，发电机解列及解列灭磁不发信号关主汽门，汽轮机关主汽门不联跳锅炉。当发电机主开关断开或汽轮机主汽门关闭时，汽轮机旁路打开，启动 FCB，使锅炉 FCB 动作，保留两层煤粉燃烧并投油助燃，维持锅炉在低负荷下运行，若汽轮机主汽门关闭和旁路关闭同时存在，则 FCB 不成功，启动锅炉 MFT，实施停炉操作，汽轮机主汽门关闭后，逆功率保护延时联跳发电机。

从大联锁动作过程看，锅炉、汽轮机、电气三方面都负有重大责任。锅炉方面的主要责任是快速切负荷，并在低负荷下保持运行参数的稳定；汽轮机方面的主要责任是及时开启旁路系统，防止锅炉超压，并要求 DEH 在发电机全甩负荷时能稳定汽轮机的转速，防止汽轮机因超速而停机；电气部分则应根据故障的性质和程度，决定是全停还是解列或解列灭磁。若确系发电机-变压器组内部故障，FCB 是没有意义的。因为，当发电机-变压器组内部故障时，采用第一种联锁方式；而当发电机-变压器组外部故障时，采用第二种联锁方式，这样应更合理一些。从上面的分析可以看出，旁路系统足够的容量和动作的可靠性是至关重要的，目前一些国产机组 FCB 不成功，与旁路系统有很大的关系。

可见，为了尽可能减小停机损失，并提高供电的可靠性，单元机组实现 FCB 控制是理想的选择。而实现 FCB 控制，锅炉、汽轮机、电气三方面需要通力合作，这是大型机组控制技术进步的必然要求。随着大型单元机组主、辅设备可控性能的不断完善及计算机控制系统应用技术的日趋成熟，发电生产的自动化已达到了较高的水平。从运行监控角度看，由于单元机组的汽轮机与辅机、主系统与辅助系统之间相互渗透、相互关联，使锅炉、汽轮机、电气成为一个有机整体。

四、影响机组运行经济性的主要因素

1. 主蒸汽压力 p_0

p_0 升高，汽耗率下降、经济性提高，轴向推力增大，调节级或末几级焓降过大、过负荷，可能损坏喷嘴或动叶；机组末级叶片蒸汽湿度增大，工作条件恶化；同时，p_0 升高过快引起主蒸汽管道、主汽门、调节汽门、汽缸法兰及螺栓等内应力上升。一般在额定负荷下，不允许超过额定压力的 0.5MPa。规定新蒸汽压力上限为额定压力的 103%～105%。

2. 主蒸汽温度 t_0

主蒸汽温度 t_0 提高，循环热效率 η 提高，机组相对内效率 η_{oi} 提高，但金属材料蠕变应力增大，寿命减少。主蒸汽温度下降，低压级湿度增大，必须减负荷运行。再热蒸汽温度提高，经济性提高，中压缸前几级金属材料强度下降，寿命缩短，超温严重时爆管，一般规定蒸汽温度的变化为额定蒸汽温度的 -10～$+5$℃。

3. 凝汽器真空（排汽压力 p_c）

凝汽器真空的变化，对汽轮机安全与经济运行有很大的影响。真空下降，排汽室温度 t_c 上升，排汽压力 p_c 上升，机组功率减少，经济性下降；同时，引起法兰、螺栓应力加大，轴向推力增大，末几级隔板、动叶片应力增大；机组振动增大；真空下降，还可能造成凝汽器管板上的铜管胀口松弛，恶化凝结水品质。真空度每降低 1%，煤耗约增加 1%～1.5%，机组出力约降低 1%。

4. 凝汽器传热端差

凝汽器传热端差指凝汽器排汽温度 t_s 与循环水出口温度 t_{w2} 之差，即 $\delta_t = t_s - t_{w2}$。其影响因素包括冷却水进口温度、凝汽器单位面积的蒸汽负荷、冷却水流速、冷却水管的清洁程度以及凝汽器内积存空气的多少等。一般传热端差为 3～5℃。端差每降低 1℃，真空约上升 0.3%，汽耗减少 0.25%～3%。运行中降低传热端差的措施提高循环水水质、投入凝汽器胶球清洗装置、防止凝汽器汽侧漏入空气。

5. 凝结水过冷度

凝结水过冷度是凝结水温度 t_c 比凝汽器压力下饱和温度 t_s 低的数值，$\delta = t_s - t_c$。一般凝结水过冷度不超过 1.5℃。凝结水过冷却后，为了将其加热到相应于排汽压力下的饱和温度，需要多消耗燃料。凝结水的过冷却会使水中的含氧量增加，加剧热力设备和管道的腐蚀，降低了设备使用的安全性和可靠性。其影响因素有凝汽器内积存有空气和凝结水水位过高。运行中降低凝结水过冷度的措施有运行中保证真空系统的严密性、防止出现凝结水淹没冷却水管的现象。

6. 给水温度

给水温度 t_{gs} 每下降 10℃，煤耗增加约 0.5%。提高给水温度的措施如下：

（1）保证高压加热器投入率；

（2）为防止给水短路，消除加热器旁路门和隔板的泄漏；

（3）保证加热器疏水正常，维持正常水位；

（4）保证高压加热器严密性，防止空气漏入。

7. 厂用辅机用电

辅机运行方式是否合理对机组的厂用电率、供电煤耗影响很大。

五、提高单元机组经济性的主要措施

1. 维持额定的蒸汽参数

维持规定的参数运行，以保持机组较高的经济性。保持凝汽器的最佳真空，提高凝汽器真空，增加整机的理想焓降，提高循环热效率。具体办法是增加冷却水流量、降低冷却水温度、保持凝汽器的传热表面清洁、保证真空系统的严密性。

一般情况下真空降低 1%，汽轮机的热耗将上升 0.7～0.8%。因此，凝汽式汽轮机通常尽量维持较高的真空运行，但过高的真空不仅使循环水泵耗功增加，而且汽轮机末级的焓降增加，有可能过载。一般要求在经济真空下运行。当循环水温度 t_c 一定、汽轮机排汽量 D_c 不变时，真空只与凝汽器冷却水量 G 有关。所谓经济真空 p_c^{op} 是指提高真空使汽轮发电机增加的功率 ΔP_{el} 与循环水泵多消耗的电功率 ΔP_{pu} 之差（$\Delta P = \Delta P_{el} - \Delta P_{pu}$）为最大时的真空，如图 6-11 所示。真空提高过大时循环水泵耗功不断提高，大于汽轮发电机增加的功率。如真空再继续提高，由于汽轮机末级喷嘴的膨胀能力限制，机组功率不再增加的真空值称为极限真空 p_c^{lim}。

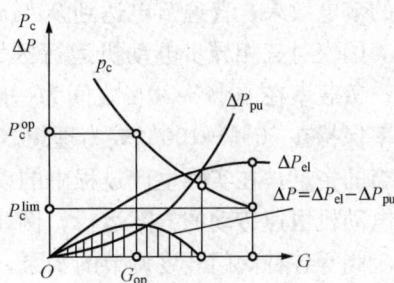

图 6-11 经济真空的确定

2. 充分利用回热加热设备，提高给水温度

尽可能提高回热加热器尤其是高压加热器的投入率，提高给水温度，减小煤耗率，提高机组经济性。表 6-5 中列出了三种不同容量机组不投高压加热器时热耗率和煤耗率的增加情况。机组运行中应注意加热器水位调节、空气的抽出及加热器保护装置的维护，保证加热器正常运行。

表 6-5 　　　　　　　　　　　不投高压加热器时热耗率和煤耗率的比较

机组型号	额定给水温度（℃）	标准煤耗率增加 [g/ (kW·h)]	热耗率增加（%）	每年多耗标准煤（t/年）
N125-135/535/535	239	7.4	2.3	6500
N200-135/535/535	240	8.3	2.5	11 600
N300-167/550/550	263.1	14	4.6	29 400

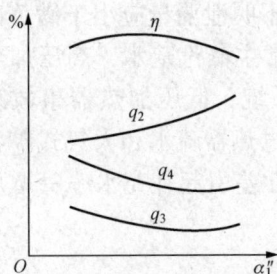

图 6-12 最佳过量空气系数

3. 合理调整燃烧

根据煤种调节合理的煤粉细度，调整配风量，减少不完全燃烧损失。合理的锅炉送风量可直接影响锅炉效率。如图 6-12 所示，送风量过大，排烟量增大，排烟损失增加，送风机电耗增加。送风量过小，不完全燃烧损失增加。维持最佳过量空气系数，同时减小漏风率。

4. 降低厂用电率

对燃煤电厂来说，给水泵、循环水泵、引风机、送风机和制粉系统所消耗的电量占厂用电的比例很大。如中压电厂给水泵耗电占厂用电的 14% 左右，高压电厂给水泵耗电则占厂用电的 40% 左右，拥有超临界压力机组的电厂如果全部使用电动给水泵，其耗电量可占厂用电的 50%，因此降低这些电力负荷

的用电量对降低厂用电率效果最明显。

利用变频调速技术节电已开始应用。变频调速运行是根据负载转速的变化要求，改变供电电流的频率，并配合电压的调节，达到调节交流电动机转速的目的，以获得合理的电动机运行工况。在不同的转速情况下，均保持较高的运行效率，不仅降低了电能消耗，同时能改善启动性能，保护电动机及负载设备免受瞬时启动的冲击，延长其工作寿命，提高电动机和负载设备的工作精确度。实践证明，变频技术用于风机、泵类设备驱动控制场合，取得了显著的节电效果，普遍节电达到 30％～50％。

国家对三相异步电动机运行区域作如下规定：负载率在 70％～100％之间为经济运行区；负载率在 40％～70％之间为一般运行区；负载率在 40％以下为非经济运行区；一般负载率保持在 60％～100％较为理想。在电动机选型设计工作中，大部分电动机功率选型均有适当的裕量，在实际生产过程中的设备许多时间都是负荷不满或运行有峰谷时间，如采用交流电动机恒速传动的方案运行，例如靠风门挡板开度的大小来调节的风机、靠采用调节阀、回流阀等各种阀门开度调节的水泵，不论生产的需求大小，泵与风机都要全速运转，不能随工况的变化进行相应的调节，使用效率较低，造成大量的能源浪费。

风机（或水泵）的流量与其转速成正比，压力（或扬程）与其转速的平方成正比，轴功率与其转速的立方成正比。如图 6-13 所示，理想情况下通过调速方式改变水泵流量下降一半时，由于轴功率与转速的三次方成正比，功率仅为原来的 1/8，因此可节电 87％（在不考虑其他因素的情况下），降低转速可大大降低轴功率。

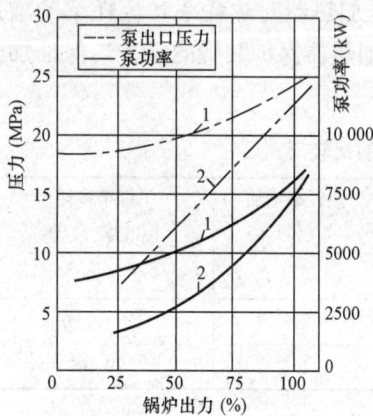

图 6-13 给水泵不同运行
方式下功率的比较
1—定压运行；2—变压运行

厂用电主要用在与发电机组配套的引风机、排粉机、凝结水泵、循环水泵、锅炉给水泵等，占厂用电消耗的 80％。采用高压变频对高耗能用电设备进行技术改造，不仅能直接收到降低厂用电、降低供电煤耗、增加上网电量带来的直接经济效益，而且对设备的安全、可靠运行，减少设备故障都起到了积极的作用。

5. 减少工质和热量损失，回收各项疏水

运行中加强对跑、冒、滴、漏的管理，减少漏汽、漏水。尽可能回收各项疏水，减少汽水损失；保持轴封系统工作良好，避免轴封漏汽量增加。单元机组对系统进行性能试验而严格隔离时，不明泄漏量应小于满负荷试验主蒸汽流量的 0.1％。通常主蒸汽疏水、高压加热器的事故疏水、除氧器溢流系统、低压加热器事故疏水、省煤器或分离器放水门、过热器疏水和大气式扩容器、锅炉蒸汽或水吹灰系统等都是内漏多发部位。由于系统严密性差引起补充水率每增加 1％，单元机组供电煤耗率约增加 23g/（kW·h）。

6. 提高自动装置的投入率

自动装置调节准确、迅速，更容易保证各被保护的设备和控制的运行参数在最佳值下工作，故保证较高的自动装置投入率，可提高机组运行的经济性。同时，对汽轮机的负荷进行合理分配，尽量使汽轮机调节阀处于全开状态，以减少节流损失；保持通流部分清洁。

【任务实施】

在仿真机上设置机组带某一负荷稳定运行，根据负荷指令，对机组进行变工况运行操作，在机组安全正常运行的前提下，尽可能地提高机组运行经济性。

一、实训准备

1. 实训条件

（1）恢复单元机组仿真机初始条件为"机组 70%BMCR 负荷运行"或"机组 100%BMCR 负荷运行"，熟悉机组运行状态和控制方式，记录机组主要运行参数。

（2）查阅《仿真机组的运行规程》，以运行小组为单位熟悉机组运行参数和控制方式。

（3）熟悉单元机组仿真机 DCS 站、DEH 站和就地站的操作和控制方法。

2. 职责权限

（1）机组负荷调节指令、操作票编写由组长负责。

（2）锅炉燃烧调节、机组运行监控的操作由运行值班员实施，并做好记录，确保记录真实、准确、工整。

（3）组长对操作过程进行安全监护。

二、实训报告要求

（1）填写"机组调峰运行"项目任务书。

（2）记录机组变负荷前、后的运行状态，正确填写运行记录。

（3）记录机组变工况过程中所遇到的问题、解决方法和体会。

复习思考

（1）单元机组调峰运行方式有哪几种？各有什么特点？

（2）滑压运行对机组有哪些影响？

（3）简述单元机组协调控制的特点。

（4）如何提高机组运行的经济性？

项目 7

典型事故分析与处理

📁 【项目描述】

通过任务的学习，使学生掌握单元机组典型事故的现象、原因及处理办法，针对汽轮机、锅炉常见事故，能够根据故障现象，查找出事故原因，并制定出相应的处理措施。

一、单元机组事故特点

单元机组由于汽轮机、锅炉、电气是一个整体，任何一个方面的故障都可能影响整个机组的安全运行，故要求汽轮机、锅炉、电气在操作和调整中协调配合。单元机组事故特点如下：

（1）单元机组一般为高参数大容量机组，运行中对管壁温度、运行参数有更加严格的限制要求。从设备故障率来看，因参数超限、管壁超温而造成的设备事故仍占很大的比例。

（2）大型机组结构复杂，发生事故可能造成设备损坏，检修费用高，周期长。

（3）单元机组内部故障，事故可以限制在本机范围内，一般不会影响其他机组。

（4）单元机组发生严重的机组损坏事故，检修难度大，技术要求高，即使经过长时间的检修，有时也难以恢复至原来的状态，从而影响机组正常使用和设备寿命。

（5）自动装置及保护装置系统设计不佳和使用不当，均会造成设备的停运，甚至还会造成设备损坏事故。

（6）单元机组对辅机及辅助设备的要求也增高，不论是辅机还是辅助设备损坏，都可能造成机组降出力运行或停运。

二、单元机组故障处理原则

大容量单元机组是电力系统的主力机组，它的安全稳定运行对电力系统至关重要。机组发生故障时的处理原则如下：

（1）发生事故时，运行值班员一定要沉着冷静，处理要正确果断，不能扩大事故范围。危机到人身安全的应尽快解除。大容量单元机组的设备比较昂贵，应防止主、辅设备的严重损坏。

（2）当机组发生事故时，根据事故现象及表计指示正确判断事故的性质和范围，并且及时联系其他专业，以便做好协调配合。

（3）汽轮机或发电机发生事故时，应尽可能维持锅炉运行，以降低启动费用，缩短恢复时间。

（4）保持厂用电系统的正常运行，待机组故障解除后，以便及时投入机组运行。

三、事故处理的组织和调度

单元机组结构复杂、参数多，当机组发生事故时（即使同一事故引发的原因也不完全相同），应根据各方面的因素综合分析运行工况的变化，及早发现事故前兆，并及时采取措施防止事故的发生和正确处理事故，不能只凭某一现象或某一表计判断事故的性质和范围，以致造成误判断，甚至扩大事故。

（1）发生事故时，要在值长的指挥下组织一切可以利用的力量和人员迅速进行事故处理。在事故处理中值班员对值长下达的命令存在异议可申明理由，在值长坚持并重复下达命令时除可能直接对人身、设备造成危害外，均应立即执行。

（2）发生事故时，运行人员应迅速查找事故首发原因，消除对人身和设备安全的威胁，同时努力保证非故障设备的正常运行。事故处理中应周全考虑好各步操作对相关系统的影响，防止事故扩大。紧急停机应尽量保证厂用电不失电。

（3）机组发生故障时，运行人员应按下列步骤进行事故处理：

1）根据设备参数变化、设备联动和报警提示判断故障发生的区域，迅速消除对人身和设备的威胁，必要时应立即解列发生故障的设备；迅速查清故障的性质、发生的地点和范围，然后进行处理和汇报；保持非故障设备的正常运行；事故处理的每一阶段都要迅速汇报值长，以便及时汇报省调，正确地采取对策，防止事故蔓延。

2）当判明是系统与其他设备故障时，则应采取措施，维持机组运行，以便尽快恢复机组的正常运行。

3）在进行事故处理时，各岗位应互通情况，在值长统一指挥下，密切配合，迅速按规程规定处理，防止事故扩大。

4）处理事故时应当准确、迅速，接到命令后应复诵一遍，命令执行后，应迅速向发令者汇报执行情况。

（4）当发生本规程未列举的事故及故障时，值班人员应根据自己的经验做出判断，主动采取对策，迅速进行处理。

（5）发生事故时值班员要立即汇报，如发生值班员操作和巡视职责范围内的设备事故，值班员来不及汇报，为防止事故扩大，可根据实际情况先进行处理，待事故处理告一段落再逐级向上汇报。

（6）事故处理中，达到紧急停炉、停机条件而保护未动作时，应立即手动停止机组运行；辅机达到紧急停运条件而保护未动作时，应立即停止该辅机运行。

（7）若出现机组突然跳闸情况，事故处理完后，事故原因已查清，应尽快恢复机组运行。

（8）在机组发生故障和处理事故时，运行人员不得擅自离开工作岗位。如果事故处理发生在交接班时间，应停止交接班，在事故处理完毕再进行交接班。在事故处理中接班人员要主动协助进行事故处理。

（9）事故处理过程中，禁止无关人员围聚在集控室或停留在故障发生地。

（10）事故处理完毕，值班人员应将事故发生时的现象和时间、汇报的内容、接受的命令及发令人、采取的操作及操作的结果详细进行记录。班后会组织全值人员进行事故分析，写出事故分析报告。

【教学目标】

一、知识目标

（1）熟悉电厂安全生产规程。

（2）掌握锅炉典型事故（水位事故、四管泄漏、锅炉灭火）现象、原因分析及处理方法。

（3）掌握典型事故处理（真空异常、水冲击）现象、原因及处理方法。

（4）掌握主要辅机典型事故处理（RB)，了解机组 RB 动作方式。

（5）了解厂用电中断、发电机－变压器组出口断路器跳闸等故障现象、原因及处理方法。

二、能力目标

能够根据事故现象，查找原因，制定相应处理措施。

【教学环境】

（1）能容纳一个教学班级的实训室。

（2）多媒体教学系统。

（3）火电机组仿真系统若干套，以保证能实施小组教学（每组 3 或 4 人）。

（4）主讲教师 1 名，教学做一体的实训指导教师 1 名。

任务 1　　锅炉常见故障诊断及处理

【教学目标】

一、知识目标

（1）熟悉电厂安全生产规程。

（2）掌握锅炉受热面泄漏事故现象、原因分析及处理方法。

（3）了解锅炉灭火原因分析及处理方法。

二、能力目标

能够根据锅炉典型事故现象，查找原因，制定相应处理措施。

【任务描述】

本节任务是在仿真机上设置锅炉典型故障，模拟实际机组的真实故障过程，使学生了解锅炉典型故障的现象、原因及处理方法，锻炼机组运行的反事故能力。

【任务准备】

一、任务导入

（1）单元机组锅炉典型故障有哪些？应掌握怎样的处理原则？

（2）锅炉四管泄漏指什么？就地检查有哪些异常现象？

（3）锅炉灭火的原因有哪些？怎样预防？

二、任务分析及要求

（1）能说明受热面发生泄漏时的现象特征，并能在仿真机上根据具体现象，正确判断泄漏点的位置，并给出故障处理方案。

（2）能说明锅炉灭火的诸多现象及原因。

（3）针对仿真机设置的典型故障，在告知故障原因的情况下，能够及时进行故障处理。

【相关知识】

火力发电厂事故有很大部分是因锅炉事故引起。统计表明，锅炉的事故约占机组非计划停运总小时数的 1/2。锅炉的事故以水冷壁管、过热器管、再热器管和省煤器管（俗称四管）泄漏为最多，约占非停运总小时数的 1/3；其次是炉膛灭火和结渣。造成锅炉事故的原因有很多，如设备设计、制造、安装和检测的质量不良，运行人员调整不当、对故障的判断和操作不正确等。因此，要想提高火力发电厂的可靠性和经济性，必须努力降低锅炉事故率。

一、受热面损坏

1. 过（再）热器管泄漏及防治

过热器和再热器通常都布置在锅炉烟气温度较高的区域。由于工质吸热量大，受热面多，部分受热面还布置在炉膛的上部，直接吸收火焰的辐射热量，其工作条件比较恶劣。特别是屏式过热器的外圈管，不但受到炉膛火焰的直接辐射，热负荷较高，而且由于屏管结构的差别，其受热面积大、流阻大、流量小，其工质焓增通常比平均值大 40%～50% 以上，很容易超温爆管。

再热器中因蒸汽压力较低（相对过热器），蒸汽对管壁的冷却能力较低，同时又因流动阻力的限制，一般不宜采用过多的蒸汽交叉和混合措施，因此，再热器的工作条件较过热器还要差。为了保证再热器工作的可靠性，通常采用大直径管将其布置在烟气温度较低的区域。

（1）过热器和再热器管泄漏的原因分析。过热器管和再热器管的损坏原因主要有高温腐蚀和超温破坏等。

过（再）热器管的高温腐蚀可分为蒸汽和烟气两侧的腐蚀。过（再）热器管在 400℃ 以上时，可产生蒸汽腐蚀。因为蒸汽腐蚀后产生的氢气，如果不能较快地被汽流带走，就会与钢材发生作用，使钢材表面脱碳并使之变脆，所以有时把蒸汽腐蚀称为氢腐蚀。烟气侧腐蚀主要是指管壁在烟气冲刷、飞灰磨损产生的物理腐蚀。

过热器管和再热器管在运行中的超温破坏常有发生，特别是过热器管的超温爆管尤其严重。过（再）热器爆管主要有两个方面的原因：一是过（再）热器管长期在高温下工作，由于高温蠕变使管壁变薄，当积累到一定的程度时即发生爆管；另一个原因是经常性的超温使管子蠕变过程加快而在短期内发生爆管。

过（再）热器超温的影响因素有热偏差、煤质变化、炉膛漏风增大、燃烧配风不当、过量空气系数过大、炉膛高度设计偏低等均引起炉膛火焰中心上移、运行时水冷壁管发生积灰或结焦而未清除、炉底密封被破坏、锅炉超负荷运行等引起的炉膛出口烟气温度升高，当过热器管内结垢、热阻增大也可引起管壁超温。

过（再）热器爆管除高温腐蚀和超温损坏以外，磨损也是原因之一。但因流经过（再）热器区域的烟气温度较高、灰分的硬度也较低，且过热器管的布置通常多是顺列布置，灰分对过热器管的磨损比省煤器要轻得多。

此外，造成过（再）热器爆管的原因还有制造缺陷，安装、检修质量差，主要表现在焊接质量差；过热器管材选择不合要求；低负荷时减温水过量造成水塞以致局部管子超温。

（2）过（再）热器管的损坏及防治。

1）过（再）热器管损坏的现象及处理。过（再）热器管爆管以后，在爆管区域有大量蒸汽喷出的声音，蒸汽流量不正常地小于给水量，机组补水量增加，引风机出力增加，烟道两侧有较大的烟气温度差，泄漏侧的烟气温度较低，蒸汽温度也有变化。

过（再）热器管爆破时，应及时停炉，否则破口喷出的蒸汽将临近的管子吹坏，延长检修时间。只有在漏点很小，不吹损其他管子时，才可以短时间的运行等到调度安排停机。

2）过（再）热器管的爆管防治。过（再）热器管的高温腐蚀主要与温度有关，温度越高，腐蚀越严重。另外，腐蚀程度与腐蚀剂的多少有关，腐蚀剂越多腐蚀越严重。通常，在燃料无法控制的情况下，只有控制管壁温度才是行之有效的办法，这样做虽然不能完全防治高温腐蚀，但可以减轻腐蚀程度，延长管子使用寿命。

过（再）热器管的超温爆管主要有三个方面，即烟气侧温度高、管内工质流速低、管材耐热度不够。为防止燃烧火焰中心上移引起过热器超温，除了锅炉设计应保证炉膛高度外，在运行中应注意燃烧器的配风、内外二次风的旋流强度；炉膛负压不能太大，减小炉膛漏风；注意调节蒸汽温度；同时，应注意及时清除受热面的积灰和结焦。还应注意不能使锅炉长期超负荷运行；控制好锅炉变负荷的速率等。

为了防止过热器的磨损爆管，过热器区域的烟速应选择适当，通常不应超过 14m/s。严格监视过热器制造、安装、检修质量，特别是把好焊接质量关。在运行中应密切监视过热器的运行情况，如果发现异常应及时调节和处理，保证过热器的正常运行。

2. 省煤器管的泄漏及防治

引起省煤器管泄漏的原因有给水品质不合格，水中含氧量多，造成管子内壁氧腐蚀损坏；给水温度和流量变化，引起管壁温度变化，造成管子热应力，如热应力过大会引起管子损坏；管子焊接质量不好，也会使管子损坏；但省煤器管飞灰磨损是损坏的主要原因，磨损使管壁减薄、强度下降而损坏等。

（1）省煤器损坏现象。省煤器爆管后的现象：汽包水位下降；给水流量不正常地大于蒸汽流量；省煤器区有异声；省煤器下部灰斗有湿灰或冒汽；省煤器后面两侧烟气温差增大，泄漏侧烟气温度明显偏低等。

省煤器损坏时，首先应尽量维持汽包水位，对于直流锅炉应加强监视水冷壁管出口不超温，若汽包水位不能维持或直流炉水冷壁管壁超温应立即停炉。

（2）省煤器的防治措施。

1）降低烟气流速。因为省煤器的磨损与烟气流速的三次方成正比，所以防磨的首要措施是控制烟气流速。推荐省煤器管束间最大允许烟气流速见表 7-1。为防止对流受热面堵灰，烟气流速在额定负荷时也不得小于 6m/s。

表 7-1　　　　　　　　　　　省煤器管束间最大允许烟气流速

燃煤折算灰分（%）	<5	6～7	9～10	30
允许最大烟速（m/s）	13	10	9	7

对于大型单元制机组，因过热热量和再热热量占锅炉总吸热量的比例相当大，通常留给省煤器的布置空间是有限的。为了保障省煤器的吸热量，提高锅炉效率，同时又能降低烟气流速，减少飞灰磨损，可采用肋片式、鳍片式或膜式省煤器，增加传热能力，在保证省煤器传热一定时，可增加省煤器的横向节距，减少管排，达到降低烟速的目的。同时，由于扩展

表面可避免烟气横向冲刷管束，并改变了飞灰的速度场、浓度场和粒径分布，所以大大地降低了省煤器的磨损速度。为避免局部烟速过高，应消除烟气走廊。

2）省煤器的直接防磨。省煤器的直接防磨保护措施通常有单根管上装置护瓦或钢条、弯头装护瓦、整组管子装置护帘等。

3）运行调节。省煤器磨损的运行防治主要方法如下：

a. 将锅炉燃煤尽量控制接近设计煤种，以免使飞灰浓度和烟气速度增加过多；

b. 控制锅炉出力，尽量避免超负荷运行；

c. 控制煤粉细度，避免飞灰颗粒增大、浓度增加、颗粒变硬；

d. 调整好燃烧，降低飞灰可燃物的大小及飞灰浓度；

e. 减少炉膛及烟道漏风。

锅炉漏风不但降低锅炉效率，而且使烟速提高，加剧磨损。可通过提高炉墙的施工、检修质量，加内护板和采用全焊气密性炉膛外，在运行中应控制炉膛负压不能过大，关好各处门、孔，防止冷风漏入。

3. 水冷壁管的爆漏及其防止

水冷壁管的爆破损坏也是锅炉常见事故之一，应引起注意与防范。

（1）水冷壁管爆管的主要原因。水冷壁爆破的主要原因有超温、腐蚀、磨损和膨胀不均匀产生拉裂等。

一般地，水冷壁管壁温度并不高，受热面是安全的。但是，如果燃烧调整不当，锅水品质不好，则可能发生管壁超温爆管。当炉膛燃烧发生在水冷壁附近或贴墙燃烧时，该区域的热负荷将很高，它不但会引起水冷壁结渣，而且由于区域水冷壁汽化中心密集，可能在管壁上形成连续的汽膜，产生膜态沸腾。即产生第一类传热恶化现象。当出现第一类传热恶化现象时，管壁温度突然升高，会导致超温爆管。

水冷壁的腐蚀分为管内垢下腐蚀和管外高温腐蚀。在正常的情况下，水冷壁管内壁覆盖着一层 Fe_3O_4 保护膜，使其免遭腐蚀。如果水 pH 值超标，就会使保护膜遭到破坏。研究表明，当 pH 值为 9～10 时，保护膜最稳定，管内腐蚀最小；当 pH 值过高时，易发生碱性腐蚀；当 pH 值过低时，又会发生酸性腐蚀。

管外高温腐蚀主要是由于炉膛局部热负荷过高，管壁温度过高造成的。

水冷壁管易受磨损的部位主要是一次风喷口周围，吹灰器的冲刷也可能造成水冷壁爆管。在一次风粉混合物中，每千克空气中含有 0.2～0.8kg 的煤粉，当一次风喷入炉膛时，当燃烧器安装角度不对，燃烧器喷口结渣、烧坏或变形时，都会使煤粉气流冲刷水冷壁，使其磨损减薄导致损坏。另外，如果吹灰前吹灰器未疏水，在吹灰时凝结水就要冲刷到水冷壁上，使其冷却龟裂，产生环状裂纹而损坏。如进汽压力调节失控超过设计值，也会导致水冷壁磨损而爆管。

造成水冷壁损坏的原因还包括冷炉进水时，水温、水质和进水速度不合规定；锅炉启动时升压、升负荷速度过快；停炉冷却过快，放水过早等，都会使水冷壁管产生过大的热应力，致使爆管。此外，水冷壁管因受热不均，膨胀受阻也会拉裂爆管。被拉裂的部位通常以燃烧器附近居多。例如，燃烧器大滑板与水冷壁在运行中膨胀不一致，经多次启停的交变应力作用后，就会从焊点处拉裂水冷壁致使爆管。

水冷壁选材不当，焊接质量不符合要求，弯管质量不高，使管壁变薄等，也都有可能使水冷壁发生爆管。

（2）水冷壁爆破处理及防治。水冷壁爆破以后，会有如下现象：汽包水位下降；蒸汽压力和给水压力均下降；炉内有爆破声；炉膛呈正压，有烟气从炉膛喷出；炉内燃烧火焰不稳或灭火；给水流量不正常地大于蒸汽流量；锅炉排烟温度降低等。

当水冷壁爆管不甚严重，不至于在短期内扩大事故，且在适当加强给水后仍能维持汽包正常水位时，可采取暂时减负荷运行，待备用炉投产后再停炉。但在这段时间内，应加强监视，密切注意事故的发展情况。如果爆管严重、无法保持锅炉给水流量或燃烧工况很不稳定、事故扩大很快，则应立即停炉。此时，锅炉引风机应继续运行，抽出炉内蒸汽。

为提高水冷壁管的运行安全性和可靠性，应根据其爆管的原因，采用不同的防治方法。

1）超温爆管的防治。对于亚临界锅炉，设计时应控制循环倍率 K 不能太小。为防止传热恶化，首先应降低受热面的热负荷。在运行中应调整好火焰燃烧中心的位置，不能出现贴墙燃烧。设计时可采取减小水冷壁管径、增加下降管截面积等，提高水冷壁管内工质的质量流量；也可在蒸发受热面管内加装扰流子，采用来复线管或内螺纹管等，使流体在管内产生旋转和扰动边界层。

为防止出现循环故障带来的超温爆管，除要求燃烧稳定、炉内空气动力场良好、炉内热负荷均匀外，还应避免锅炉经常在低负荷下运行，而且设计时水冷壁管组的并列管根数不能太多，管子组合也应合理。例如，将炉膛角部受热较弱的管子、炉膛中心受热较强的管子分别布置成独立的回路。

2）腐蚀防治。为防止水冷壁管垢下腐蚀，应加强化学监督，提高给水品质，保证锅水品质，尽量减少给水中的杂质和锅水中的 $NaOH$ 的含量，防止凝汽器泄漏，保证锅炉连续排污和定期排污的正常运行。对水冷壁管应定期进行割管检查，并根据情况进行化学清洗和冲洗等。

为防止水冷壁的管外腐蚀，应改善燃烧，煤粉不能过粗，避免火焰直接冲刷墙壁，过量空气系数不宜过小，以改变结积物条件。控制管壁温度，防止炉膛局部热负荷过高，以防水冷壁温度过高，加剧腐蚀。保持炉膛贴墙为氧化性气氛，冲淡 SO_2 的浓度，以降低腐蚀速度。也可以在水冷壁管表面采用渗铝技术，提高其抗腐蚀性能。

3）磨损爆管防治。防止水冷壁管的磨损主要是燃烧器设计与安装角度应正确；应组织好炉内空气动力场。要求配风均匀，注意运行调整。运行时如燃烧器喷口或附近结渣应及时清除；如燃烧器烧坏或变形，应及时进行修复和更换。吹灰器在吹灰前应先疏水，吹灰蒸汽的压力应控制在设计的范围内。

4）其他防治。为了防止锅炉启动、停止运行时损坏水冷壁管，在锅炉点火、停炉时，应严格按规程规定进行。为了保证受热面的升温自由膨胀，在安装和检修时，在水冷壁管自由膨胀的下端应留有足够的自由空间，并采取措施防止异物进入，以免管子膨胀受到顶或卡而使其破坏。

应注意加强金属监督工作，防止错用或选用不合格的管材。在制造和安装、检修时应严把质量关，尤其应保证焊接质量符合要求，确保水冷壁管运行的安全。

二、锅炉灭火与烟道再燃烧

锅炉的灭火、放炮和烟道再燃烧是锅炉常见的燃烧事故，若处理不当，将会造成锅炉设备的严重损坏和人身伤害，危害极大。

1. 炉膛的灭火放炮

当炉膛内的放热小于散热时，炉膛的燃烧将要向减弱的方向发展，如果此差值很大，炉膛内燃烧反应就会急剧下降，当达到最低极限时就会出现灭火。300MW 机组的锅炉均为平衡通风，在正常工作时，引风机与送风机协调工作维持炉内压力略低于大气压，一旦锅炉突然灭火，炉内烟气的平均温度在 2s 内从 1200℃ 以上降到 400℃ 以下，将造成炉内压力急剧下降，使炉墙受到由外向内的挤压而损伤，这种现象称为内爆。如果燃料在炉内大量积聚，经加热点燃后出现同时燃烧，炉内烟气温度瞬时升高，引起炉内压力急剧增高，使炉墙受到由内向外的推力损伤，这种现象称为爆炸或外爆，俗称放炮和打炮。锅炉发生灭火放炮时，对炉膛产生的危害性最大，可造成整个炉膛倾斜扭曲，炉墙拉裂，轻者也会减少炉膛寿命；其次对结构较弱的烟道也可能造成损坏。一般来说，锅炉容量越大，事故造成的危害也越大。

锅炉的灭火和放炮是两种截然不同的燃烧现象。炉膛发生灭火时，只要处理恰当，一般不会发生放炮。但是，如果炉膛发生灭火时，燃料供应切断延迟 10s 以上，或者切断不严仍有燃料漏入炉膛，或者多次点火失败，使得炉内存积大量燃料，而在点火前又未将积存燃料吹扫干净，此时炉内出现火源或重新点火，就可能发生锅炉放炮事故。如某厂 300MW 汽包炉在运行中因燃煤灰分过高（达 56%）而使炉膛局部灭火，炉膛负压达 −1.0kPa，此时值班员以层启方式投入四支油枪造成局部放炮，使左侧墙水平刚性梁变形、水冷壁裂开近 2m 长的破口。

（1）灭火原因与预防措施。

1）燃煤质量太差或煤种突变。燃煤水分和杂质过多，易出现堵煤，造成燃料供应不足或中断，引起灭火。煤种突变，如挥发分减少，水分和灰分增多，则燃料着火热增加，着火延迟或困难，如跟不上火焰扩散速度就发生灭火。煤粉过粗，着火困难，也可能引起灭火。因此，在燃烧劣质煤时必须采用相应的措施，如提高煤粉干燥程度和细度，定期将燃煤工业分析的结果及时通知运行人员，以便及时做好燃烧调节工作等。

2）炉膛温度低。炉膛温度低，容易造成燃烧不稳或灭火。燃用多灰分、高水分的煤，送入炉内的过量空气过大或炉膛漏风增大等都不利于燃烧，并且会导致散热增加，使炉温下降。低负荷运行时，炉膛热强度降低，炉温降低，而且炉内温度场不均匀性增加，因此，低负荷时，燃烧不稳定。开启放灰门或其他门孔时间过长使漏风增大，都会引起炉温降低。这些情况均可造成炉膛灭火。

要提高炉膛温度，首先要保证着火迅速，燃烧稳定。为此，在运行中应关闭炉膛周围所有的门孔，在除灰和打渣时速度应快，时间不能过长，以减少漏风。在吹灰打渣时，可适当减少送风量，若发现燃烧不稳定，应暂时停止吹灰和打渣。锅炉运行时，炉膛负压不能太大，避免增大漏风。保证检修质量，维持炉子的密封性能。锅炉低负荷火焰不稳定时，可投入油喷嘴运行以稳定火焰。如果锅炉正常运行时炉温过低，可适当增设卫燃带，减少散热，以提高炉膛温度。

3）燃烧调整不当。一次风速过高可导致燃烧器根部脱火，一次风速过低可导致风道堵塞，这两种情况都会造成灭火。一次风率的大小、过量空气的多少，也会影响到燃烧火焰的稳定性。同时，二次风和分级风的多少、旋流强度的大小都会影响到火焰的稳定。因此，应根据煤种和运行负荷的情况，正确调整好燃烧工况，防止灭火。

4）机械设备故障。由于锅炉的自动控制联锁保护系统作用，当引风机、送风机、排粉风机、制粉系统发生故障时或电源中断，制粉系统中的给煤机、磨煤机、粗粉分离器等设备发生故障时，都会造成燃料供应中断，引起锅炉灭火。

5）其他原因。水冷壁发生严重泄漏，大量汽水喷出，可能将炉膛火焰扑灭；炉膛上部巨大的结渣落下，也可能将炉膛火焰压灭。因此，应及时打渣和预防结渣，防止大渣块的形成。

（2）灭火现象及处理。

1）灭火现象。炉膛灭火时有以下现象可供判断：炉膛负压突然增大许多，一、二次风压减小；炉膛火焰发黑；发出灭火信号、灭火保护动作；蒸汽压力、蒸汽温度下降。若为机械事故或电源中断引起灭火时，还将出现事故鸣叫、故障信号灯闪亮等。

2）灭火处理。炉膛灭火以后，应立即切断所有的炉内燃料供应，停制粉系统，并进行通风吹扫，清扫炉内积粉，严禁"增加燃料供给挽救灭火"的错误处理，以免招致事态扩大，引起锅炉放炮。将给水自动切为手动，切断减温水，控制汽包水位在较低值，以免重新点火后，水位过高超限。将送风机、引风机减至最低值。可适当加大炉膛负压。查明灭火原因并予以消除，然后投入油嘴点火，着火后逐渐带负荷至满负荷。若查明灭火原因不能短时消除或锅炉损坏需要停炉检修，则应按停炉程序停炉；若某一机械电源中断，其联锁系统将自动使响应的机械跳闸，此时应将机械开关拉回停止位置，对中断电源机械重新合闸，然后逐步启动相应机械恢复运行，如重新合闸无效，应查找原因并修复。

如果出现锅炉放炮，应立即停止向锅炉供应燃料和空气，并停止引风机，关闭挡板和所有爆炸打开的锅炉门、孔，修复防爆门。经仔细检查，烟道内确无火苗时，可小心启动引风机并打开挡板，通风5～10min后，重新点火恢复运行。如烟道有火苗，应先灭火，后通风、升火。如放炮造成管子弯曲、泄漏、炉墙裂缝、横梁弯曲等，应停炉检修。

2. 烟道再燃烧

（1）烟道再燃烧的原因及其预防措施。烟道再燃烧是烟道内积存了大量的燃料，经氧化升温，最后在烟道内发生二次燃烧。造成烟道内积存大量燃料的原因如下：

1）燃烧工况失调。煤粉过粗、煤粉自流、给粉不均、炉底漏风较大等，都会造成煤粉未燃尽而带入烟道积存。燃油中水分过多、杂质多，来油不均或油温低、油嘴堵塞或油质量不好，造成油雾化质量不高以及缺氧燃烧形成裂解等，都将造成燃油燃烧不稳，使油滴或炭黑进入烟道积存。

为避免上述原因造成的烟道燃料积存，运行时应按燃料的性质控制各项运行指标，严密监视燃烧工况，及时调整燃烧，对不合格的或损坏的燃烧设备，必须及时进行修理和更换。

2）低负荷运行。锅炉处于低负荷下长期运行时，由于炉膛温度低，燃烧反应慢，使机械未完全燃烧值增大；同时，低负荷运行时，烟气流量小、流速慢，烟气中的未完全燃烧颗粒也容易离析，沉积在对流烟道中，以致形成烟道再燃烧。如某600MW锅炉在调试期间因长达10天的维持50%以下负荷运行，因采用的等离子体点火装置，煤粉不能完全燃烧，积存在空气预热器内形成再燃烧，致使空气预热器全部波纹板更换。

3）锅炉启动和停炉频繁。锅炉启动和停炉频繁，容易引起烟道再燃烧。因为在锅炉启停时，炉膛温度低，燃烧不易稳定，炉内温度不均匀，所以燃料不容易燃尽。加之此时烟气流速低，过量氧量多，容易出现烟道的燃料积存和再燃烧。因此，应在锅炉启停时仔细进行监测和调整燃烧，尽量维持燃烧稳定。对经常启停的锅炉，要注意保温。

4）油煤混烧。在锅炉启停或低负荷运行时，可能形成油煤混烧。油煤混烧时，将会出现油与煤的"抢风"现象，特别是一次风管内设置油枪的油煤混燃，这种抢风的现象尤为突出；同时，在油煤混烧时，油、粉可能相互黏粘，并且两种燃料射流又相互影响。因此，炉内正常动力工况和燃烧工况受到干扰，由此造成燃烧恶化，又由于这种混烧是在炉温较低时进行，所以燃料均不易燃尽，当它们进入烟道时，油腻和未燃尽的煤粉同时附着在受热面上，沉积更容易，所以容易形成二次燃烧。

因此，锅炉运行时应尽量避免油煤混烧。如果为稳定燃烧需要投油时，应尽量避免一次风管的油枪投入。注意燃烧调整，确保油嘴雾化良好，加强监视，发现异常现象应及时改变燃烧方式。

（2）烟道再燃烧的现象及处理。

1）烟道再燃烧的表现。烟道发生再燃烧时，将有如下现象：烟道内温度和锅炉排烟温度急剧升高，烟道负压和炉膛负压波动或成正压，严重时烟道防爆门动作，烟气阻力增加；从烟道门、孔或引风机不严密处冒烟气或火星，引风机外壳烫手，轴承温度升高；烟囱冒黑烟；再热器出口蒸汽温度、省煤器出口水温、空气预热器出口热风温度升高；二氧化碳和氧量表指示不正常。

2）烟道再燃烧的处理。如果蒸汽温度和烟气温度升高，而蒸汽压力和蒸发量又有所下降时，应检查燃烧情况，观察燃烧器喷口燃烧是否正常，一、二次风配合比例是否恰当，油雾化是否良好。

如果烟气温度急剧升高，各种表象已能判断确为烟道某处发生再燃烧时，应立即停炉。同时应停止引风机、送风机运行，停止向炉内提供燃料。严密关闭烟道挡板及其周围的门、孔。打开旁路系统事故喷水以保护过热器和再热器。

向烟道通入蒸汽进行灭火，在确认烟道再燃烧完全扑灭后，可启动引风机，开启挡板，抽出烟道中的蒸汽和烟气。待锅炉完全冷却后，应对烟道内所有的受热面进行一次全面检查，清除隐患。

锅炉运行中及时吹灰，可以将少量沉积燃料吹走，减少烟道再燃烧的机会。

【任务实施】

在火电机组仿真机上设置锅炉典型故障，模拟实际机组的真实故障过程，学生以小组为单位，根据故障的现象查找事故原因，并提出相应的处理方案，锻炼机组运行的反事故能力。

一、实训准备

1. 实训条件

（1）恢复单元机组仿真机初始条件为"机组 100％负荷运行"，熟悉机组运行状态和控制方式，记录机组主要运行参数。

（2）查阅《仿真机组的运行规程》，以运行小组为单位熟悉锅炉典型故障类型及处理措施。

（3）熟悉单元机组仿真机 DCS 站、DEH 站和就地站的操作和控制方法。

2. 职责权限

(1) 组长对操作过程进行安全监护，组织本小组成员对机组发生的故障进行分析，并写出事故发生的过程、处理等分析报告。

(2) 发生事故时，主值应在单元长或值长（组长担任）的监护下，负责指挥运行人员完成事故处理，尽快消除故障。

(3) 副值配合主值分析、处理机组运行中存在的隐患、异常等不安全因素，调整参数和运行方式；协助主值完成事故处理；并做好记录，确保记录真实、准确、工整。

二、锅炉典型事故处理仿真实训

1. 甲侧高温再热器泄漏

(1) 故障前机组运行方式：亚临界压力机组满负荷（300MW）运行，汽轮机、锅炉处于 CCS 协调控制。

(2) 事故现象：甲侧高温再热器出口烟气温度下降，压力异常。甲侧再热蒸汽压力、温度异常，引风机调节动叶开大、电流增加，炉膛负压变小或变正，

(3) 故障处理：操作步骤见表 7-2。

表 7-2　　　　　　　　　　　再热器泄漏故障处理

序号	操作步骤
1	及时判断出甲侧高温再热器泄漏
2	立即汇报，迅速联系其他专业
3	请求停炉，注意泄漏情况的变化，做好停炉事故预想（根据情况自行确定负荷，维持运行）
4	降低制粉系统负荷，保持粉仓低粉位运行
5	稳定降低锅炉负荷，适当降低主蒸汽压力
6	适当降低汽轮机负荷并稳定。最终负荷稳定在 220~240MW
7	调整减温水和喷燃器摆角，维持过热蒸汽温度的正常与稳定
8	调整两侧喷水调节和烟气挡板调节，维持再热蒸汽温度的正常与稳定
9	调整风量，维持炉膛压力在（-100±50）Pa 正常范围
10	维持好氧量
11	全程维持凝汽器水位的稳定与正常
12	全程维持除氧器水位的稳定与正常
13	全程维持汽包水位的正常与稳定
14	汇报，事故处理情况

2. 风烟系统引风机跳闸

(1) 故障前机组运行方式：超临界压力机组满负荷（600MW）运行，汽轮机、锅炉处于 CCS 协调控制。

(2) 事故现象：送风机、引风机跳闸，引风机 RB；炉膛负压波动，氧量变化大；主蒸汽压力、负荷、主/再热蒸汽温度下降。

(3) 故障处理：操作步骤见表 7-3。

表 7 - 3　　　　　　　　　　　　　　　　引风机跳闸故障处理

序号	操作步骤
1	确认甲引风机电动机跳闸，确认甲侧送风机联锁跳闸，出入口挡板联锁关正常
2	检查确认送风机出口联络风挡板自动打开，若自动没开手动打开
3	立即汇报，迅速联系其他专业
4	迅速减负荷减少燃料量，确认实现引风机 RB，保持 3 台磨煤机运行，机组减负荷至 50%左右。减负荷过程中，及时调整燃烧率，稳定燃烧，必要时投入油枪助燃
5	磨煤机紧急停止后，确认有关风门、挡板动作正常，否则手动关闭，并通入消防蒸汽
6	机组减负荷至 50%左右
7	锅炉调整燃烧，配合汽轮机降负荷，维持主蒸汽压力在 12MPa 左右
8	维持过热蒸汽温度正常
9	维持再热蒸汽温度正常
10	调整给水，控制汽包水位在正常范围
11	维持炉膛负压正常
12	维持氧量正常（4%以上）
13	汇报裁判长，事故处理完毕

3. 甲侧尾部烟道二次燃烧

（1）故障前机组运行方式：亚临界压力机组满负荷（300MW）运行，汽轮机、锅炉处于 CCS 协调控制。

（2）事故现象：甲侧排烟温度高声光报警，甲侧空气预热器主电动机电流摆动并增大，烟气温度、热风温度急剧升高，烟道内负压波动并变小，烟气含氧量降低。

（3）故障处理：操作步骤见表 7 - 4。

表 7 - 4　　　　　　　　　　　　　　　尾部烟道二次燃烧故障处理

序号	操作步骤
1	根据运行参数，判断甲侧尾部烟道再燃烧
2	立即汇报，迅速联系其他专业
3	根据燃烧情况变化，请求停炉
4	调整燃烧方式，降低火焰中心高度，适当降低负荷
5	风煤匹配好，维持好氧量
6	调整风量，维持炉膛压力在（−100±50）Pa 正常范围
7	维持过热蒸汽温度的正常
8	维持再热蒸汽温度的正常
9	如果排烟温度仍继续不正常的升高到 250℃，没有降低趋势，应手动 MFT
10	维持汽包水位的正常

续表

序号	操作步骤
11	汽轮机打闸，确认各汽门全关，疏水全开，辅汽倒至临机；解除调速油泵联锁，开启汽轮机交流润滑油泵；监视凝汽器真空正常，厂用电切至启动备用变压器运行
12	MFT 后停引风机、送风机，关闭所有风烟挡板，维持空气预热器运行
13	投入蒸汽吹灰器进行灭火，准备恢复
14	要及时消除声光报警，确认后复位光字牌报警
15	汇报，事故处理完毕

三、实训报告要求

（1）填写"锅炉故障诊断与处理"项目任务书。

（2）记录锅炉典型故障现象、处理步骤及处理结果。

（3）记录锅炉故障处理所遇到的问题、解决方法和体会。

复习思考

（1）锅炉常见故障有哪些？怎样处理？

（2）锅炉发生故障时处理需要遵循什么原则？

（3）锅炉有哪些保护？作用是什么？

任务 2 汽轮机常见故障诊断及处理

【教学目标】

一、知识目标

（1）掌握汽轮机真空异常事故现象、原因分析及处理方法。

（2）了解汽轮机水冲击事故现象、原因分析及处理方法。

（3）了解汽轮机油系统事故现象、原因分析及处理方法。

（4）了解机组 RB 动作方式。

（5）熟悉汽轮机停机条件。

二、能力目标

（1）针对汽轮机典型事故，能够根据事故现象，查找原因，制定相应处理措施。

（2）RB 动作后的运行调整。

【任务描述】

本节任务是在仿真机上设置汽轮机典型故障，模拟实际机组的真实故障过程，使学生了解汽轮机常见故障的现象、如何诊断以及如何去快速的处理，从而提高故障诊断与处理能力。

⏰【任务准备】

一、任务导入

（1）发生什么情况汽轮机需要实施故障停机？遇到什么情况下，停机时需要破坏真空？

（2）汽轮机真空下降的原因有哪些？怎样处理？

（3）汽轮机发生水冲击的原因有哪些？怎样预防？

二、任务分析及要求

（1）能说出机组的汽轮机停机条件。

（2）能够在仿真机上根据汽轮机真空下降的现象，查找原因，正确判断，并给出相应的处理方案。

（3）能说明机组运行中汽轮机防进水的对策。

🔍【相关知识】

一、汽轮机故障停机条件

汽轮机遇到下列情况之一时，应进行故障停机：

（1）主蒸汽、再热蒸汽温度超过规定值，而在规定时间内不能恢复正常；主蒸汽、再热蒸汽温度在 10min 内急剧下降 50℃。

（2）主蒸汽、高压给水管道或其他汽、水、油管道破裂，无法维持机组正常运行时。

（3）高中压缸差胀超限达保护动作值而保护不动作。

（4）低压缸 A 或 B 排汽温度大于 80℃，经处理无效，继续上升至 120℃时。

（5）两台 EHG 油泵运行，但 EHG 油压仍低于 8.9MPa，经处理后仍不能恢复正常。

（6）发电机定子冷却水导电度达 9.5μS/cm 或定子冷却水中断而保护不动作，或发电机定子绕组漏水，无法处理。

（7）汽轮机主油泵工作严重失常。

（8）真空缓慢下降，虽减负荷至 0，但仍不能维持。

（9）发电机氢气或密封油系统发生泄漏，无法维持机组正常运行时。

（10）DEH、TSI 系统故障，致使一些重要参数无法监控，不能维持机组运行时。

二、破坏真空紧急停机条件

汽轮机遇下列情况之一时，应破坏真空紧急停机：

（1）轴承或端部轴封摩擦冒火时。

（2）汽轮机发生水冲击。

（3）汽轮机转速超过危急保安器动作转速而危急保安器拒动。

（4）轴向位移超过保护动作值而保护未动。

（5）机组突然发生剧烈振动达保护动作值而保护未动作或机组内部有明显的金属撞击声。

（6）汽轮机任一轴承断油或推力轴承金属温度达 107℃、支持轴承金属温度达 113℃。

（7）轴承润滑油压下降至 0.059MPa，而保护不动作。

（8）主油箱油位急剧下降至低油位线以下。

（9）密封油系统油氢差压失去，发电机密封瓦处大量漏氢。

（10）凝汽器压力急剧上升至 26.7kPa，而保护不动作。

（11）机组周围或油系统着火，已严重威胁人身或设备安全。

（12）厂用电全部失去。

（13）发电机氢气冷却系统发生火灾。

三、辅机故障减负荷

辅机故障减负荷（run back，RB）是指单元机组在运行中发生重要辅机（包括锅炉给水泵、送风机、引风机等）故障，不能继续维持原有负荷，需要自动快速减负荷，稳定在某一新的负荷水平上的一种保护措施。对于不同的辅机故障，机组甩负荷的目标值和甩负荷的速率是不同的，RB 保护主要有 50%RB 和 75%RB。

当机组实际负荷高于 RB 动作负荷时，发生 RB 动作条件时，机组才会动作 RB。机组 RB 发生后，机组负荷指令切至相应的负荷目标值，锅炉燃烧系统按设定的 RB 逻辑自上至下切除相应的燃烧器，并投入相应的油枪以稳定燃烧。由于产生 RB 动作的故障辅机主要是锅炉的设备，机组发生 RB 动作时，机组的控制方式自动由"协调方式"切至"机跟炉方式"，此时，机组负荷受到锅炉出力的限制，汽轮机承担调节汽压的作用。另外，RB 动作后，运行人员应加强燃烧、给水等监视和调整，必要时可将控制方式切为手动，调整机组的运行工况，使其稳定在新的负荷点上。同时，应查明 RB 动作的原因，待故障消除后，及时恢复机组正常运行。

四、汽轮机大轴弯曲事故的分析与对策

汽轮机大轴弯曲事故，多数发生在高压大容量的汽轮机中，是汽轮发电机组恶性事故中最为突出的一种。

大轴弯曲通常分为热弹性弯曲和永久性弯曲。热弹性弯曲即热弯曲，是指转子内部温度不均匀，转子受热后膨胀不均或受阻而造成转子的弯曲。这时转子所受应力未超过材料在该温度下的屈服极限。因此，通过延长盘车时间，当转子内部温度均匀后，这种弯曲会自行消失。永久弯曲则不同，转子局部地区受到急剧加热（或冷却），该区域与临近部位产生很大的温差，而受热部位热膨胀受到约束，产生很大的热应力，其应力值超过转子材料在该温度下的屈服极限，使转子局部产生压缩塑性变形。当转子温度均匀后，该部位将有残余拉应力，塑性变形并不消失，造成转子的永久弯曲。

1. 汽轮机大轴弯曲的分析

汽轮发电机组在启动、停止和运行中造成大轴弯曲的原因主要有以下几种情况：

（1）机组强行启动引起强烈振动，使得动静间隙消失，引起大轴与静止部分发生摩擦，从而使摩擦部分的转子局部过热。启动前，由于上、下汽缸温差过大，大轴存在暂时热弯曲。由于转子的局部过热，使过热部分的金属膨胀受到周围材质的约束，从而产生压缩应力。如果这种压缩应力超过了材料的屈服极限，就将产生塑性变形。在转子冷却以后，摩擦的局部材质纤维组织变短，故又受到残余拉应力的作用，从而造成大轴弯曲变形。当转速低于第一临界转速时，因为大轴的弯曲方向和转子不平衡离心力的方向基本一致，所以往往产生越磨越弯、越弯越磨的恶性循环，以致使大轴产生永久弯曲。当转子转速大于第一临界转速时，大轴的弯曲方向和转子的离心力方向趋于相反，有使摩擦面自动脱离接触的趋向，因此高速时，引起大轴弯曲的危害性比低速时要小得多。大轴永久弯曲后往往可以发现事故过程中，转子热弯曲的高位恰好是永久弯曲后的低位，其间有 180℃ 的相位差，这也说明了因

热弯曲摩擦而发热的部位，恰好是受周围温度低的金属挤压产生塑性变形的部位。

（2）机械应力过大。转子的原材料存在过大的内应力或转子自身不平衡，引起同步振动。套装转子在装配时偏斜也会造成大轴弯曲。

（3）停机盘车投入后跳闸而发现不及时，从而造成大轴弯曲。

（4）汽缸进水。在汽缸温度较高时，操作不当使冷水进入汽缸会造成大轴弯曲。因为高温状态的转子，下侧接触到冷水时，会产生局部骤然冷却，这时转子将出现很大的上、下温差，产生热变形。汽缸和转子的热变形将很快使盘车中断，转子被冷却的局部在材料收缩时因受到周围温度较高的材质的约束从而产生很大的拉应力，如果这种拉应力超过了材料的屈服极限，就会产生塑性变形，即大轴形成永久弯曲。

（5）轴封供汽操作不当。当汽轮机热态启动使用高温轴封蒸汽时，轴封蒸汽系统必须充分暖管，否则疏水将被带入轴封内，致使轴封体不对称地冷却，大轴产生热弯曲。

2. 防止大轴弯曲的技术对策

（1）冲转前进行充分盘车，一般不少于2～4h（热态启动取最大值），停机若盘车中断时间长，则应采取手动连续盘车。

（2）热态启动时，当轴封需要使用高温汽源时，应注意与金属温度相匹配，轴封管路经充分疏水后方可投入。

（3）汽轮机冲转前的各种参数必须符合有关规程的规定，否则禁止启动。

（4）启动升速中应有专人监视轴承振动，如果发现异常，应查明原因并进行处理。中速以前，轴承振动超过允许值时应打闸停机。过临界转速时振动超过 0.10mm 应打闸停机。严禁硬闯临界转速开机。

（5）机组启动中，因振动异常而停机后，必须经过全面检查，并确认机组已符合启动条件，仍要连续盘车 4h，才能再次启动。

（6）启动过程中疏水系统投入时，应注意保持凝汽器水位低于疏水扩容器标高。

（7）当主蒸汽温度较低时，调节汽门的大幅度摆动，有可能引起汽轮机发生水冲击。

（8）机组在启动、停止和变工况运行时，应按规定的曲线控制参数变化。当蒸汽温度下降过快时，应立即打闸停机。

（9）机组在运行中，轴承振动超标应及时处理。

（10）停机后应立即投入盘车。当盘车电流较正常值大、摆动或有异音时，应及时分析、处理。当轴封摩擦严重时，应先改为手动的方式盘车 180℃，待摩擦基本消失后投入连续盘车。当盘车盘不动时，禁止强行盘车。

（11）停机后应认真检查、监视凝汽器、除氧器和加热器的水位，防止冷汽、冷水进入汽轮机，造成转子弯曲。

（12）汽轮机在热状态下，如主蒸汽系统截止阀不严，则锅炉不宜进行水压试验。如确需进行，应采取有效措施，防止水漏入汽轮机。

（13）热态启动前应检查停机记录，并与正常停机曲线进行比较，发现异常情况应及时处理。

（14）热态启动时应先投轴封后抽真空，高压轴封使用的高温汽源应与金属温度相匹配，轴封汽管道应充分暖管、疏水，防止水或冷汽从轴封进入汽轮机。

五、汽轮机进水、进冷汽事故现象、原因、处理及对策

1. 现象

（1）汽轮机振动逐渐加剧或增大。

（2）新蒸汽温度急剧降低。

（3）转子轴向位移增大，推力瓦轴承合金温度和推力轴承温度升高。

（4）轴封、汽缸、流量孔板、主汽门和调节汽门的门杆、阀门盖、法兰结合面等处冒出大量白汽和水点。

（5）汽轮机内部发生金属噪声或抽汽管道发生水冲击声。

（6）汽轮机负荷骤然下降。

2. 原因

汽轮机在运行中发生水冲击或进低温蒸汽事故的原因是比较多的，应针对不同情况具体进行分析。归纳起来主要有以下几个方面：

（1）来自主蒸汽系统。汽轮机在启动过程中，没有进行充分暖管，疏水不能畅通排出或在滑参数停机时由于控制不当，降温、降压速度不相适应，使蒸汽的过热度降低，甚至接近或达到饱和温度等，都会导致蒸汽管道内集结凝结水而进入汽轮机内。由于误操作或自动调整装置失灵，锅炉蒸汽温度或汽包水位失去控制，有可能使水或冷蒸汽从锅炉经主蒸汽管道进入汽轮机。

（2）来自再热蒸汽系统。对于中间再热机组，由于误操作或阀门不严，减温水积存在再热蒸汽冷段管内或倒流入高压缸中。

（3）来自抽汽系统。水或冷蒸汽从抽汽管道进入汽轮机，多数是因除氧器满水、加热器管子泄漏及加热器系统事故引起。尤其是当高压加热器水管破裂、保护装置失灵时，使水经抽汽管道返回汽轮机内造成水冲击。

（4）来自轴封系统。在正常运行中，轴封供汽来自减温装置或除氧器，当减温控制不良，除氧器满水时，轴封加热器满水有可能使水倒入轴封。汽轮机启动时，如果轴封系统暖管不充分或当切换备用汽源时，轴封也有进水的可能。

3. 处理

（1）当确认汽轮机已发生了水冲击或蒸汽温度直线大幅度下降，必须立即紧急停机。

（2）水冲击、低蒸汽温度事故处理方法是开启汽轮机本体及蒸汽管、抽汽管的所有疏水门，进行充分的疏水；汽轮机在惰走过程中必须仔细倾听汽轮机内部声音；正确记录惰走时间，分析惰走时间是否有变化；密切注意轴向位移、胀差，汽缸上、下及内、外温度、温差；推力瓦轴承金属温度和推力轴承排油温度、轴向位移等变化情况。

（3）若水冲击是因为加热器满水，应迅速关闭加热器进汽门；若水冲击是因为除氧器满水，应进行紧急放水，维持正常水位；若水冲击是因为再热器喷水倒入汽轮机，迅速要求锅炉关闭事故喷水，必要时可以停给水泵，切断水源。根据事故过程中仪表分析结果，确定是否要检查推力轴承或揭缸检查汽轮机内部。

（4）汽轮机因发生水冲击事故停机后重新启动时，除了应符合启动条件外，还应特别注意加强疏水、测量大轴弯曲值的变化、仔细倾听汽轮机内部声音；在提升汽轮机转速过程中注意机组振动及缸温的变化，加强暖机；带负荷时，必须密切注意轴向位移、胀差、推力瓦轴承金属温度和推力轴承温度；再发现异常情况，应立即停机进行检查。

4. 对策

在机组启动、停止及正常运行操作控制方面应采取以下措施：

（1）在汽轮机滑参数启动、停止过程中，蒸汽温度、蒸汽压力的控制都要严格遵循规程规定，并保持必要的过热度。

（2）在锅炉熄火后，如快速冷却汽缸，应事先制定必要的安全监督措施。

（3）应严格控制主蒸汽温度和再热蒸汽温度在规定范围内。在自动调节不稳定或燃烧不正常时，应将自动切为手动控制，必要时投油助燃，防止锅炉灭火。

（4）加强炉水品质监督和管理，保持汽水品质，防止因炉水品质不良引起汽水共腾。

（5）加强汽包水位的监视与调节，防止负荷急剧变化时产生虚假水位。

（6）注意监督汽缸金属温度变化和加热器水位，当发现有进水的危险时，要及时查明原因，注意切断可能引起汽缸进水的水源；定期检查加热器管束，一旦发现泄漏情况要及时检修处理；定期检查加热器水位调节装置，保证水位调节装置和高水位报警装置工作正常；高压加热器水位保护进行定期检查试验，保证其工作性能符合设计要求；高压加热器保护不能满足运行要求时，禁止高压加热器投入运行。

（7）加强除氧器水位监督，定期检查水位调节装置，杜绝发生满水事故。

（8）定期检查减温装置减温水门的严密性，如发现泄漏应及时进行检修处理。

六、汽轮机严重超速事故的原因及对策

超速事故是汽轮机事故中最为危险的一种。当转速超过危急保安器动作转速并继续上升时，称为严重超速。

1. 超速的原因

（1）调速系统有缺陷引起。调速系统是防止汽轮机超速的第一个关卡。如果汽轮机甩掉全负荷以后，不能正常保持空载运行，就可能引起超速。汽轮机甩负荷后，转速飞升过高的原因通常有调速汽门不能正常关闭或漏汽量过大；调速系统迟缓率过大或部件卡涩；调速系统不等率过大；调速系统动态特性不良；调速系统整定不当，如同步器调整范围、配汽轮机构膨胀间隙不符合要求等。

（2）汽轮机超速保护系统事故引起。在汽轮机转速升高时，危急遮断器不动作或动作转速过迟，将会引起超速事故；危急遮断器滑阀卡涩；自动主汽门和调节汽门卡涩；抽汽止回阀不严或拒绝动作等。

（3）运行操作调整不当引起。油质管理不善，如轴封漏汽过大，造成油中进水，引起调速和保护部套卡涩；运行中同步器调整超过了规定调整范围，这时不但会造成机组甩负荷后飞升转速过高，而且还会使调节部套失去脉动，从而造成卡涩；蒸汽带盐，造成主汽门和调节汽门卡涩；超速试验操作不当，转速飞升过快。

2. 防止汽轮机超速事故的对策

（1）坚持做调速系统静、动态特性试验。汽轮机大修后或为处理调速系统缺陷更换了调速部件以后，均应做汽轮机调速系统试验。调速系统的速度变动率和迟缓率应符合技术要求。

（2）汽轮机的各项附加保护，如电超速保护、微分器、磁力断路油门等，要进行严格的检查试验，保证符合技术要求，并经常投入运行。

（3）高中压主汽门、调节汽门要开关灵活，严密性合格。机组大修后、甩负荷试验前，

必须进行主汽门和调节汽门严密性试验，并保证符合技术要求。若制造厂没有明确规定，则主汽门和调节汽门单独关闭时，机组在额定参数下的最高稳定转速不得超过 1000r/min。

（4）运行中发现主汽门、调节汽门卡涩时，要及时消除。消除前要有防止超速的措施。主汽门卡涩不能立即消除时，要停机进行处理。

（5）加强对蒸汽品质的监督，防止蒸汽带盐使门杆结垢，造成卡涩。

（6）采用滑压运行的机组以及在机组滑参数启动过程中，调节汽门开度要留有裕度，不应开到最大开度，以防止同步器超过正常调节范围时，发生甩负荷超速。

（7）运行中，注意检查调节汽门开度和负荷的对应关系以及调节汽门后的压力变化情况。若有异常，应检查门座是否升起或门芯是否下移，尤其是对提板式配汽轮机构的检查。

（8）加强对油质的监督，定期进行油质分析化验，防止油中进水或杂物造成调节部套卡涩或腐蚀。

（9）在停机时，采用先打危急保安器关闭主汽门和调节汽门，再解列发电机的方法，以避免发电机解列后由于主汽门和调节汽门不能严密关闭造成的超速。

【任务实施】

在火电机组仿真机上设置汽轮机典型故障，模拟实际机组的真实故障过程，学生以小组为单位，根据故障的现象查找事故原因，并提出相应的处理方案，锻炼机组运行的反事故能力。

一、实训准备

1. 实训条件

（1）恢复单元机组仿真机初始条件为"机组 100％负荷运行"，熟悉机组运行状态和控制方式，记录机组主要运行参数。

（2）查阅《仿真机组的运行规程》，以运行小组为单位熟悉汽轮机及其辅助系统典型故障类型及处理措施。

（3）熟悉单元机组仿真机 DCS 站、DEH 站和就地站的操作和控制方法。

2. 职责权限

（1）组长对操作过程进行安全监护，组织本小组成员对机组发生的故障进行分析，并写出事故发生的过程、处理等分析报告。

（2）发生事故时，主值应在单元长或值长（组长担任）的监护下，负责指挥运行人员完成事故处理，尽快消除故障。

（3）副值配合主值分析、处理机组运行中存在的隐患、异常等不安全因素，调整参数和运行方式；协助主值完成事故处理；并做好记录，确保记录真实、准确、工整。

二、汽轮机典型事故处理仿真实训

1. 运行中叶片损坏或断落

（1）现象。

1）机组振动明显增大，过临界转速振动异常增大。

2）汽轮机内部有金属撞击声或盘车时有摩擦声。

3）汽轮机监视段压力升高，推力瓦温度异常升高，轴向位移变化异常。

4）低压缸末级叶片断落时，可引起凝结水硬度增加。

（2）原因。

1）汽轮机进水。

2）主蒸汽、再热蒸汽温度异常变化，蒸汽温度急剧下降、过热度低或带水。

3）叶片频率不合格或制造质量不良。

4）汽轮机超速或运行频率长时间偏离正常值造成叶片疲劳。

5）蒸汽品质不合格，叶片腐蚀。

（3）处理。

1）发现以下情况，应破坏真空紧急停机。

a. 汽轮机内部有明显的金属撞击声或摩擦声。

b. 汽轮机通流部分发出异声，同时机组发生强烈振动。

c. 机组振动明显增大，并且凝结水导电度、硬度急剧增大，无法维持正常运行。

2）发现以下情况，应汇报值长及专业人员，进行分析后处理。

a. 运行中发现凝结水导电度、硬度突然增加，应检查机组振动、负荷、凝汽器水位，通知化学化验凝结水水质。

b. 调节级压力或抽汽压力异常变化，在相同工况下汽轮机负荷下降，轴向位移和推力轴承金属温度有明显变化，某台加热器出口水温异常变化，并伴有机组振动明显增大，当确认汽轮机叶片断落时应停机处理。

2. 真空下降象征、原因处理

（1）现象。

1）各真空表计显示真空下降。

2）排汽温度升高。

3）负荷自动下降。

4）真空泵电流增大。

（2）原因。

1）循环水量不够，包括凉水塔水位低、运行循环泵出口蝶阀未全开、循环水室聚集空气、备用循环泵出口蝶阀未关严等。

2）真空泵故障，包括运行真空泵汽水分离器水位过高或过低，运行真空泵入口蝶阀门误关及备用真空泵入口门未关严等。

3）轴封压力下降。

4）凝汽器水位过高，造成真空泵入口管进水。

5）真空系统泄漏或有关阀门误动。

6）给水泵汽轮机真空系统泄漏。

7）汽轮机凝结水补水箱水位低，空气进入凝汽器。

（3）处理。

1）发现真空下降，首先应对照低压缸排汽温度表进行确认，并查找原因进行相应处理。

2）发现凝汽器真空下降至 88kPa 时，立即启动备用真空泵运行，提高凝汽器真空，如真空继续降低，应按真空每下降 1kPa，减负荷 60MW，凝汽器真空降至 76.74kPa，负荷应减至零。

3）机组负荷大于 10％额定负荷、真空低至 73.44kPa（背压 28kPa）时，应手动停机。

4) 机组负荷小于或等于 10% 额定负荷时、真空低于 70.14kPa（背压 31.3kPa），汽轮机真空低保护动作跳闸，否则手动停机。

5) 凝汽器真空下降时，应根据低压缸排汽温度升高情况，开启低压缸喷水电磁阀，控制排汽温度不超过 79℃，排汽温度达 121℃ 且持续 15min 或大于 121℃ 应停机。

6) 因真空低紧急停机时，应立即切除高、低压旁路，关闭所有进入凝汽器的疏水门。

7) 报警至停机时间不得超过 60min。

8) 检查当时机组有无影响真空下降的操作，如有立即停止并恢复到原运行方式。

9) 因循环水中断或水量不足引起的真空下降，应立即启动备用循环水泵，如循环水全部中断，应立即脱扣停机，并关闭凝汽器循环水进、出水门，待凝汽器排汽温度下降到 50℃ 左右时，再向凝汽器通循环水。

10) 循环水水量减少时，应检查运行循环泵工作是否正常、出口蝶阀是否全开，备用泵蝶阀关闭是否严密，否则启动备用泵，检查冷却来水滤网是否堵塞，特别冬季防止冰块堵塞滤网，并及时清理滤网，检查循环水水室能否放出空气。

11) 检查真空泵运行情况，及时调整汽水分离器水位正常，若备用真空泵入口门不严时切换备用泵运行。

12) 检查轴封系统工作情况，及时维持轴封压力正常。

13) 检查凝汽器水位，水位高时及时进行调整。

14) 检查凝水补水箱水位是否正常，如水位低时关闭凝结水输送泵至凝汽器补水门，待水位正常后再打开。

15) 若仪用气压力低，导致真空泵入口蝶阀关闭，及时恢复仪用气压力正常，并根据真空降负荷。

16) 因凝汽器真空系统漏空气引起的真空下降：

a. 检查真空破坏门及真空系统的有关阀门是否误开，如误开立即关闭。

b. 对真空系统的设备进行查漏和堵漏。如轴封加热器 U 形管水封不正常，应注水；真空破坏门不严密，应关严并注水；真空系统有关阀门（仪表排污门、水位计排放门）等误开，应立即关闭；给水泵汽轮机轴封泄漏，应立即消除；给水泵密封水不正常，水封 U 形管泄漏时，应立即调整水封 U 形管水位正常或立即隔离水封 U 形管，将密封水回水倒至地沟，待调整水封正常时重新倒回凝汽器。

c. 检查给水泵汽轮机真空系统是否泄漏，给水泵汽轮机真空系统泄漏，不能维持在低真空报警值以上，又无法处理时，减负荷至 80% 额定负荷，启动电动给水泵、停故障给水泵汽轮机，关闭排汽蝶阀及疏水，进行处理。

3. 轴承金属温度升高

(1) 现象。

1) DCS 轴承温度高报警。

2) 轴承金属温度、润滑油回油温度显示升高。

(2) 原因。

1) 冷油器冷却效果恶化。

2) 润滑油油压不足，轴承进油、回油不畅。

3) 轴承内进入杂物。

4）振动引起油膜破坏。

5）润滑油质恶化。

（3）处理。

1）检查冷油器冷却水回水调节门是否动作正常，否则应手动调整冷却水量。

2）从回油窥视窗检查回油流动情况，是否有金属磨损物，应分析其来源。

3）分析润滑油油质，保持油净化装置连续正常运行。

4）如润滑油压不足，可启动交流润滑油泵，观察油压及轴承金属温度变化。

5）汽轮机任一径向轴承金属温度达 113℃ 且同时出现轴承金属温度高报警时，应紧急停机。

6）任一推力轴承金属温度或发电机径向轴承金属温度达 107℃ 且同时出现轴承金属温度高报警时，应紧急停机。

4. 汽轮机通流部分发生动静摩擦

（1）现象。

1）盘车电流增大或盘车跳闸。

2）机组通流部分有金属摩擦声。

3）大轴弯曲较原始值增大。

4）汽缸上、下温差增大。

5）轴向位移发生异常变化。

（2）原因。

1）大轴发生弯曲，径向间隙减小。

2）轴向位移异常增大，轴向间隙减小。

3）汽缸上、下温差大，形成猫拱背，产生动静摩擦。

4）汽轮机轴封发生变形，产生动静摩擦。

（3）处理。

1）停机后要经常注意监视缸温的变化，特别要注意上、下缸温差，如果发现上、下缸温差增大应及时进行调整，检查并保证疏水系统及各抽汽管道疏水畅通，各抽汽止回阀、电动门关闭严密，高压轴封漏汽至除氧器电动门、手动门关闭严密，门杆漏汽至除氧器止回阀和截止门关闭严密。

2）应认真监视凝汽器、高压加热器水位和除氧器水位，防止汽轮机进水。启动或低负荷运行时不得投入再热蒸汽减温器喷水。在锅炉熄火或机组甩负荷时，应及时切断减温水。

3）停机后立即投入盘车。当盘车电流较正常值大、摆动或有异音时，应查明原因及时处理。当轴封摩擦严重时，将转子高点置于最高位置，关闭汽缸疏水，保持上、下缸温差，监视转子弯曲度，当确认转子弯曲度正常后再手动盘车180°。停机后因盘车故障暂时停止盘车时，应监视转子弯曲度的变化，当弯曲度较大时，应采用手动盘车180°，待盘车正常后及时投入连续盘车。

4）机组启动前至少连续盘车 2～4h，热态启动时至少连续盘车 4h。如果盘车过程中发生盘车跳闸或由于其他原因引起盘车中断，应重新计时。

5）轴封处有异音时，应检查缸温与供汽汽源温度是否匹配，并检查轴封供汽管路疏水畅通。凝汽器真空到零后，方可停止轴封供汽。

6）机组启动过程中，在中速暖机之前，轴承振动超过 0.03mm 或通过临界转速时轴承振动超过 0.10mm，应立即打闸停机，严禁强行通过临界转速或降速暖机。应认真检查、分析引起振动的因素，严禁盲目启动。查明原因且具备启动条件后，应连续盘车 4h 后方可启动，并根据启动前的缸温选择适当的冲转参数。

7）当盘车盘不动时，决不能采用吊车强行盘车，以免造成通流部分进一步损坏。同时，采取以下闷缸措施，以清除转子热弯曲：

a. 尽快恢复润滑油系统向轴瓦供油。

b. 迅速破坏真空，停止快冷。

c. 隔离汽轮机本体的内、外冷源，消除缸内冷源。

d. 关闭进入汽轮机所有进汽门以及所有汽轮机本体、抽汽管道疏水门，进行闷缸。

e. 严密监视和记录汽缸各部分的温度、温差和转子晃动随时间的变化情况。

f. 当汽缸上、下温差小于 50℃ 时，可手动试盘车，若转子能盘动，可盘转 180° 进行自重法校直转子，温度越高越好。

g. 转子多次 180° 盘转，当转子晃动值及方向回到原始状态时，可投连续盘车。

h. 开启顶轴油泵。

i. 在不盘车时，不允许向轴封送汽。

5. 2号高压加热器管道内侧泄漏

（1）故障前机组运行方式：亚临界压力机组满负荷（300MW）运行，汽轮机、锅炉处于 CCS 协调控制。

（2）事故现象：2号高压加热器水位升高，"2号高压加热器水位高 I 值"报警，高压加热器疏水调节门自动开大至全开；给水流量和省煤器入口流量以及蒸汽流量不匹配。汽包水位下降；除氧器水位下降；给水泵汽轮机调节汽门开度增加，给水泵转速上升；给水泵流量上升。

（3）故障处理：操作步骤见表 7-5。

表 7-5 高压加热器泄漏故障处理

序号	操 作 步 骤
1	发现 2 号高压加热器水位上涨，立即检查其正常疏水门的工作状况，如果高压加热器水位自动调节不正常，应切"手动"方式进行调节。就地开打疏水调节门旁路门，控制 2 号高压加热器水位
2	高压加热器水位升至高 II 值，检查事故疏水阀已自动开启，否则手开启
3	严密监视高压加热器水位上升情况，可根据给水温度、流量、端差的变化及疏水调节门动作情况，判断为 2 号高压加热器泄漏
4	发现高压加热器泄漏应立即手动切除高压加热器运行（如水位继续升高至 III 值时，确认高压加热器保护动作，1号、2号、3号高压加热器自动解列）。高压加热器切除过程中应缓慢关闭抽汽电动门，避免给水温度、给水流量和给水压力大幅度波动
5	加强监视汽轮机监视段压力，根据给水流量、再热蒸汽压力、轴向位移等参数变化情况适当降负荷
6	确认检查1号、2号、3号抽汽止回阀、电动门关闭，抽汽管道疏水门自动开启。手动将高压加热器水侧切旁路运行，检查进、出口电动门关闭，水侧走旁路正常
7	监视汽包水位，主蒸汽、再热蒸汽温度等参数正常，必要时手动调整，防止主蒸汽再热蒸汽超温

序号	操 作 步 骤
8	注意调节除氧器水位正常
9	注意调节凝汽器水位正常
10	联系检修检查处理泄漏高压加热器

6. 甲前置泵跳闸（电气故障），故障取消后重新启动，并完成并泵操作

（1）故障前机组运行方式：亚临界压力机组满负荷（300MW）运行，汽轮机、锅炉处于 CCS 协调控制。

（2）事故现象：甲前置泵跳闸报警；甲给水泵汽轮机跳闸、转速下降、甲给水泵出口门关、其最小流量阀开，"甲汽动给水泵主汽门关闭"报警；给水流量降低、汽包水位下降。机组 RB 动作，控制方式切至 TF 方式；"丙排风机跳闸""丁排风机跳闸""丙磨煤机跳闸""丁磨煤机跳闸"；13 号～24 号给粉机跳闸。

（3）故障处理：操作步骤见表 7 - 6。

表 7 - 6　　　　　　　　　　　给水泵前置泵故障跳闸处理

序号	操 作 步 骤
1	运行中发现甲汽动给水泵跳闸，及时复归报警。联系锅炉、电气，做好事故处理准备。检查给水泵汽轮机转速下降，出口门关闭，最小流量阀开启，关中间抽头
2	电动给水泵联动正常，出口门开启，调整电动给水泵压差阀满足汽包水位（立即全开电动给水泵冷却水，调整给水泵汽轮机油温）
3	检查机组 RB 保护动作正常。检查丙丁制粉系统联跳正确，热风总门关闭（排粉机、磨煤机、给煤机联跳正常，未联跳时手动停运）
4	解除锅炉主控，手动增加锅炉燃烧量，注意氧量控制
5	解除汽轮机主控（70%左右），终止机组 RB，根据压力带负荷，最终维持负荷不低于 200MW，主蒸汽压力为 14～16MPa
6	维持汽包水位、除氧器水位、凝汽器水位在正常范围，注意保持机组稳定
7	加强燃烧调整，加强对蒸汽温度、壁温的监视，防止超温 维持：545℃＞主蒸汽温度＞520℃，545℃＞再热汽温度＞520℃
8	通过 MEH 的"给水泵汽轮机跳闸首出"画面查找给水泵汽轮机跳闸的原因，判断故障为"甲前置泵跳闸"
9	接受启动命令（取消故障）
10	对给水泵汽轮机全面检查符合启动条件。将给水泵汽轮机进汽电动门自动解除，手动开启
11	挂闸、运行（低压主汽门开启正常）、自动，调整给水泵汽轮机油温，加强对启动给水泵汽轮机各部温度、振动的检查
12	将给水泵汽轮机转速直接升至 4000r/min，开给水泵汽轮机出口门并切至自动，最小流量阀关闭并投自动（出口流量大于 150t/h 时自动关闭），开中间抽头
13	并泵操作。关电动给水泵中间抽头，关出口门，停电动给水泵，开出口门，将电动给水泵投联锁备用，停冷却水
14	对机组参数进行全面检查，确保机组参数正常

三、实训报告要求

（1）填写"汽轮机故障诊断与处理"项目任务书。

（2）记录汽轮机典型故障现象、处理步骤及处理结果。

（3）记录汽轮机故障处理所遇到的问题、解决方法和体会。

复习思考

（1）汽轮机本体有哪些常见故障？怎样处理？

（2）汽轮机有哪些保护？

（3）汽轮机发生故障时处理的原则有哪些？

任务 3　电气常见故障诊断及处理

【教学目标】

一、知识目标

（1）了解发电机失磁事故的处理方法。

（2）了解厂用电中断事故的处理方法。

（3）了解发电机 - 变压器组出口断路器跳闸事故处理方法。

二、能力目标

能够根据事故现象，查找原因，制定相应处理措施。

【任务描述】

通过本节任务的学习，使学生了解电气常见故障的现象、如何诊断，以及如何去快速的处理，从而提高故障诊断与处理能力。

【任务准备】

一、任务导入

（1）发生什么情况需要立即解列发电机运行？

（2）发电机 - 变压器组内部发生短路事故时有哪些现象？怎样处理？

（3）发电机失磁的原因有哪些？怎样预防？

二、任务分析及要求

（1）能说出仿真机组发电机紧急解列的条件。

（2）能说明机组运行中防止发电机失磁的对策。

（3）能说出发电机 - 变压器组出口断路器跳闸事故的现象，并给出相应的处理方案。

【相关知识】

一、发电机紧急解列条件

发生下列紧急情况之一时，应立即解列发电机：

（1）发电机发生威胁人身生命安全的事故。

（2）发电机‐变压器组保护动作跳闸，出口断路器拒动时。

（3）短路，定子电子电流指示最大，电压剧烈下降，保护装置拒动时。

（4）发电机组发生强烈振动。

（5）发电机主、副励磁机着火。

（6）发电机大量漏氢气、爆炸或着火。

（7）发电机定子冷却水泄漏。

二、同步发电机无励磁异步运行的处理与对策

1. 发电机失磁后的表计现象

（1）有功功率表指示降低并摆动。发电机输出的有功功率与转动力矩直接有关。发电机失磁时，转速升高，调速器自动将汽门关小。这样，主力矩减小，输出有功功率必然减小。

（2）无功功率表指示负值，功率因数表指示进相。发电机失磁转入异步运行后，发电机相当于一个转差为 S 的异步电动机，一方面向系统输送有功功率，另一方面也由系统吸收大量的无功功率，因此无功功率表指示负值、功率因数表指示进相。

（3）发电机出口电压表指示降低并摆动。发电机失磁后，因失磁的发电机从系统中吸收无功功率，线路压降增大，导致发电机端电压下降，电压摆动是由于定子电流摆动引起的。

（4）定子电流表指示升高并剧烈摆动。定子电流表指示升高的原因是由于发电机既送有功功率又吸收很大的无功功率造成的。电流的摆动是因为力矩的变化引起的。摆动的幅度与励磁回路电阻的大小及转子构造等因素有关。

（5）转子电流表的指示等于零或接近于零。转子电流表有无指示与励磁回路情况及失磁原因有关。若励磁回路断开，转子电流表指示为零；若励磁绕组经灭磁电阻或励磁机电枢绕组闭路，转子电流表就可能有指示。但由于该电流为直流，直流电流表只指示很小的数值（接近于零）。

（6）转子各部分温度升高。异步运行发电机的励磁绕组、阻尼绕组、转子铁芯等处产生滑差电流，从而在转子上引起损耗使其温度升高，特别是在转子的端部，温升更高，温升的大小与异步电磁转矩和滑差成正比，严重时将危急转子的安全运行。

2. 引起发电机失磁的原因

（1）励磁回路开路，如自动励磁开关误跳闸、励磁调节装置的自动开关误动、励磁装置中元件损坏等。

（2）励磁绕组短路。

3. 发电机运行失磁的处理

发电机失磁后能否在短时间内无励磁运行，受到多种因素的限制。首先，受到定子和转子发热的限制；其次，由于转子的电磁不对称产生的脉动转矩将引起机组和基础的振动；还有一个重要因素，就是要考虑电力系统是否能提供足够的无功功率。

（1）失磁保护动作后，发电机解列，应检查发电机失磁原因。

（2）大型发电机失磁前所带有功越多，失磁以后从系统中吸收的无功越大；对于大型发电机失磁后，考虑对系统的影响，若保护拒动应手动将发电机解列。

4. 防止发电机失磁的对策

（1）励磁系统中的设备在制造工艺方面要加强，提高安装水平和检修质量。

（2）在设备运行中应加强监视，及时发现设备缺陷。

（3）防止误操作而引起发电机失磁。

（4）保证发电机在额定参数下稳定运行，密切监视发电机绕组的运行温度。

三、发电机-变压器组内部短路的处理与对策

1. 事故的现象

发电机-变压器组内部发生短路事故时，将伴随有系统冲击、表计摆动、机组运行噪声突变和短路弧光、发电机-变压器组保护动作自动跳开发电机-变压器组主断路器、灭磁开关和厂用电分支断路器、厂用电备用电源自投、汽轮机甩负荷等。

2. 事故原因

（1）电动机制造、检修质量不良留下的隐患。

（2）运行中绝缘材料老化导致击穿或运行人员误操作。

（3）大气过电压和操作过电压的作用以及外部发生短路事故时电流冲击等。

3. 短路事故的一般处理原则

如发电机-变压器组内部发生短路事故时，继电保护或断路器拒动，此时必须手动断开主断路器、灭磁开关及厂用电分支断路器；当备用电源自投保护未动作时，应手动强送厂用电；锅炉和汽轮机应按紧急甩负荷的各项步骤进行处理。然后，根据保护装置的掉牌情况和事故录波器记录波形，分析判断事故的形式和部位。

4. 防止短路事故的对策

（1）提高检修质量和检修工艺。

（2）坚强发电机-变压器组的巡视，及时发现设备缺陷。

（3）监视发电机-变压器组的各部分的电流在正常范围内运行，特别是在过负荷情况下各部分的温度值。

（4）保证发电机-变压器组的冷却系统和通风装置运行良好。

（5）发电机-变压器组中各点的测温装置良好。

（6）发电机-变压器组中一切操作应严格按照运行规程和安全规程。

四、变压器异常运行及诊断方法

1. 变压器油温异常的原因分析

（1）变压器过负荷，可能引起变压器油温升高。

（2）变压器的内部绕组匝间或层间短路、绕组对周围放电、内部引线接头发热及铁芯过热等。铁芯多点接地后因铁芯内的涡流增大而引起过热；事故严重时，将引起气体或差动保护动作。

（3）冷却器运行不正常或发生事故，如潜油泵停运、冷却电源中断、风扇损坏、散热器管道积垢冷却效果不良、散热器阀门没有打开、散热器堵塞等原因引起温度升高。

（4）温度指示装置误指示。当远方测温装置发出温度高报警信号，变压器器身的温度计指示正常时，且变压器没有事故现象时，可能是由于远方测温回路事故误发报警所至。对于

油量很大的大容量的变压器，当变压器无明显事故现象时，油温这种跃变或摆动是不可能的，这种现象往往是远方测温回路事故引起的。

2. 变压器油位异常可能原因分析

(1) 变压器油位过高。运行中出现变压器油位过高的原因有在夏天气温高、负荷高时，油位随变压器油温的升高而上升；冷却装置事故；变压器本身事故等。变压器油位过高时，应对变压器本体和冷却装置等进行全面检查。如果是因为油温过高引起的，应采取降负荷和开启备用冷却装置等措施。如油位高且变压器无其他事故现象，可适当放油。

(2) 变压器油位低。运行中出现变压器油位过低的原因有低汽温、低负载，油温下降，使油位降低；变压器严重漏油引起油位降低；放油阀误开。变压器油位过低会使轻瓦斯保护动作。因为严重缺油时，铁芯和绕组暴露在空气中，容易受潮，并可能造成绝缘击穿，所以应用真空注入法对运行中的变压器进行加油。如因大量漏油使油位迅速降低，低至气体继电器以下或继续下降时，应立即停用变压器。

(3) 假油位。如变压器温度变化正常，而变压器油标管内的油位变化不正常或不变，则说明是假油位。运行中出现假油位的原因有油标管堵塞、储油柜呼吸器堵塞、防爆管通气孔堵塞、变压器油枕内存有一定数量的空气等。

3. 变压器声音异常的原因分析

(1) 声音增大。电网发生过电压或单相接地或产生谐振过电压时，尤其是在满负荷的情况下突然有大的动力设备投入、变压器过负荷等，都会使其声音增大，发出沉重的"嗡嗡"声。

(2) 有杂音。若变压器的声音比正常时增大且有明显的杂音，但电流电压无明显异常时，则可能是内部夹件或压紧铁芯的螺钉松动，使得硅钢片振动增大所造成。

(3) 有放电声。若变压器内部或表面发生局部放电，声音中就会夹杂有"劈啪"放电声。发生这种情况时，若在夜间或阴雨天气下，可看到变压器套管附近有蓝色的电晕或火花，则说明瓷件污秽严重或设备线夹接触不良，若变压器的内部放电，则是不接地的部件静电放电，或是分接开关接触不良放电，这时应对变压器作进一步检测，严重时将其停用。

(4) 有水沸腾声。若变压器的声音夹杂有水沸腾声且温度急剧变化，油位升高，则应判断为变压器绕组发生短路事故，或分接开关因接触不良引起严重过热，这时应立即停用变压器，进行检查。

(5) 有爆裂声。若变压器声音中夹杂有不均匀的爆裂声，则是变压器内部或表面绝缘击穿，此时应立即将变压器停用检查。

(6) 有撞击声和摩擦声。若变压器的声音中夹杂有连续的有规律的撞击声和摩擦声，则可能是变压器外部某些零件如表计、电缆、油管等，因变压器振动造成撞击或摩擦或外来高次谐波源所造成，应根据情况予以处理。

4. 气味、颜色异常

变压器的许多事故常伴有过热现象，使得某些部件或局部过热，因而引起一些有关部件的颜色变化或产生特殊臭味。套管接线端部紧固部分松动或引线头接触面发生氧化严重，使接触处过热，颜色变暗失去光泽，表面镀层也遭到破坏。温度很高时同时产生焦臭味。套管、绝缘子污秽或有损伤严重时发生放电、闪络，产生一种特殊的臭氧味。

【任务实施】

在火电机组仿真机上设置电气系统常见故障，模拟实际机组的真实故障过程，学生以小组为单位，根据故障的现象查找事故原因，并提出相应的处理方案，锻炼机组运行的反事故能力。

一、实训准备

1. 实训条件

（1）恢复单元机组仿真机初始条件为"机组100％负荷运行"，熟悉机组运行状态和控制方式，记录机组主要运行参数。

（2）查阅《仿真机组的运行规程》，以运行小组为单位熟悉电气系统典型故障类型及处理措施。

（3）熟悉单元机组仿真机DCS站、DEH站和就地站的操作和控制方法。

2. 职责权限

（1）组长对操作过程进行安全监护，组织本小组成员对机组发生的故障进行分析，并写出事故发生的过程、处理等分析报告。

（2）发生事故时，主值应在单元长或值长（组长担任）的监护下，负责指挥运行人员完成事故处理，尽快消除故障。

（3）副值配合主值分析、处理机组运行中存在的隐患、异常等不安全因素，调整参数和运行方式；协助主值完成事故处理；并做好记录，确保记录真实、准确、工整。

二、电气典型事故处理仿真实训

1. 发电机升不起电压

（1）现象。

1）发电机定子电压指示很低或到零。

2）转子电压表有指示，而电流表无指示。

3）转子电压表、电流表均无指示。

（2）处理。

1）检查电压互感器所有插件、保险以及二次小开关是否正常，发电机表计变送器电源是否正常。

2）检查转子回路是否开路（短路），电流表计回路是否正常，励磁调节器是否正常。

2. 发电机-变压器组出口断路器跳闸

（1）现象。

1）发电机有、无功负荷到零。

2）定子电压、电流到零，转子电压、电流到零。

3）有关保护动作、"故障录波器动作"光字牌闪亮，声光报警。

4）"厂用电快切装置切换闭锁"报警发出。

（2）处理。

1）检查厂用工作电源开关是否跳闸，备用电源开关自投是否成功，如果厂用工作电源开关确已跳闸，而备用电源未自投（快切未动或动作不成功处闭锁状态），且无"复合电压过电流、低压分支过电流"信号发出，应强送备用电源一次，以确保厂用电运行。

2）强送备用电源不成，不得再送，应迅速检查保安电源是否联动成功，联动不成，应手动强送。

3）检查何种保护动作，判断故障性质，汇报值长，通知维护人员。

4）若为人员误动所致，则应尽快恢复，将发电机升压并网。

5）若主保护动作，可能是发电机 - 变压器组内部故障，应测量发电机 - 变压器组绝缘电阻，并对发电机及主变压器和所有在保护区域内的一切电气回路进行详细的外部检查，查明有无外部象征（如烟火、响声、绝缘烧焦味、放电或烧伤痕迹等），以判明发电机有无损坏。此外，应同时对动作的保护装置进行检查。

6）如果检查发电机 - 变压器组所有一、二次回路均未发现故障，确无电气保护、热工保护动作信号，经总工批准，发电机可零起升压。升压时如发现有不正常情况，应立即灭磁，以便详细检查并消除故障。如升压时未发现不正常现象，则发电机可并入电网运行。

7）若是后备保护动作，而内部故障的保护装置未动作，可能是由于外部故障引起，待故障切除后，对发电机及主变压器进行外部全面检查，若无明显的不正常现象，经值长联系中调同意后，将发电机并网运行。

3. 发电机定子接地

（1）现象。

1）"定子接地"信号发出。

2）发电机中性点电流有指示。

（2）处理。

1）检查发电机定子接地绝缘监察电压表有无指示，中性点有无电流。

2）应将厂用电源切换至备用电源供电。

3）定子接地保护发信尚未跳闸时，应立即对发电机出口 TV、励磁变压器进行外观检查，联系继保人员对发电机中性点变压器二次电压、出口 TV 二次电压进行测量，综合分析判断，当确定为发电机内部接地时，应立即将发电机解列灭磁。

4）当有漏氢信号，同时伴有"定子接地"信号和象征时，立即解列停机。

5）检查发电机系统有无明显接地故障。

6）联系化学确认定子内冷水质是否合格。

7）发电机定子接地电流超过 1A 时，立即解列停机。

4. 发电机断水

（1）现象。

1）"发电机定子断水"信号发出。

2）"定子冷却水进水压力异常"信号发出。

3）"定子冷却水流量低"信号发出。

4）发电机定子绕组温度升高。

（2）处理。

1）发电机断水信号发出后，在发电机未解列前，立即将有、无功负荷降至 50% 以下，严密监视发电机定子绕组温度不超过允许值。

2）立即检查发电机定冷水泵运行是否正常，若定冷水泵跳闸，备用泵应联启，否则手动强合一次。检查定冷水箱水位及各阀门状态是否正常，迅速排除故障。

3）确认定子冷却水中断，在30s内不能恢复，断水保护动作跳闸，否则立即手动解列停机。

4）在断水保护动作跳闸后，应迅速查明断水原因恢复供水，尽快将机组并列。

5. 发电机变成电动机运行

（1）现象。

1）"高压主汽门关闭"、"发电机逆功率"信号发出。

2）有功负荷指示零值以下。

3）无功负荷指示升高。

4）定子电流指示偏低。

5）定子电压表和各励磁表计指示正常。

6）系统频率稍有降低。

（2）处理。

1）逆功率保护动作跳闸时，按发电机事故跳闸处理。

2）若保护拒动，汇报值长，应将发电机手动解列。

6. 发电机振荡或失去同步

（1）现象。

1）有功、无功指示大副摆动。

2）定子电流指示剧烈摆动，通常电流值超过规定值。

3）定子电压指示剧烈摆动，通常电压指示降低。

4）转子电流、电压指示在正常值附近摆动。

5）发电机发出轰鸣声，且与参数摆动节奏一样的鸣音。

6）若发现电机和系统同步振荡，则发电机参数与系统参数摆动一致，若发电机与系统发生振荡，则发电机参数和系统参数摆动相反。

7）"发电机失步"信号发出。

8）强励可能间歇动作。

（2）原因。

1）电力系统发生故障。

2）发电机失磁、欠励或非同期并列。

3）人员误操作或保护误动。

（3）处理。

1）若调节器为"自动"方式运行时，禁止手动调节励磁、干扰强励的间歇动作，应降低有功负荷。

2）若励磁为"手动"励磁方式运行时，则应手动增加发电机励磁，把发电机电压提高到最大允许值，并降低发电机有功负荷。

3）若振荡是由于发电机非同期并列引起，应立即将并入的发电机解列。

4）若发电机和系统发生振荡，值班人员采取措施后，在1min内发电机不能拉入同步，且失步保护未动，则应选择电压高、电流低的瞬间解列发电机。

5）若振荡是由系统故障引起，则应增加发电机励磁电流，维持发电机端电压，根据中调及值长命令处理，并密切注意机组辅机运行情况，设法调整有关运行参数在允许范围内。

6）振荡消失后通知各岗位全面检查厂用机械。

7. 发电机出口 TV 二次电压消失

（1）现象。

1）CRT 及保护屏、励磁系统"TV 断线"信号发出。

2）有功负荷、无功负荷及定子电压指示降低或至零。

3）定子电流、转子电压、转子电流表指示正常。

4）AVR 相应通道退出运行或退出备用。

5）单通道运行的 AVR 自动转手动运行。

（2）处理。

1）1TV 故障时，应稳定发电机有功负荷不变，无功负荷按转子电流监视。并停用发电机失磁、逆功率、程跳逆功率、过电压、过励磁、失步、阻抗及定子接地保护。

2）2TV 故障时，应解除发电机匝间保护。

3）检查确认是否二次小开关跳闸，若二次小开关跳闸，检查二次回路无异常后，合上二次小开关。若一次保险熔断，应拖出 TV 小车更换一次保险。

4）TV 恢复正常后，投入停用的保护，检查励磁系统 AVR 通道恢复运行，确认并清除 AVR 报警。

5）若 TV 二次小开关合上后再次跳闸或一次保险更换后再次熔断，则联系检修检查处理。

6）记录影响发电机有、无功的电量及时间。

8. 发电机过负荷

（1）现象。发电机定子电流超过额定值。

（2）处理。

1）事故情况下，允许发电机短时过负荷运行，并严格控制发电机定子电流及持续的时间在规定范围内，一般规定每年不超过二次。

2）运行中，发现发电机的定子电流达到过负荷允许值时，汇报值长，值班人员应该首先检查发电机的功率因数和电压，并注意电流达到允许值所经过的时间，在允许的持续时间内，可以采用先减少发电机励磁电流的方法，降低定子电流到正常值，但不得使功率因数过高或电压过低；如果降低励磁电流不能使定子电流降到正常值，则必须根据情况降低发电机的有功负荷，使发电机的定子电流降至额定值以下。

3）过负荷过程中应密切监视发电机各部温度不得超过规定值。

9. 发电机定子内冷水泄漏

（1）现象。

1）"漏氢"信号发出。

2）氢气漏气量增大，补氢量增大，氢压降低快。

3）定子内冷水箱压力升高，检测内冷水箱含氢量增大。

4）发电机液位信号计有水迹，氢气湿度增大。

5）发电机定子内冷水流量异常波动。

（2）处理。

1）确认机内氢压高于水压 0.04MPa 以上，否则应立即调整。

2）检查发电机漏水检测液位计，确认发电机内是否有水。

3）当轻微渗水时，可适当降低内冷水进口压力，同时加强监视发电机绕组温度，必要时可降负荷，并及时汇报值长申请停机。

4）当有漏氢信号发出，同时伴有定子接地信号发出且中性点有电流时，应立即解列停机，若保护拒动，应立即解列停机。

5）当发现内冷水系统中有大量氢气时，应立即汇报值长申请停机。

10. 发电机励磁回路一点接地

（1）现象："发电机转子一点接地"信号发出。

（2）处理。

1）汇报值长。

2）联系检修检查发变组转子接地保护读取实时参数，判明接地情况。

3）必要时投入两点接地保护。

4）对励磁系统进行全面检查，有无明显接地，若为集电环回路积污引起时，应进行吹扫，设法消除；若因大轴接地碳刷接触不良或过短造成误发信号时，应及时更换电刷，用白布擦拭接触面。

5）在查找接地过程中，发电机有失磁或失步情况时，应立即解列停机。

6）联系维护人员利用电桥平衡原理确定接地点是在转子内部还是外部。若为外部接地，由维护人员设法消除；若为内部接地，应汇报值长，申请尽快停机处理。

三、实训报告要求

（1）填写"发电机故障诊断与处理"项目任务书。

（2）记录发电机典型故障现象、处理步骤及处理结果。

（3）记录发电机故障处理所遇到的问题、解决方法和体会。

复习思考

（1）发动机一般有哪些主要保护？

（2）发动机发生故障时应怎样处理？

（3）发动机绕组温度高报警时，一般应检查哪些内容？

参 考 文 献

［1］尹静. 大型火电机组集控运行指导. 北京：中国电力出版社，2007.

［2］樊泉桂，魏铁铮，王军. 火电厂锅炉设备及运行. 北京：中国电力出版社，2001.

［3］陈庚. 单元机组集控运行. 北京：中国电力出版社，2001.

［4］于国强，郑志刚，申爱兵. 单元机组运行. 北京：中国电力出版社，2005.

［5］牛卫东. 单元机组运行. 北京：中国电力出版社，2006.

［6］岑可法，周昊，池作和. 大型电站锅炉安全及优化运行技术. 北京：中国电力出版社，2003.

［7］华东六省市电机工程（电力）学会. 600MW 火力发电机组培训教材. 北京：中国电力出版社，2001.

［8］中国华东电力集团公司科学技术委员会. 600MW 火电机组运行技术丛书：锅炉分册. 北京：中国电力出版社，2003.

［9］宗士杰. 发电厂电气设备及运行. 2 版，北京：中国电力出版社，2008.

［10］谢明琛，张广溢. 电机学. 重庆：重庆大学出版社，1999.

［11］周如曼. 300MW 火电机组故障分析. 北京：中国电力出版社，2000.

［12］杨成民. 300MW 火电机组仿真运行. 北京：中国电力出版社，2009.

［13］大唐国际发电有限公司. 全能值班员技能提升指导丛书：锅炉分册. 北京：中国电力出版社，2009.

［14］大唐国际发电有限公司. 全能值班员技能提升指导丛书：汽轮机分册. 北京：中国电力出版社，2009.

［15］谌莉. 单元机组运行实训. 北京：中国电力出版社，2009.

［16］杨成民. 300MW 火电机组仿真运行. 北京：中国电力出版社，2009.

［17］杨建蒙. 单元机组运行原理. 北京：中国电力出版社，2009.